개미 세계 여행

과/학/탐/구/이/야/기

개미 세계 여행

베르트 횔도블러 · 에드워드 윌슨 지음 | 이병훈 옮김

범양사
Science Books

JOURNEY TO THE ANTS
by
Bert Hölldobler and Edward O. Wilson

Copyright © 2007 by Bert Hölldobler and Edward O. Wilson
All rights reserved.
Published by agreement with Harvard University Press through Shinwon Agency Co.

이 책의 한국어판 저작권은 신원에이전시를 통해 Harvard University Press와의 독점 계약으로 범양사에 있습니다.
저작권법에 의해서 한국 내에서 보호를 받는 작품이므로 무단 복제 및 전제를 금합니다.

A Story of Scientific Exploration

JOURNEY TO THE ANTS

Bert Hölldobler and Edward O. Wilson

프레디리케 휠도블러와
리니 윌슨에게
바친다

차례

머리말 · 11

어디에나 많은 개미 · 15
개미 사랑에 빠지다 · 31
개미 군체의 삶과 죽음 · 51
개미들은 어떻게 말을 할까 · 65
전쟁과 외교 정책 · 87
원시개미들 · 105
갈등과 순위제 · 117
협동의 기원 · 129
초개체 · 145
사회적 기생자 · 165
양육 생활자 · 189
군대개미 · 205
최고로 이상한 개미들 · 227
개미는 환경을 어떻게 조절할까 · 245
끝맺음 · 263

개미의 연구 방법 · 269
감사의 말 · 287
역자 후기 · 289
찾아보기 · 291

머리말

우리가 1990년에 펴낸 종합 연구서 《개미 *The Ants*》는 놀랄만치 일반 대중의 주의를 끌면서 큰 성공을 거두었다. 그러나 그 책은 주로 다른 생물학자들을 겨냥한 전문 서적이면서 개미 과학의 백과 사전이자 입문서였다. 더구나 개미에 대한 철저한 취급이 주목적이었기 때문에 그만 책 부피가 너무 커져서 표와 그림 및 2단 조판의 본문을 합쳐 모두 732페이지에 달하고, 가로·세로 26×31센티미터인 하드커버의 책 한 권의 무게가 3.4킬로그램이나 나갔다. 단적으로 말해 《개미》는 우리가 일상적으로 책방에서 사서 처음부터 끝까지 독파할 수 있는 책이 아니다. 그렇다고 해서 그 책이 이 경이로운 곤충에 대한 탐구 과정과 모험을 직접적으로 전하고 있는 것도 아니다.

이번에 나온 책 《개미 세계 여행 *Journey to the Ants*》은 웬만큼 쉽게 읽어 넘길 수 있는 분량으로 압축하면서 전문 용어를 덜 쓰긴 하였으나 그래도 부득이 주로 우리가 직접 연구한 주제와 개미 종을 다뤘다. 주제의 특수 성격상 부득이하게 전문 용어를 사용해야 할 경우엔 그 자리에서 정의를 내려 설명하였다.

우리가 취한 접근 방법은 처음엔 토막토막 주제석thematic으로 나가다가 점점 자연사로 포괄되는 방식이었다. 우선 개미가 어째서 그렇게 번성에 성공하였는가를 설명하고 있는데, 그 성공 이유는 개미군체 구성원들 사이의 협동에서 우러나오는 신속한 응용과 엄청난 힘에 있다고 할 수 있다. 합동 작전이 나타내는 이러한 수준의 능률이야말로 화학 의사 소통이 고도로 발전할 때 비로소 가능해지는 것이다. 이 때의 화학 의사 소통이란 개미 몸의 각 부분에서 여러 가지 물질이 혼합되어 나오고 이것이 동료 개미에게 감지됨으로써 동료 개미로 하여금 그 때 방출된 물질과 환경 조건에 따라 경고, 유인, 양육, 먹이 공급과 기타 다양한 행동을 나타내도록 유도하는 현상을 말한다. 간단히 말해서 개미란 인간처럼 말을 매우 잘 하기 때문에 성공한 것이라고 할 수 있다.

군체란 개미의 생활에서 의미 깊은 단위체다. 일개미의 충성은 거의 완벽에 가깝다. 그 결과 동종 개미의 군체간 싸움은 인간의 전쟁보다 더 자주 일어난다. 종種에 따라 개미들은 적을 이기기 위해 선전, 기만, 고도의 감시, 대량 공격을 단독이나 연합으로 수행한다. 극단적인 경우엔 적에게 돌을 던지며 싸운다든지, 노동력과 병력 증대를 위해 노예잡이 공격을 감행하기도 한다. 그렇다고 터 방어에 필사적으로 전념하는 전투 병력 사이에 조화만 있는 것은 아니다. 특히 생식권이 걸린 싸움 기간엔 이기적 행동이 일어나기도 한다. 난소를 갖고 있는 일개미들은 때때로 자신의 알을 공동 육아실에 끼워 넣어 여왕과 경쟁을 벌이는 수도 있다. 일개미들은 여왕이 없거나 심지어는 여왕이 있는 자리에서도 순위 싸움을 벌이곤 한다. 곤충학자들의 조사 결과, 개미 군체는 한편으로는 군체에 대한 충성, 그리고 다른 한편으로는 군체 내에서 다른 개체의 통제를 위한 투쟁 사이에서 균형을 유지하며 살고 있는 것으로 밝혀졌다. 따라서 군체 구성원들의 조직화는 복잡하고 긴밀해서 가히 거대하고 잘 조정된 개체, 즉 그 유명한 곤충 '초개체超個體'에 해당하는 거대 생물체를 이루기에 충분하다.

개미는 앞으로 설명하겠지만 약 1억 년 전 공룡들이 사는 시기에 태어나 전 세계에 급속히 확산되었다. 대개의 우점 생물과 같이(인간은 특별한 예외지만) 개미는 모든 곳에서 번성하여 과잉조차 초래하고 있다. 현재 살고 있는 개미의 종류는 아마도 수만 종이 될 것이다. 개미는 이렇게 확산되어 가는 동안 극적인 적응 방산適應放散을 보였다. 개미의 진화적 성취 중 이 두 번째 양상이 이 책 후반부의 주제가 된다. 여기서 우리는 개미의 다양성이 사회적 기생자에서 군대개미, 방랑목자개미, 위장사냥개미, 온도 조절 마천루건축개미에 이를 만큼 방대한 범위에 걸쳐 여행을 하게 된다.

우리 두 사람이 개미 연구에 함께 바친 시간을 합치면 80년 이상에 이르고, 따라서 개인적인 일화와 자연사에 관해 할 이야기도 많다. 또한 우리는 수백 명의 다른 곤충학자들이 해 온 연구 내용을 따 왔음을 밝힌다. 우리들은 우리 자신과 다른 과학자들이 개미 연구를 통해 경험한 흥분과 기쁨을 이제 독자와 함께 나눌 수 있기를 바란다. 그리고 독자들이 이 책을 보고 개미야말로 여러 가지 면에서 인간의 생존에 중요하다는 것을 인식하게 되기를 간절히 바란다.

1994년 1월 3일
베르트 횔도블러
에드워드 윌슨

어디에나 많은 개미

우리의 열정의 대상은 바로 개미이며, 그래서 우리의 전문 과학분야는 개미학蟻學/myrmecology이라 부른다. 전 세계를 통틀어도 개미학자의 수는 불과 500여 명이지만, 우리는 지표면을 별나게도 개미 군체들이 얽혀 있는 하나의 그물로 보는 경향이 있다. 그래서 우리 머릿속에는 이 무자비한 작은 곤충들의 전 세계 분포 지도가 들어 있다. 어디를 가든 개미들이 있고 또 예측 불허로 존재하므로 우리 개미학자는 마치 제 집에 있는 것처럼 편안해진다. 그 이유는 개미들이 쓰는 언어를 우리가 일부나마 읽을 수 있고, 그들의 사회 조직을 우리가 인간의 행동을 이해하고 있는 것 이상으로 잘 알고 있기 때문이다.

우리는 이 곤충이 독립적으로 생활하는 데 감탄한다. 개미들은 사람이 만들어 낸 갖가지 파괴의 잔해 사이에서 일하며, 방해받지 않는 환경이 최소한으로 주어지는 한, 사람이 있든 없든 상관하지 않고 집을 짓고 먹이를 찾아 다니며 또한 번식한다. 아덴Aden과 산호세San José의 시립 공원들이나 욱스말Uxmal에 있는 마야의 사원에 오르는 계단, 또는 산후안San Juan 거리의 하수로 등은 모두 과거 우리의 연구 현장이었다. 우리는 우리가 옆에 있는 줄도 모르는 작은 곤충을 손 위에 놓거나 무릎을 꿇고 엎드려 필생의 호기심과 심미적 즐거움을 일구며 관찰해 왔다.

개미가 얼마나 많은지는 거의 전설에서나 들을 만큼 황당하다. 일개미 한 마리의 크기는 사람의 100만 분의 1도 안 되지만 그들을 합쳐 보면 지상의 우점종優占種으로서 인간에게 필적할 만하다. 어디에서나 나무에 몸을 기대 보라. 가장 먼저 기어오르는 것은 개미일 것이다. 교외의 인도 위를 걸을 때 발 밑에 나타나는 동물의 종류 수를 헤아려 보라. 개미가 단연 완승할 것이다. 영국의 곤충학자인 윌리엄스C. B. Williams는 한때 일정 순간에 지구상에 살고 있는 곤충의 수를 계산해 보았다. 그랬더니 100만조(10^{18}) 마리에 이르렀다. 이 가운데 개미를 최

소한 1퍼센트로 잡아도 개미의 수는 1만조 마리가 된다. 일개미 한 마리의 평균 무게는 종류에 따라 다르지만 1~5밀리그램이므로 이들을 전 세계적으로 합쳐 보면 인간을 합친 무게와 맞먹게 된다. 그러나 개미들은 매우 작은 개체로 나눠져 있어 이들의 생물량 biomass은 지상 환경 어디에나 속속들이 파고들어 가 있다.

결국 우리의 시선을 땅바닥을 향해 1밀리 단위로 좁혀 볼 때에나 겨우 분명해지겠지만 개미들은 우리가 보통 보는 동·식물 사이사이를 빽빽이 채우고 있는 것이다. 개미들은 모든 생명체들을 감싸고 있고 무수히 많은 기타 동·식물의 진화 방향을 잡아 나가고 있다. 일개미들은 곤충과 거미를 잡아먹는 주포식자다. 그들은 크기가 자신들만한 동물 집단의 공동묘지 관리부대를 형성하여 시체의 90퍼센트를 주워 집으로 옮겨 먹이로 쓴다. 개미들은 식물의 씨를 먹이로 운반하고 일부는 먹지 않은 채 개미집 안팎에 버림으로써 많은 식물 종들의 전파를 도맡고 있다. 뿐만 아니라 지렁이 이상으로 흙을 많이 옮기는데, 이러한 과정에서 육지 생태계의 건강 유지에 필수적인 영양소를 방대하게 순환시킨다.

개미들은 또한 해부학적 구조와 행동이 특수화됨으로써 육지 생태계의 다양한 생태적 지위를 채우고 있다. 중·남미의 산림에 사는 붉은 가시가위개미 spiny red leafcutter는 싱싱한 잎사귀와 꽃 조각들을 땅 속의 방 안으로 옮겨와 그 위에 곰팡이를 키운다. 몸이 작은 긴턱개미 *Acanthognathus*는 덫 모양의 큰턱으로 톡토기를 낚아채고, 튜브 모양의 도배개미 *Prionopelta*는 썩은 통나무 틈 사이로 기어들어가 좀을 사냥한다. 또한 군대개미는 부채 모양의 대오를 지어 나아가면서 거의 모든 동물들을 덮쳐 버린다. 이 밖에 개미 종들은 무수히 다양한 방법으로 시체와 단물, 식물질들을 처리한다. 이들은 곤충이 있는 곳이면 육지 위 어디에나 갈 수 있다. 극단적인 예로, 깊은 토양 속에 적응한 어떤 종류는 일생 동안 밖에 나오지 않고 살기도 한다. 이와는 반대로 큰눈

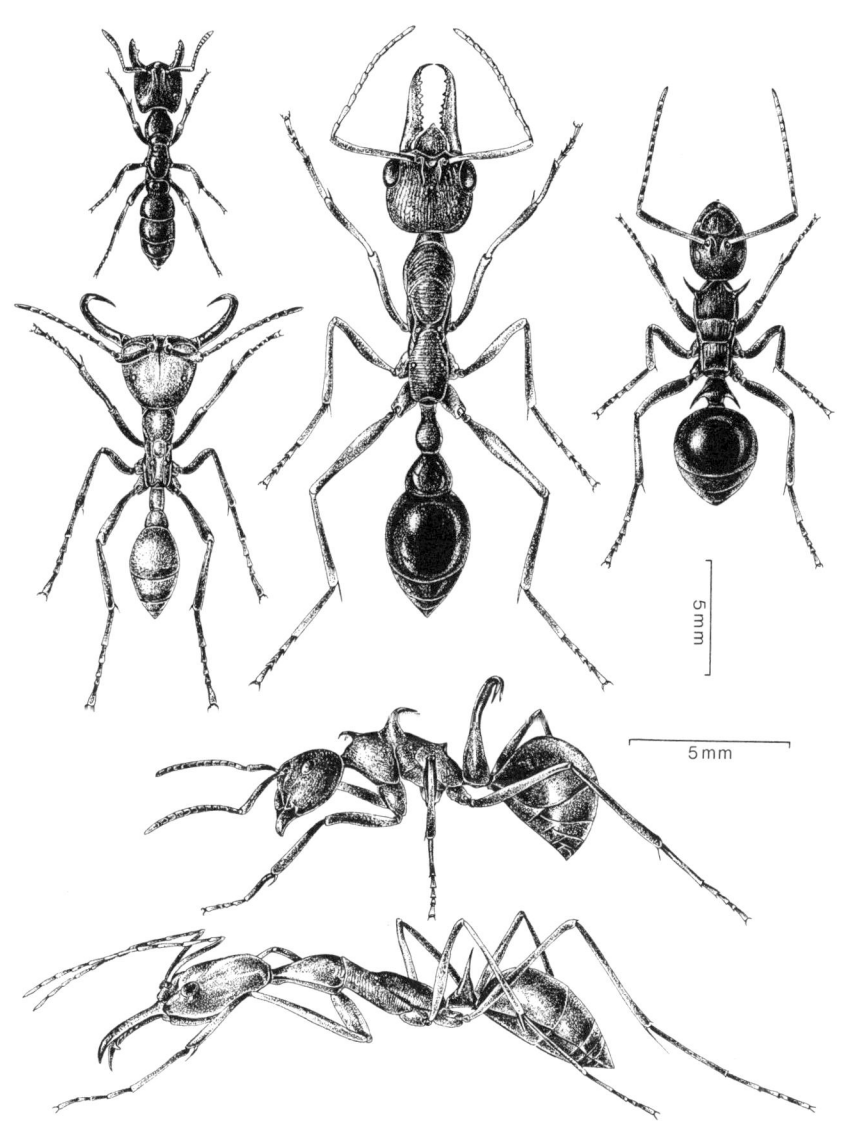

전 세계에 알려진 9500종에 달하는 개미의 극단적인 다양성이 일개미들의 모습으로 나타나 있다. 중앙 위쪽이 미르메키아속의 불도그개미, 그 왼쪽은 몸이 다부진 암블리오포네와 낫 모양의 큰턱을 가진 에키톤속의 군대개미다. 또 불도그 개미의 오른쪽엔 가시가 많은 가시개미 *Polyrhachis*, 그리고 그 밑에는 또 다른 가시개미와 길고 큰턱을 가진 미국왕사냥개미 *Odontomachus*가 있다(포사이스 Turid Forsyth 그림).

어디에나 많은 개미

남아메리카산 개미의 다양성. 왼쪽은 목이 긴 돌리코데루스. 오른쪽은 가시와 긴 덫 구실의 큰턱을 가진 다케톤속의 침독개미, 가운데 위는 프세우도미르멕스, 그 밑은 펑퍼짐한 거북 모양의 거북개미 *Zacryptocerus* 이다(포사이스의 그림).

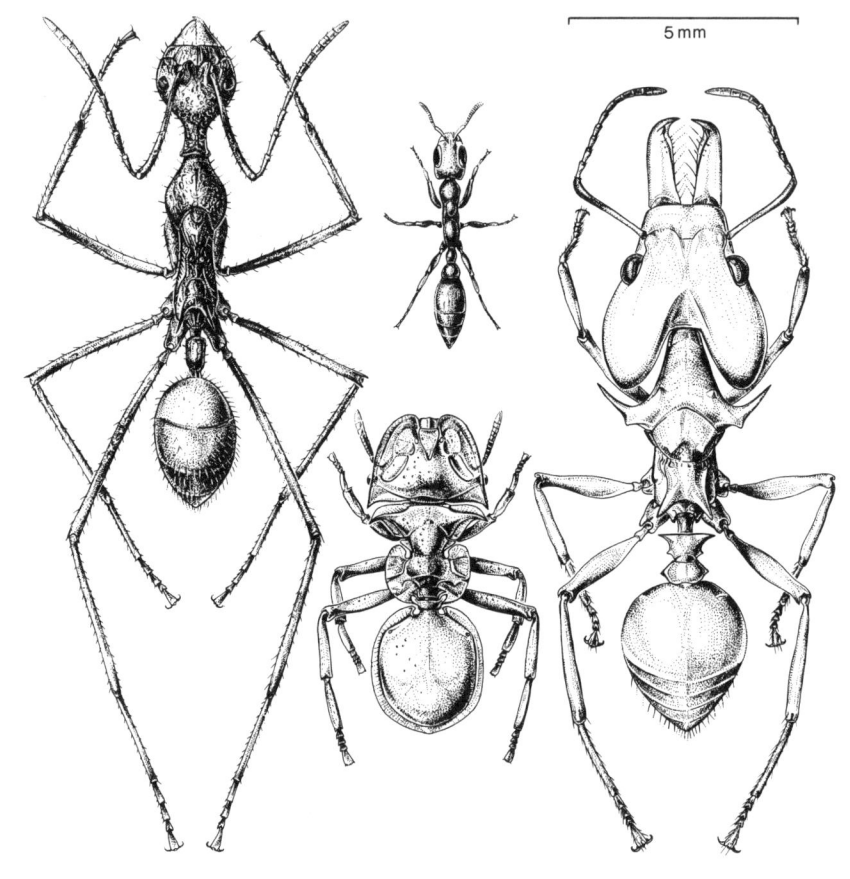

맞은편 쪽
개미의 다양성을 머리 부분의 근접 모습으로 나타냄. 왼쪽 위부터 시계 방향으로 ; 오스트레일리아산 오렉토그나투스 베르시콜로르 *Orectognathus versicolor*, 세계 최대 개미 종의 하나인 보르네오산 대왕개미, 남아메리카산 거북개미, 그리고 남아메리카산 거인개미 *Gigantiops destructor*(셀링 Ed. Seling의 주사 전자 현미경 사진).

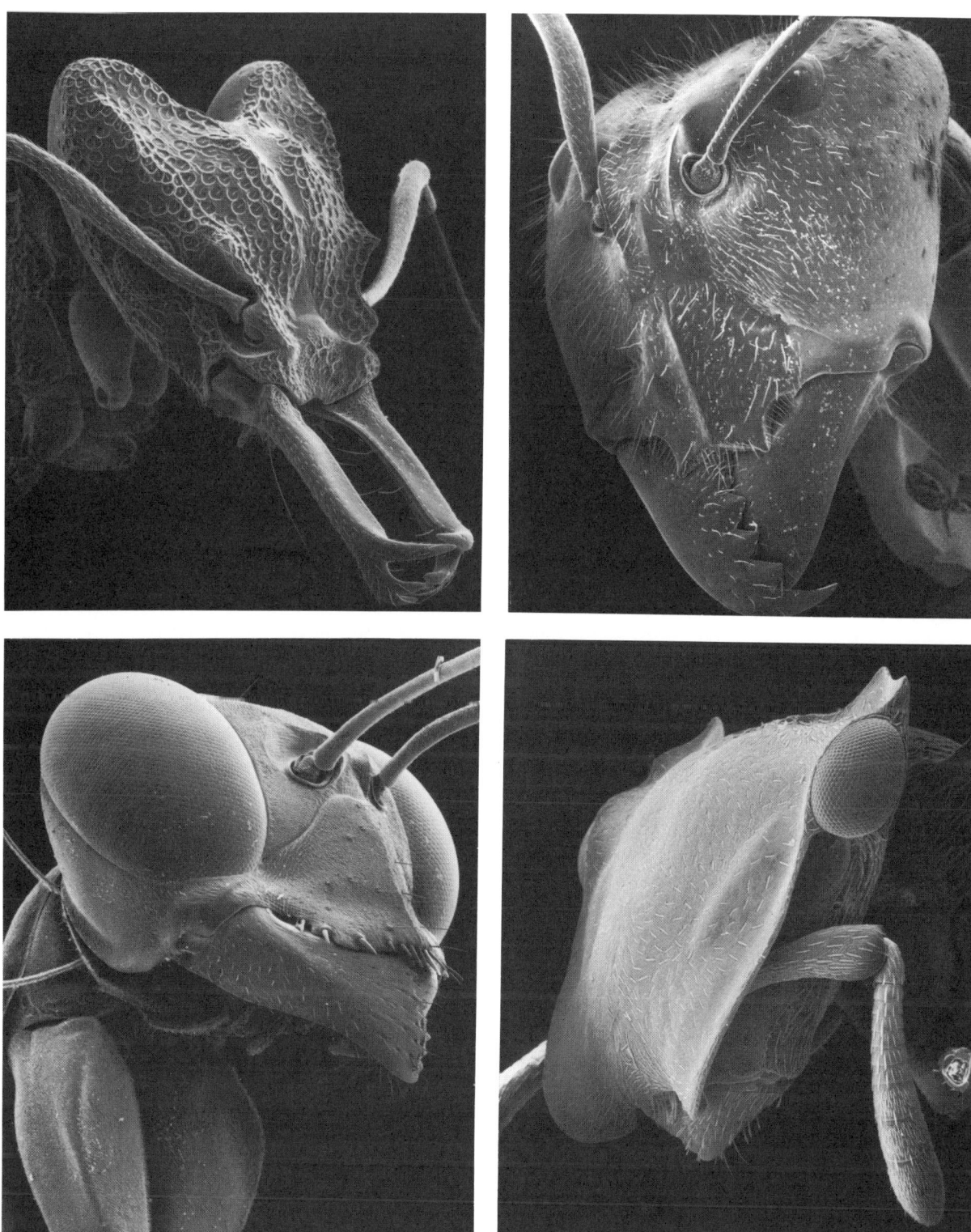

박이개미들은 나무 위쪽 수관부樹冠部를 점령해서 생활하며, 그 중 몇 종은 나뭇잎을 명주실로 엮어 집을 만들고 산다.

　개미가 이렇게 우세를 떨고 있는 사실에 대해 우리가 특히 놀랐던 것은, 지금도 기억에 생생한데, 핀란드를 방문했을 때였다. 즉, 핀란드 북쪽에서 북극권을 건너지르며 한없이 뻗어 있는 추운 산림에서도 개미들이 육지 표면을 지배하고 있었다. 5월 중순 남쪽 해안의 낙엽수들은 아직 조금밖에 싹이 트지 않았고 하늘이 흐린 가운데 가랑비가 내리는 섭씨 12도의 기온(옷을 가볍게 입은 자연 연구가에겐 아직 추운 날씨)에서도 개미들은 어디서나 활발히 움직이고 있었다. 숲속 길을 따라서도, 이끼가 덮인 큰 돌의 꼭대기에도, 그리고 늪지의 덤불 숲에도 우글거렸다. 불과 수평방 킬로미터의 넓이에서 17종이 발견되었는데 이것은 핀란드란 나라에서 알려진 개미 종 수의 3분의 1이었다.

　겨우 집파리만한 크기의 암적색 불개미 *Formica*('불개미 Fire ant는 본래 솔레노프시스속 *Solenopsis*의 개미를 지칭하나 우리말 불개미가 포르미카속 *Formica*에 들어 있어 포르미카를 불개미속으로 나타냈다. 그러나 Fire ant도 편의상 불개미로 부르기로 한다=역주)들은 개미 무덤을 만드는 종류인데 지상을 제압하고 있었다. 몇 가지 종의 개미집은 원뿔 모양으로 갓 파낸 흙 그리고 나뭇잎과 가지 조각들로 덮여 있었다. 집집마다 수십만 마리의 일개미를 수용했으며 그 높이는 1미터 이상이 되어 개미를 기준으로 하면 40층 높이의 마천루가 된다. 개미들이 개미 무덤의 표면에 들끓었다. 그들이 같은 군체에 속하는 이웃 개미 무덤 사이로 수십 미터를 종대 행진하는 모습은 마치 시간市間 무료 도로상의 교통 폭주 상태를 저공하는 비행기 위에서 내려다보는 것과도 같았다. 다른 행렬들은 가까운 이웃 소나무에 올라가 진딧물을 만나서 단물을 빨아 먹고 있었다. 또한 먹이 수집 중에 있던 일단의 개미들은 간간이 산개 작전을 펴기도 하였다. 어떤 개미는 곤충의 애벌레를 물고 올라오는가 하면 다른 개미는 곤충의 성체를 날라 오는 것을 볼 수 있었다. 또한 어떤 개미들은 몸집이 자기보다 작은 개미 집단을 공격해서 이기면 이 작은 개미들을 집으로 날라 먹이로 삼는다.

핀란드의 산림에서 개미들은 주요 포식자요 부생자腐生者이며, 토양을 뒤섞는 교반자다. 우리가 핀란드의 곤충학자들과 함께 바위 밑과 토양의 부식토 상층, 그리고 바닥에 깔린 썩은 나무 조각들을 살펴보았을 때, 수평방미터 넓이의 공간 어디서나 개미가 없는 곳은 거의 찾을 수 없었다. 정확한 숫자는 아직 조사되지 않았으나, 필경 개미는 그 지역 동물 생물량의 10퍼센트 이상 될 듯했다.

열대 지방 서식처에서는 숫자나 밀도가 그와 비슷하거나 그 이상 나가는 개미 무리를 발견할 수 있다. 독일의 생태학자인 벡크L. Beck와 피트카우E. J. Fittkau, 클링게H. Klinge는 브라질의 중부 아마조나스 주요 도시인 마나우스Manaos 근처 다우림에서 개미와 흰개미가 그 곳 동물량의 약 3분의 1을 이룬다는 사실을 알아냈다. 즉, 재규어와 원숭이에서 회충과 응애에 이르기까지 크고 작은 동물 모두를 합쳐볼 때 총체중의 3분의 1이 개미와 흰개미의 몸무게였다는 것이다. 이 두 가지 곤충을 다시 주요 군체성 곤충인 침 없는 벌 및 폴리빈polybiine 말벌 곤충과 합치면 이는 놀랍게도 곤충 생물량의 80퍼센트에 육박한다. 더구나 개미는 남미 다우림의 수관부에선 절대적인 우점종으로 군림하고 있다. 페루에 있는 나무들에서 높은 수관부에 사는 개미는 모든 곤충의 70퍼센트에까지 이르고 있다.

열대 지방에서의 개미의 다양성은 핀란드와 그 밖의 한·온대 국가보다 훨씬 높다. 우리와 다른 연구자들은 페루의 다우림 8헥타르(20에이커)짜리 조사 장소 한 군데에서 300여 종 이상의 개미를 확인한 적이 있다. 더욱이 그 이웃 지역에 있는 단 한 그루의 '나무'에서 개미를 43종이나 확인했는데 이것은 핀란드 전체나 영국 본토에 존재하는 종 수와 맞먹는 수이다.

개미들이 이렇게 많고 다양한 데 대한 조사를 다른 지역에 대해서 브라질의 아마존 우림에는 그곳에 살고 있는 모든 개미의 건량(乾量) 합계가 그 곳 육지의 척추동물(포유류, 조류, 파충류, 양서류) 모두를 합친 것의 약 네 배가 된다. 그 차이를 여기에 개미 (그남프토게니스 *Gnamptogenys*)와 재규어 각각 한 마리의 상대적 크기를 그림으로 나타냈다(브라운-윙 Katherine Brown-Wing의 그림).

해본 적은 별로 없지만, 우리는 개미와 기타 사회성 곤충이 세계의 다른 곳에서도 마찬가지로 많고 다양해 육지의 서식처를 압도적으로 차지하고 있다는 인상을 강하게 받고 있다. 즉, 사회성 곤충을 모두 합하면 곤충 생물량의 절반 이상을 차지할 가능성이 크다고 보는 것이다. 다음의 비율을 보도록 하자. 오늘날까지 생물학자들에게 인식된 곤충 총 75만 종 가운데 고등한 사회성 곤충은 1만 3500종(그 가운데 9500종이 개미)만이 알려져 있다. 따라서 현재 살아 있는 고등한 사회성 곤충의 절반 이상은 고도로 조직화된 군체 생활을 영위한다. 이는 곤충 전체 종수의 불과 2퍼센트만을 이루고 있는 셈이다.

우리 생각으로, 사회성 곤충이 이렇게 편중되는 현상은 주로 냉혹하고도 직접적인 경쟁 배제에 기초해서 일어나는 생존 경쟁 때문인 것 같다. 사실상 고도의 사회성 곤충 가운데 특히 개미와 흰개미는 좀, 사냥말벌, 바퀴, 진딧물, 노린재 및 기타 단서성單棲性 곤충들을 집짓기에 가장 바람직한 안정된 장소로부터 내몰고, 육지 환경에서 중심적인 자리를 모두 차지하고 있는 것이다. 단서성 종들은 대개 멀리 떨어진 나뭇가지나 지나치게 습하고 건조하거나 산산이 부서진 나무 조각들, 잎새의 표면 그리고 갯가의 갓 무너져 드러난 토양같이 외지고 임시로만 머물 수 있는 장소를 차지하는 경향이 있다. 뿐만 아니라 이들은 일반적으로 매우 작거나 빨리 움직이고, 영악하게 몸을 위장하거나 중무장한다. 따라서 우리는 지나친 단순화의 위험이 있긴 하지만, 개미와 흰개미의 일반적인 서식 패턴을 감히 생태적으로 중심에 놓고 단서성 곤충들을 그 변두리에 놓아 보고자 한다.

그러면 어떻게 해서 개미와 기타 사회성 곤충들이 육지 환경에서 그토록 당당한 위치에 놓이게 되었을까? 우리 생각으로 이들의 강점強点은 바로 그들의 사회적 성질에 있다고 여겨진다. 만약 이들의 부하들이 일사불란하게 움직이도록 프로그램되어 있다면 그들이 막대하게 뭉칠 때 곧 하나의 강점이 된다. 물론 이 성질이 그들에게만 있는 것은 아니다. 사회적 조직화란 진화 역사를 통틀어 볼 때 가장 꾸준히 발전된 성공적 전략이었다. 이제 열대 해양의 얕은 바다을 꽤 많이 덮고 있는 산호초를 생각해 보자. 이들은 산호의 개충들이 덩이를 져 켜를 이루고 있는 군체성 생물로, 좀더 정확히 말하면 단서성이면서 수가 적은 해파리의 먼 친척이다. 그리고 지질의 역사상 가장 우세한 포유류인 인간으로 말하자면 사회성이 최고로 발달해 있는 생물이라 하겠다.

가장 크고 복잡한 사회를 이루는 최고의 사회성 곤충들은 다음 세 가지의 생물학적 특성을 모두 갖춘 단계에 도달해 있다. 첫째는 성체가 새끼들을 돌보며, 둘째로 두 세대 또는 그 이상의 세대를 이루는 성체들이 같은 집에 함께 살며, 셋째로 군체마다 구성원들이 생식 기능의 '왕실' 카스트와 비생식 기능의 '일꾼' 카스트로 나눠져 있다는 것이다. 곤충학자들이 진사회성眞社會性('진짜 사회성'이란 뜻)이라 부르는 이런 식의 엘리트 집단들은 주로 우리가 익히 알고 있는 다음 네 가지의 집단을 이룬다.

모든 개미류ants를 말하며, 분류학적으로 말하면 벌목Hymenoptera의 개미과Formicidae인데 현재 약 9500종이 학계에 알려져 있다. 그러나 아직 적어도 그 두 배의 종 수가 주로 열대 지방에 숨어 있어 우리가 밝혀 내야 할 과제가 되고 있다.

벌bees들 가운데 일부는 진사회성이다. 꼬마꽃벌과(꼬마꽃벌)와 꿀벌과(꿀벌, 뒤영벌, 침 없는 벌류) 내에서, 적어도 독립적으로 진화한 10여 개의 계통들이 진사회성 수준에 도달하였다. 학계에 알려진 종 수로 치면 1000여 종에 달한다. 그러나 그보다 훨씬 많은 벌 종류들이 단서성이며, 이는 대부분 꼬마꽃벌류에 들어간다.

'말벌' 중 일부도 진사회성이다. 말벌과에 속하는 약 800종과 구멍벌과에 드는 약간의 종이 진화학적으로 이 단계에 이른 것으로 알려져 있다. 그러나 벌에서처럼 이들은 소수 무리다. 기타 수만 종의 기타 말벌들이 분류학적으로 많은 과에 흩어져 있으며 단서성이다.

'흰개미'는 모두 흰개미목(等翅目)에 드는데 전부 진사회성이다. 중생대 초기인 1억 5000만 년 전에 살던 바퀴 모양의 조상에서 비롯된 이 기묘한 곤충은 외모와 사회 행동면에서 진화적으로 개미를 향해 수렴되었다. 그러나 그 외의 공통점은 전혀 없다. 현재까지 학계에 알려진 흰개미는 약 2000종에 이른다.

우리가 볼 때, 이 개미들이 전 세계적으로 우세한 집단이 되도록 만든 경쟁력은 자기 희생이 매우 강하게 발달한 군체 생활에 있다. 실로 사회주의란 경우에 따라 잘 운영되는 것 같기도 하다. 다만 마르크스Karl Marx는 그의 이론의 대상이 되는 생물 종을 잘못 잡았을 뿐이다.

개미의 강점은 노동 효율면에서 두드러지게 나타난다. 다음의 시나리오를 생각해 보자. 100마리의 단서성 암컷 말벌이 역시 같은 수의 암컷 일개미의 군체와 대치하고 있다. 두 무리는 집을 서로 이웃하여 짓는다. 일상대로라면 말벌 중 한 마리가 둥지를 파고 곤충 애벌레나 메뚜기 또는 파리나 기타 먹이 동물을 잡아들여 새끼의 먹이로 삼는다. 말벌은 이 먹이 위에 알을 낳은 다음 둥지를 막아 버린다. 이윽고 알이 부화하면 애벌레가 되고, 애벌레는 성체가 갖다 놓은 곤충을 먹고 때가 되면 새로운 말벌 성체가 된다. 그러나 어미 말벌이 둥지를 파기 시작해서 둥지 입구를 막을 때까지 그 중간 어느 단계가 잘못되거나 작업 순서가 바뀌는 일이 생기면 전체 작업이 실패로 돌아간다.

이웃의 개미 군체는 하나의 '사회적 단위'로 기능함으로써 이런 모든 문제를 자동적으로 해결한다. 일개미 한 마리가 구멍을 파서 방을 만들어 개미 군체의 집이 확대되면, 그 곳에는 더 많은 애벌레가 옮겨져 양육되고 그 결과 군체의 크기는 더 커진다. 개미들이 작업 순서를 틀려도 필요한 작업은 완료되고 그래서 군체는 계속 커진다. 동료 일개미 한 마리가 들어와 파는 작업을 끝내면 다른 일개미들이 애벌레들을 그 방으로 옮겨 놓고 또 다른 일개미들은 먹이를 가져온다. 게다가 '순찰자' 개미도 많다. 이들은 복도와 방을 끊임없이 왔다갔다하는 일종의 대기조로서, 순찰 도중 만나는 개미마다 이상 유무를 확인하고 필요에 따라서는 담당 업무를 수시로 바꾼다. 이들은 단서성 일꾼보다 작업 순서를 더 신빙성 있게 수행, 완료하며 더 짧은 시간에 일을 마친다. 이들은 마치 공장의 일관 생산 라인에서 순간순간 필요에 따라 왔다갔다하는 일단의 공장 노동자와 흡사하여 전체 작업 능률을 향상시킨다.

사회 생활 형태가 전략상 크게 유리하다는 사실은 터 분쟁과 먹이 경쟁 때 분명해진다. 일개미들은 단서성 말벌에 비해 앞뒤를 돌보지 않고 사정없이 전투에 뛰어든다. 마치 여섯 개의 다리를 가진 '가미가제'같이 행동한다. 그러나 단서성 말벌은 그렇지 못하다. 한 마리가 죽거나 다치면 다윈의 게임은 끝나는 것이다. 마치 작업 도중 실수로 집 짓기와 먹이 장만에 필요한 어떤 단계들을 빠뜨렸을 때처럼 말이다.

그러나 개미는 그렇지 않다. 일개미는 우선 비생식성이며, 개체가 손실되면 개미집에서 갓 태어난 새로운 여동생으로 곧 충원된다. 어미인 여왕개미가 보호되고 있고 알을 계속 낳는 한, 한 마리나 몇 마리가 죽어봤자 군체 구성원들이 다음 세대의 유전자 풀(한 개체군의 생식 개체들이 갖는 유전 정보의 총합=역주)로 이어지는 데는 별 지장이 없는 것이다. 중요한 것은 군체 전체의 구성원 수가 아니라 혼인 비행에 나아가 교미에 성공을 거두고 새로운 군체를 이루는 처녀여왕과 수개미가 얼마나 되느냐이다. 가령 개미와 단서성 말벌의 소모전이 일개미들이 모두 죽을 때까지 계속된다고 하자. 이 때에도 여왕개미와 살아 남은 일개미들은 처녀여왕개미와 수개미들을 생산하여 번식시킴으로써 일개미 집단을 재빨리 복구한다. 한 군체에 해당하는 단서성 말벌이라면 이미 오래 전에 멸망했을 것이다.

군체가 말벌과 기타 단서성 곤충 등에 비해 경쟁상 이미 우월한 전략을 간직하고 있다는 것은, 곧 군체들이 어미여왕의 자연 생활을 위해 가장 좋은 집터와 먹이 장소를 확보해줄 수 있다는 것을 의미한다. 종류에 따라서는 여왕이 20년 이상을 살 수 있다. 또한 젊은 여왕이 교미 후 집에 돌아왔을 때 이 군체에겐 더 큰 가능성이 주어진다. 즉, 집과 터가 다음 세대로 물려질 수 있다는 것이다. 다시 말해 유전에다가 재산 상속이 첨가되는 셈이다. 유럽숲개미wood ants of Europe처럼 개미 무덤을 만드는 경우, 개미집은 흔히 여왕과 수개미들을 매년 새로 만들어 내면서 수십 년 지속된다. 이러한 군체는 그 중앙에 있는 여왕들이 계속 죽고 새로 대치되더라도 사실상 불멸의 잠재력을 발휘하는 셈이다.

하나의 개미 군체인 초개체가 갖는 강점은 이 밖에도 더 있다. 개미 군체들은 개별적인 단서성 말벌보다 큰 집을 짓고 더 오랫동안 유지하는 동안 집 안의 기후를 조절하기 충분할 만큼 정교한 물리적 구조를 만들어 낸다. 어떤 종의 일개미들은 땅 밑 깊이 터널을 뚫어 습기가 더욱 많은 토양에 도달하게 한다. 어떤 종은 통로나 방들을 바깥쪽으로 향해 파서 신선한 공기가 생활 구역으로 들어오게 한다. 만약 갑자기 비상 사태가 발생하면 신속한 대량 반응이 촉발되어 건축 작업이 가속된다. 많은 종의 경우, 가뭄이나 고열로 집이 너무 건조해지면 일개미들은 물통 조를 만들어 짧은 거리를 서로 왔다갔다하면서, 입에서 입으로 물을 옮겨 맨 나중엔 물을 뱉어 집 바닥과 벽에 묻힌다. 만약 적이 집벽을 무너뜨리고 쳐들어오면 일부 일개미는 침입자를 공격하고, 일부는 어린 새끼들을 구출하거나 손상된 벽을 수리하러 나선다.

이러한 개미의 군체 생활은 우리 인간의 기준으로는 매우 오래 된 현상으로 보일 수 있으나, 곤충의 전체 진화상으로는 비교적 근래에 발달된 것이다. 지구상에서 곤충이 지내 온 지질학적 시간의 약 절반에 해당될 뿐이기 때문이다. 곤충은 지금부터 약 4억 년 전 데본Devon기紀에 육지에 정착한 최초의 동물 가운데 하나였다. 이들은 뒤따른 석탄기의 늪지대에서 풍부하게 다양화되었다. 약 2억 5000만 년 전인 페름Perm기에 이르면 산림에는 바퀴, 노린재, 딱정벌레 그리고 오늘날 살고 있는 것과 별로 다르지 않은 잠자리들로 들끓었고, 이들에겐 조상 딱정벌레 같은 날개 너비가 3피트에 이르는 거대한 잠자리 모양의 조상잠자리와 그 밖에 지금은 멸종된 곤충의 목目들이 뒤섞여 있었다. 최초의 흰개미는 쥐라기나 약 2억 년 전인 백악기 초에 출현한 것 같고 개미, 사회성 벌들 그리고 사회성 말벌들은 다시 약 1억 년 후인 백악기에 나온 듯싶다. 대체로 진사회성 곤충은 특히 개미와 흰개미의 경우 지금부터 약 5000만 년 내지 6000만 년 전인 제3기 초에 이르러서야 곤충 가운데 우점종이 되었다.

이렇게 사회성 곤충의 역사가 인간의 '호모속Homo'의 전체 존속 기간을 100배 이상 거슬러올라간다면 그 자체가 하나의 역설임을 보게 된다. 군체 생활이 곤충에게 그토록 이점을 제공한다면 어째서 그 출현이 2억 년이나 더디게 나타났을까? 그리고 그러한 혁신이 일어난 지

2억 년이 되기까지도 왜 모든 곤충은 전부 군체성이 되지 않는 것일까? 이러한 질문을 거꾸로 해 보면 저절로 좋은 답이 나온다. 즉, 아직 언급된 바 없으나 단서성 생활이 사회성 생활에 비해 이점은 무엇인가 하는 것이다. 생각건대 단서성 곤충은 제한되고 일시적인 자원 조건에서는 더 빠르게 번식하고 견디기 때문일 것이다. 말하자면 이들은 개미와 다른 진사회성 곤충이 남긴 부스러기들을 취함으로써 일시적인 생태적 지위를 채우고 있는 것이다.

고도의 사회성 곤충이 단서성 곤충보다 천천히 번식한다는 것은 좀 이상하게 들릴 수도 있다. 군체는 결국 새로운 집식구를 대량생산하는 데 전력하는 일꾼들로 차 있는 작은 공장인 셈이다. 그러나 중요한 사실은 일개미가 아닌 군체가 생식의 단위라는 점이다. 모든 단서성 말벌은 어미나 아비가 될 수 있으나, 개미의 군체에서는 수백 또는 수천 마리 중 한 마리만 생식 기능을 할 수 있다. 새로운 군체를 이룰 수 있는 처녀여왕을 만들기 위해서는 번식의 단위인 초개체로서의 어미 군체가 우선 일단의 일개미를 생산해야 한다. 그래야 비로소 이 군체는 단서성 생물 한 마리가 성적으로 성숙해진 것과 같은 단계에 이른다.

군체는 말하자면 덩치가 큰 하나의 생물체이므로 그 운영에 필요한 대형 기지를 확보해야 한다. 그래서 군체는 통나무와 떨어진 나뭇가지들을 차지하는 대신, 흩어진 나뭇잎과 나무껍질은 빨리 움직이고 빨리 번식하는 단서성 곤충에게 양보한다. 군체는 안정된 강가의 제방을 차지하지만, 먼 바깥쪽에 있는 일시적인 진흙톱mud bar은 포기한다. 먹이 장소에서 다른 먹이 장소로 이동하는 일은 매우 천천히 진행되는데 이는 한 마리라도 안전하게 이주하기 위해서는 그에 앞서 집단 전체가 동원되어야 하기 때문이다.

따라서 단서성 곤충은 매우 우수한 개척자다. 그들은 바람에 날려 멀리 떨어진 물건들, 예를 들면 땅 위에 새로 나타난 식물의 새싹이나 냇물을 따라 내려온 나뭇가지 또는 나뭇잎들이 달린 잔가지에 재빨리 도달해 그 곳에서 오랫동안 번성할 수 있다. 반면에 개미 군체는 대조적으로 생태적인 맹목적 희생주의자다. 성장하는 데 시간이 걸리며 게다가 천천히 옮겨 다닌다. 그러나 일단 발동이 걸리면 멈추기가 어렵다.

개미 사랑에 빠지다

1960년대와 70년대에 걸쳐 개미에 대한 과학적 연구는 당시 생물학에 일어난 혁명에 휩쓸려 가속적으로 발전하였다. 곧 이어 곤충학자들은 군체의 구성원들이 대체로 몸 전체에 퍼져 있는 특별한 샘에서 분비되는 화학 물질의 맛과 냄새를 통해 의사 소통을 한다는 사실을 발견하였다. 또 곤충학자들은 이타주의가 혈연 선택에 의해 진화됐다고 생각했다. 즉, 혈연 선택은 형제 자매를 희생적으로 돌봄으로써 얻어지는 다윈식 이점을 갖고 있으며, 형제 자매는 같은 이타 유전자들을 공유하고 서로 돌봄으로써 이 유전자들을 다음 대에 물려줄 수 있다. 이 밖에도 곤충학자들은 개미 사회의 주제적 특징이랄 수 있는 여왕, 병정, 일꾼의 정교한 카스트 제도가 유전자에 의해서가 아니라 먹이와 기타 환경 요인에 의해 결정된다는 이론을 세웠다.

이렇게 여러 가지 발견이 신나게 이루어지던 즈음인 1969년 가을, 학기 초에 휠도블러 박사가 하버드 대학교를 방문했을 때 윌슨 교수의 연구실을 찾아온 것이다. 당시 우리는 그런 식으로 생각하지 않았지만, 사실상 서로 다른 국가의 과학 문화 속에서 태어나 자란 두 과학 전문 분야의 대표로서 만난 것이며 이 두 가시 분야의 만남과 종합은 곧 개미 군체와 다른 복잡한 동물 사회를 더 잘 이해하는 쪽으로 인도될 참이었다. 그 두 가지 중 하나가 동물의 행동을 자연 조건하에서 연구하는 행태학行態學/ethology이었다. 행동 생물학의 한 줄기인 이 분야는 1940년대와 50년대에 거의 유럽에서 시작되고 발전되었는데, 본능의 중요성을 강조한다는 점에서 전통적인 미국의 심리학과 매우 달랐다. 뿐만 아니라 행동이 어떤 동물로 하여금 그 종이 생존상 의존하고 있는 환경의 어떤 특수 부분에 어떻게 적응시키는가를 연구하는 데 중점을 두었다. 그래서 복잡한 생활사 연구를 통해 어떤 적들을 피하는가, 어떤 음식류를 사냥하는가, 집을 짓기에 가장 좋은 장소들은 어떤 곳이며, 생물 종이 어떤 장소에서 어떤 상대와 어떻게 교미하는가 등을

캐물었다. 행태학자들은 무엇보다도 오랫동안 학파를 이룬 자연 연구가들이어서 진흙투성이의 장화와 방수 노트, 그리고 목을 부벼 스치면서 땀에 찌든 쌍안경의 띠로 무장했다. 그러면서도 그들은 현대 생물학자로서 본능 행동의 요소들을 가려 내는 실험적 기법을 사용했다. 이 두 가지 접근을 합쳐 보다 과학적 작업을 하는 동안, 그들은 동물의 고착 행동을 유발하고 유도하는 비교적 단순한 실마리로서의 '신호 자극 sign stimuli'을 발견하였다. 예를 들면, 가시고기 수컷의 배에 나 있는 한 개의 붉은 점은 동물의 눈에는 단순히 붉은 점이 아니며, 연적인 수컷에게 완벽한 터 과시를 수행하도록 자극한다. 이들 수컷은 적어도 인간인 우리가 물고기 전체 모습으로 보는 것과는 달리, 물고기 전체 모습이 아니라 색깔 있는 얼룩 반점에 반응하도록 프로그램되어 있다는 것이다.

    오늘날의 생물학 잡지에는 이러한 신호 자극의 예가 무수히 나오고 있다. 예를 들면 젖산의 냄새가 황열병모기를 사람에게로 유인하고, 자외선을 반사하는 날개의 빛이 흰나비 수컷에게 그를 맞이해 줄 암컷을 가르쳐 준다. 또한 물 속에 녹아 있는 소량의 글루타티온 glutathione 이 히드라로 하여금 먹이 쪽을 향해 촉수를 뻗치도록 촉발하는 등, 지금은 행태학자들에 의해 동물계에 알려진 방대한 행동 레퍼토리를 통해 조금씩 계속 파악되고 있다. 행태학자들은 동물이 신속하게 움직이는 환경에 재빨리 그리고 정확히 반응함으로써 살아 나간다는 것을 알았고, 그럼으로써 그들이 경험하는 감각 세계에 존재하는 간단한 것들에 의존한다고 믿었다. 그러나 자극에 대한 반응은 신호 자극과는 달리 흔히 복잡하고, 정확한 방식으로 수행되지 않으면 안 된다. 동물에게는 한번 실수면 그만이며 제2의 기회란 거의 없다. 그리고 이러한 레퍼토리는 사전에 배울 기회 없이 곧바로 수행되어야 하므로, 매우 강력하고 자동적이면서 유전적인 데 기초해야만 한다. 간단히 말해, 동물의 신경계는 거의 불변으로 고정되어 있음에 틀림없다. 결국 행태

핀란드의 원시림에 사는 붉은숲개미 포르미카 폴릭테나 *Formica polyctena*가 만든 큰 개미 무덤. 횔도블러가 1960년에 제1차 핀란드 개미 조사 여행 때 찍은 사진으로, 핀란드인 개미학자이자 친구인 부오렌린네 Heikki Wuorenrinne가 보인다.

미국 서남부의 치와와 Chihuahua 사막에서 관찰된 개미의 혼인 비행. 비가 많이 와서 흙이 부드러워지면 개미들이 많이 나와 교미 활동을 시작한다. 포렐리우스 프루이노수스의 날개 달린 암·수컷들은 작은 관목에 올라가 혼인 비행을 위한 이륙의 발판으로 삼는다.

맞은편 쪽

많은 개미 종들의 암수가 혼인 비행 중에 떼를 지어 교미한다. 위쪽 사진에서 보는 바와 같이 수확개미의 일종인 포고노미르멕스 데세르토룸 *Pogonomyrmex desertorum*들이 위를 향해 날아가 미모사류 관목에 모인다. 관목에 도착하면 수컷은 강한 냄새 물질을 내어 암컷과 수컷을 더욱 많이 공동 교미장으로 불러들인다. 아래 사진에는 혹개미속에 드는 한 종의 개미 떼가 애리조나 사막으로 향하는 국도의 뜨거운 아스팔트 위에 모여 들고 있다.

미국산 수확개미 포고노미르멕스 루고수스의 광란의 교미 장면. 수천 마리의 암·수가 지상의 특정 장소에 모인다. 앞쪽에 수컷 한 마리가 어린 암컷과 교미하고 있는 것이 보인다(도슨 John Dawson의 그림. 미국 지리학회의 허락으로 게재).

미국산 수확개미인 포고노미르멕스 바르바투스 *Pogonomyrmex barbatus*의 여왕과 수컷들 또한 특정 장소에 모여 교미하고 있다. 어린 여왕의 수는 언제나 수컷의 수보다 훨씬 적다. 흔히 열 마리나 그 이상의 수컷이 한 마리의 암컷에 동시에 교미하려 드는 것을 볼 수 있다.

교미 후 몇 시간이 여왕에겐 가장 위험하다. 여왕이 날개를 떨구고 새로 집을 짓기 위해 적당한 장소를 찾는 동안 대부분이 다른 종의 개미나 도마뱀, 거미에게 잡아먹히기 때문이다. 여기에선 게거미 한 마리가 수확개미의 일종인 포고노미르멕스 마리코파 *Pogonomyrmex maricopa*의 여왕 한 마리를 잡고 있다.

맞은편 쪽
새 집을 창설한 여왕이 첫번째 일개미들을 기르고 나면 이 군체는 급속히 성장한다. 위 사진에서 혹개미인 페이돌레 데세르토룸 *Pheidole desertorum*의 여왕 한 마리가 그가 낳은 첫번째의 일개미, 알, 애벌레 그리고 번데기들에게 둘러싸여 있다. 아래 사진에서는 첫번째로 난 사각머리 병정개미들과 아직 여린 색깔을 띠고 있는 이제 갓 우화된 몇 마리의 일개미 모습이 보인다.

왕개미인 캄포노투스 페르티아나 *Camponotus perthiana*. 이 오스트레일리아산 개미 종의 여왕 한 마리는 실험실 내의 개미집에서 23년 이상을 살아 왔다. 그동안 이 여왕은 수백 마리의 일개미를 낳았다.

학자들은 그 정도의 추정이 사실이라면 그리고 행동이 유전성이고 종에 따라 특수하게 빚어졌다면, 마치 해부학이나 생리적 과정에 대한 연구에서처럼 종래의 실험 생물학 기법을 써서 요소 하나하나를 분석해 나갈 수 있을 것으로 보았다.

1969년에는, 행동이 원자 단위로 분해될 수 있다는 생각이 우리를 포함한 당시의 행동 생물학자들에게 큰 힘을 불어넣어 주었다. 그러한 발상의 효과는 행태학 창시자의 한 사람인 독일의 뮌헨 대학교 교수이자 위대한 오스트리아 동물학자가 우리와 공동의 관심을 갖고 있다는 사실로 인해 우리에게 더욱 크게 다가왔다. 프리슈Karl von Frisch는 세계 최고의 생물학자로서, 꿀벌이 집 밖에서 발견한 먹이의 위치와 그곳까지의 거리를 동료들에게 알리는 꿀벌통 속의 기묘한 동작의 꼬리춤을 발견한 공로로 크게 찬양받고 있었다. 이 꼬리춤은 오늘까지도 동물계에서 알려진 상징 언어에 가장 가까운 것으로 남아 있다. 프리슈는 일반적으로 생물학자들 사이에서 동물의 감각과 행동에 관해 그가 사용한 실험의 독창성과 고상함으로 더욱 존경을 받았다. 그는 1973년 독일의 막스 플랑크 행동 생리학 연구소장인 오스트리아 태생의 로렌츠Konrad Lorentz, 그리고 영국 옥스퍼드 대학교 교수인 네덜란드 태생의 틴버겐Nikolaas Tinbergen과 함께 행태학 발전에 기여한 공로로 노벨상을 받았다.

동물 사회를 새롭게 이해하는 데 길잡이가 된 두 번째 전통은 미국과 영국에서 시작된 것으로, 접근 방식이 행태학과는 매우 다르다. 바로 개체군이 하나의 집결체로서 어떻게 생장하고 어떤 경관에 걸쳐 확산되며 나중엔 또 어떻게 쇠퇴하고 사라지는가를 연구하는, 즉 생물 개체군 전체의 성질을 밝히는 개체군 생물학population biology이다. 이 분야는 살아 있는 생물에 대한 야외 및 실험실 연구 못지않게 수학적 모델에 의존한다. 다시 말해 인구학같이 전체 경향을 파악하는 데 있어 개체 생물들의 출생, 사망, 이동을 추적하여 집단의 운명을 추리하는 것이다. 이 과정에서는 또한 생물들의 성, 나이, 유전적 조성을 밝혀 나가게 된다.

우리들은 하버드 대학교에서 공동 작업을 시작한 초기에 이미 행태학과 개체군 생물학이 개미와 기타 사회성 곤충의 연구에서 신통하리만치 잘 들어맞는다는 사실을 알게 되었다. 곤충의 군체는 작은 개체군이다. 바로 이들 집단을 이루는 떼들의 삶과 죽음만 추적하면 모두 훤히 알 수 있는 것이다. 이들의 유전적 조성, 특히 구성원들의 혈연 관계가 이들의 협조 행동의 본성을 이미 결정하고 있다. 그러나 의사 소통의 세부 내용과 군체 정착 그리고 카스트에 관한 행태를 알게 되더라도 이러한 지식은 군체 집단 전체의 진화적 산물로 볼 때에만 함께 들어맞고 뜻이 통하게 된다. 간단히 말하면 이것이 바로 사회 행동의 생물학적 기초와 복잡한 사회의 조직화를 체계적으로 연구하는 사회 생물학이라는 새로운 분야의 기초이다.

우리가 이러한 종합 작업과 연구 예정에 관해 대화를 시작했을 때, 윌슨은 40세로 하버드 대학교 교수였고 휠도블러는 33세로 프랑크푸르트 대학교 강사로 휴가 중이었다. 그로부터 3년 후 휠도블러는 잠시 프랑크푸르트 대학교에 강의차 돌아갔다가 하버드 대학교에 정교수로 초빙되었다. 그 후 우리 두 사람은 하버드 대학교 비교동물학 박물관에 증축한 새로운 부속 건물의 4층을 나눠 썼고, 이런 생활은 휠도블러가 1989년에 뷔르츠부르크 대학교에 신설된 테오도르 보베리 생물 과학 연구소의 사회성 곤충 연구부를 이끌기 위해 독일로 돌아갈 때까지 계속되었다.

과학은 나름대로 각기 특이한 차이점이 단일한 지식덩이로 융합되어 간단하고 멋있게 표현되고 진실로서 널리 수용됨으로써, 진정 국가를 초월하는 단일 문화로 일컬어진다. 우리는 비록 서로 매우 다른 학술적 여정을 걸어 왔으나 드디어 이 경지에 함께 들어선 것이며 게다가 어린 시절 둘 다 곤충 연구를 즐겼다는 공통점뿐 아니라 우리의 정신 발달상 중요한 시기에 어른들의 찬성과 격려 덕분에 여기까지 이른 것이다. 간단히 말하면 어려서 곤충 사랑의 시기에 들어선 이후 결코 곤충을 포기하도록 강요받은 적이 없는 축복 속에 살아 왔다.

휠도블러에 의하면, 모든 일은 바로 대규모 공습이 독일에 제2차 세계 대전을 안겨 주기 바로 직전 바바리아에서의 어느 아름다운 이른 여름날에 시작되었다. 당시 그는 일곱 살로 핀란드 주재 독일군의 의사였던 아버지 카를 휠도블러와 막 재회를 했다. 아버지는 오크젠푸르트Ochsenfurt에 있는 가족을 만나기 위해 휴가를 얻어 나왔다. 아버지는 휠도블러를 숲으로 데려가 여기저기 돌아보며 이야기하였다. 그러나 이 산보는 예사로운 여느 것과는 사뭇 달랐다. 정열적인 동물학자인 아버지 카를은 바로 개미 사회에 특별한 흥미를 가졌던 것이다. 그는 개미집에 사는 기묘한 여러 가지 흥미로운 작은 말벌과 딱정벌레에 대해 국제적으로 유명한 전문가였다. 그러니 이렇게 걸어다니면서도 길가의 돌과 작은 나무토막을 들추며 그 밑에 무엇이 살고 있는지 살펴보는 것은 당연한 일이었다. 흙 속을 파헤쳐 그 속에 우글거리는 생물들을 보는 것이 바로 곤충학의 한 즐거움임을 그는 누구보다 잘 알고 있었다.

하나의 돌 밑에 큰 왕개미(영어로 carpenter ant여서 목수개미라고도 부를 수 있으나 우리말 왕개미속Camponotus에 들므로 왕개미라 쓰기로 한다 =역주)의 군체가 살고 있었다. 암갈색으로 반짝이는 일개미들이 햇빛에 잠시 꼼짝하지 않다가 애벌레와 고치 모양의 번데기들(그들의 미성숙한 자매들)을 미친 듯이 땅 속의 굴 안으로 운반해 갔다. 이 갑작스러운 놀라운 장면이 어린 휠도블러를 완전히 사로잡았다. 얼마나 신기하고 멋있는 세계이며 완벽한 세계인가. 개미 사회 하나가 잠시 전체 모습을 드러냈다가 마술처럼 금방 사라지고 만 것이다. 마치 마른 땅에 물이 스며들어 지하 세계로 들어가, 상상을 불허하는 기묘한 생활을 다시 시작하는 것처럼 말이다.

전쟁이 끝난 다음 휠도블러는 뷔르츠부르크 근처의 오크젠푸르트 내 작은 중세 마을에서 살았는데 그 곳은 개, 쥐, 기니픽guinea pig, 여우, 물고기, 커다란 액솔로틀axolotl 도롱뇽, 왜가리, 갈까마귀로 들끓었다. 휠도블러의 특별한 흥미를 끈 것은 사람에게 기생하는 벼룩이었는데, 그는 과학 연구를 한답시고 이것을 작은 유리병에 담아 자신의 피를 빨게까지 하였다.

휠도블러는 무엇보다 아버지의 시범과 어머니의 사랑 어린 인내에 힘입어 개미를 기를 수 있었다. 그는 개미 군체를 산 채로 모아 인조 개미집에 넣어 연구하고 그 지역의 개미들을 연구했으며, 해부학적인 특징을 그림으로 그리고 행동을 관찰하였다. 그의 열정은 항상 끓어 넘쳤다. 그러나 그는 그 위에 또 다른 취미로 나비와 딱정벌레도 채집하였다. 그는 이제 생물의 다양성에 각인刻印되었으며 주사위는 던져졌다. 그의 장래 희망은 생물학을 일생의 직업으로 삼는 것으로 낙착되었다.

휠도블러는 1956년 가을 장차 고등학교에서 생물학과 기타 과학 과목을 가르치기 위해 이웃에 있는 뷔르츠부르크 대학교로 진학했다. 그러나 대학에서 최종 졸업 시험을 칠 무렵, 그는 목표를 한층 높였다. 박사 학위를 얻고자 이 대학교의 대학원 입학 허가를 받은 것이다. 이 단계에서 그의 지도 교수는 나무개미의 전문가인 괴스발트Karl Gösswald였다. 몸이 큰 암적색의 이 곤충은 1헥타르당 수백만 마리씩 우글거리며, 북유럽 산림 여기저기에 개미 무덤을 만들고 있다. 괴스발트는 살충제를 쓸 필요없이 산림의 모충毛蟲과 다른 해충을 방제할 수 있는 이 개미를 퍼뜨리는 방법을 개발하고 싶었다. 일찍이 유럽의 곤충학자들은 나뭇잎을 갉아 먹는 해충들이 발생할 때마다 이상하게도 개미 무덤 부근에 있는 나무들은 잎새가 별로 상하지 않고 건강을 유지한다는 것을 알았다. 이것은 보나마나 개미가 해충들을 잡아먹기 때문이다. 직접 계산해 보니 나무개미의 군체 하나는 단 하루에 해충 10

만 마리 이상을 먹어 치울 수 있다.

산림 곤충학의 초기 개척자인 에셰리히 Karl Escherich는 이미 나무개미의 보호 방패 구실에 의해 형성되는 '녹색섬 green island'을 언급했다. 그는 1890년대에 세계 최고의 발생학자인 보베리 Theodor Boveri의 지도를 받는 뷔르츠부르크 대학교의 학생이었다. 그 때 요행스럽게도 후에 미국의 지도급 개미학자가 된 휠러 William Wheeler가 젊은 학자로서 2년간 뷔르츠부르크 대학교를 방문하고 있었다. 휠러는 얼마 안 되어 연구 방향을 개미로 돌렸다(그 후 휠러는 1907년 하버드 대학교 곤충학 교수가 되었고, 그래서 윌슨의 전임자가 된 것이다). 휠러는 자신이 초기에 가졌던 개미에 대한 열정을 젊은 에셰리히에게 전했고 에셰리히는 휠러의 영향을 받아 의학을 버리고 산림 곤충학으로 발을 돌렸다. 그의 후기 생활에 완성된 개미에 관한 방대한 걸작들은 괴스발트를 포함한 독일의 모든 연구자들에게 영향을 미쳤다. 그러나 초기에 괴스발트를 개미 연구로 인도한 것은 뷔르츠부르크에서 의학 및 동물학을 공부하던 학생인 카를 휠도블러였다. 그는 자기보다 나이 어린 학생인 괴스발트에게 북부 바바리아의 일부인 프란코니아 Franconia의 마인 강 Main River 연인 석회암 지대에 소재한 풍부한 개미들을 살펴보도록 격려하였다. 그것이 바로 괴스발트의 박사 학위 논문의 기초가 되었다. 그래서 두 가지의 계통이 다음과 같이 이어진다. 즉, 그 하나는 휠러 – 에셰리히 – 카를 휠도블러 – 괴스발트 – 베르트 휠도블러이고, 또 하나는 휠러 – 카펜터 Frank Carpenter(하버드 대학교의 윌슨의 선생) – 윌슨이다. 즉, 뷔르츠부르크에서 휠러로 시작하여 갈라졌다가 하버드 대학교에서 다시 합쳐진 것이다. 바로 이런 것이 과학계에서 나타나는 그물 구조식의 대물림이다.

그러나 휠도블러가 뷔르츠부르크에서 공부하는 동안 전적으로 괴스발트의 인도만 받은 것은 아니다. 그의 아버지가 전쟁 후 다른 개미학자들과 친분을 가졌기 때문에 휠도블러는 이미 대학에 들어가기 전에 많은 개미 연구가들을 만났다. 예를 들면 스위스의 쿠터 Heinrich Kutter 와 룩셈부르크의 스텀퍼 Robert Stumper가 있다. 횔도블러는 산림 곤충학에 이끌렸지만 어렸을 때 얻은 정신적 나침반이 그를 개미에게 다시 끌어들인 것이다. 그 때 그는 신경 생리학의 세계적 권위자로서 동물학 강의를 했던 아우트룸 Hans-Jochem Autrum에게서 영감을 받았다.

횔도블러가 학부 학생으로 있을 때 그가 해야 할 첫번째 숙제는 핀란드에 가서 남북으로 나무개미를 조사하는 일이었다. 그 일은 갖고 있는 모든 시간을 투입해야 할 일이었다. 그러나 그는 나무개미와 마찬가지로 특출나게 생긴 왕개미와 오크젠푸르트 숲의 돌 밑에서 요술처럼 나타나던 다른 개미 종들을 무시할 수 없었다. 그는 그의 아버지가 매우 어렵고 흔히 위험하기까지 한 조건에서 전쟁 기간을 보낸 카렐리아 Karelia의 숲을 답사하면서 일종의 향수를 느끼지 않을 수 없었다. 이젠 전시와는 달리 별로 알려지지 않은 동물을 느긋하게 찾아 다닐 수 있는 장소가 된 것이다. 핀란드의 대부분, 특히 북쪽은 지금도 야생의 땅으로 남아 있다. 연구된 적이라곤 거의 없는 곤충들이 많은 이 나라의 숲과 들을 찾아 다니는 일은 횔도블러로 하여금 야외 생물학에 투신하도록 만들기에 충분한 매력을 갖고 있었다.

이제 그의 마음은 괴스발트가 강조했던 응용 곤충학 분야와는 멀어지고 있었다. 그야말로 그가 본능적으로 좋아했던, 그리고 어렸을 때의 훈련에 의해 기초 연구 쪽으로 더욱 기운 것이다. 그는 핀란드 답사를 끝낸 지 3년 후, 프리슈의 가장 재능 있는 학생 가운데 하나가 되었으며 이 위대한 학자의 지적 후계자로 알려져 있는 린다우어 Martin Lindauer가 프랑크푸르트 대학교에 대학원 과정을 개설하였음을 알게 되었다. 1960년대에 린다우어와 그의 제자들은 꿀벌과 침 없는 벌에 관한 놀라운 새 연구의 물결에 휩싸여 있었다. 그 프랑크푸르트 대학교는 동물 행동학에서 보통 프리슈-린다우어 학파라 불리는 연구자들의 중심이 되었다. 이 곳의 전통은 단지 전문가 진용과 일련의 테크닉에 있던 것이 아니라 생물에 대해, 특히 생물이 자연 환경에 적응하는 데 대해 철저하고 애정 어린 관심으로 '느끼는' 연구 철학에 있었다. 이 생물 전체에 대한 접근 방식은, 자신이 할 수 있는 모든 방법으로 자신이 선택한 종에 관해 익히라고 요구했다. 그 생물의 행동과 생리가 그 생물로 하여금 어떻게 현실계에 적응하도록 돕고 있는지 이해해 보고 아니면 최소한 상상이라도 해 보라는 것이다. 그러고 나서 행동이 마치 하나의 해부학적 구조인 양, 그 가운데 분리되고 분석될 수 있는 조각을 선택하라는 말이다. 그 다음 감히 자기 것이라 말할 수 있는 한 가지 현상을 찾아내면 그에 대한 연구를 가장 바람직한 방향으로 몰고 가라, 그리고 내내 새로운 질문 던지기를 주저하지 말라는 것이다.

성공한 과학자라면 누구나 자연에서 새로운 발견을 끌어내는 자기만의 방법을 몇 가지 갖고 있기 마련이다. 프리슈는 그 자신 매우 능숙했던 두 가지 묘방을 갖고 있었다. 하나는 쉽게 관찰하고 조작할 수 있는 꿀벌의 생활 중 일부로서, 바로 꿀벌이 집과 꽃 사이를 오가는 모습을 면밀히 관찰하는 것이었다. 다른 하나는 행동 조건화의 한 방법인데, 그는 이 방법으로 꽃의 색깔이나 향기 같은 자극을 그 다음에 준 설탕물 같은 먹이와 결합시켰다. 후기의 실험에서, 벌과 기타 동물은 어떤 자극이 감지하기에 충분하리만큼 강력하기만 하면 이 자극에 반응하는 것을 볼 수 있었다. 프리슈는 이 간단한 테크닉을 써서 곤충이 색깔을 볼 수 있다고 단언한 최초의 학자가 되었다. 그는 또한 꿀벌이 편광偏光을 볼 수 있다는 사실을 처음으로 발견하였는데 이것은 사람이 갖고 있지 못한 능력이다. 꿀벌은 비록 해가 구름으로 가렸어도 편광을 이용해 태양의 위치를 추정하고 나침반을 읽을 수 있다.

휠도블러는 1965년 뷔르츠부르크 대학교에서 박사 학위 시험에 합격한 다음 린다우어 밑에서 연구하기 위해 프랑크푸르트로 갔다. 그가 이 곳에서 만난 독일인 박사 과정 학생과 젊은 박사후 과정 연구원들은 뛰어난 소장 과학자들로서 장차 사회성 곤충과 행동 생물학을 주도

할 사람들이었다. 그 가운데엔 린젠마이르Eduard Linsenmair, 마르클 Hubert Markl, 마슈비츠Ulrich Maschwitz, 멘첼Randolf Menzel, 라트마이어Werner Rathmayer, 그리고 베너Rüdiger Wehner 등이 있다. 베너는 그 후 취리히 대학교로 가서 벌과 개미의 시각 생리와 정위定位 현상에 대한 연구를 개척하였다.

이들의 모임과 분위기는 횔도블러의 자연에 관한 지적知的 고향이 되었다. 어릴 때부터 매료되었던 주제를 자유롭게 연구할 수 있는데다 프리슈 교수의 격려까지 받는 터라 그는 개미의 행동과 생태에 관한 새로운 연구 계획에 전력을 쏟기 시작했다. 그는 1969년 두 번째 박사 학위에 해당하는 교수 자격증을 받았는데, 독일에서는 이 자격증을 받아야 자기만의 담당 학급을 가질 수 있는 강사가 된다. 그 후 그는 하버드 대학교를 2년간 방문하는 일로 새로운 경력을 쌓기 시작했고, 그 다음 잠시 강의차 프랑크푸르트 대학교로 갔다가 1972년 다시 하버드 대학교로 돌아왔다. 이 때부터 윌슨과의 20년간의 공동 작업이 시작되었다.

횔도블러가 어려서 오크젠푸르트의 개미 군체를 보기 시작한 지 얼마 안 되는 1945년은 윌슨이 자신의 고향인 모빌Mobile에서 앨라배마의 북쪽 도시인 디케이터Decatur로 갓 옮긴 때였다. 디케이터라는 도시 이름은 1812년의 전쟁 영웅인 디케이터Stephen Decatur에서 따온 것으로, 그가 식후食後건배 때 말한 "우리의 조국이여! 언제나 정의롭기를. 그러나 그렇지 않더라도 항상 우리의 조국일지어다"로 유명하였다. 그 명성에 걸맞게 디케이터는 올바르게 생각하고 시市의 의무에 주의하는 시정市政을 폈다. 윌슨은 친구에게 벌레나 뱀으로도 알려졌는데, 16세가 되자 장래에 대해 진지하게 준비해야겠다고 생각했다. 이제 그는 미국 보이 스카우트 연맹에서 이글 스카우트Eagle Scout 계급까지 땄지만, 보이 스카우트에 안녕을 고하고 과거의 단순한 뱀잡이나 탐조 활동에서도 벗어나서, 또한 잠시만이라도 어쨌든 여자 관계를 뒤로 미루고 곤충학자로서 장래 생애를 발전시킬 생각을 진지하게 할 때가 된 것이다.

그는 최상의 길은, 여러 가지 과학적 발견의 기회를 주었던 곤충 그룹에 대해 우선 전문 지식을 확보하는 것이라고 믿었다. 그래서 처음에는 파리목, 특히 장다리파리과 Dolichopodidae를 선택했다. 이 파리는 반짝이는 금속성의 녹색과 파란색의 작은 곤충으로 햇살이 비추는 잎새 위에서 춤추며 혼인 의식을 치룬다. 이 곤충에 대해 연구할 여지는 매우 커서 미국에만 수천 종류가 넘으나 앨라배마만 해도 거의 알려져 있지 않았다. 그러나 윌슨이 이렇게 첫번째로 품은 야심도 스르르 녹아 버릴 수밖에 없었다. 전쟁으로 말미암아 이 파리의 표본을 보존하는 데 기본적으로 필요한 곤충 핀의 공급이 끊긴 것이다. 끝에 꼭지머리가 달린 검은색의 이 특수 바늘은 당시 아직도 독일 점령하에 있었던 체코슬로바키아에서 제조되었던 것이다.

윌슨은 당장 쉽게 구할 수 있는 장비로 오랫동안 보존시킬 수 있는 곤충을 선택해야 했다. 그래서 결국 개미에게로 돌아섰다. 채집 장소는 테네시 강가의 숲과 들판이었다. 필요한 것은 5드램 dram(약 3.888 그램에 해당하는 부피=역주)짜리 약병과 소독용 알코올, 핀셋이데, 동네의 작은 약국에서 쉽게 살 수 있었다. 필요한 책으로는 휠러의 1910년판으로 지금은 고전이 된 《개미들 Ants》로서, 지방 신문인 〈디케이터 일보 Decatur Daily〉를 아침마다 배달해서 번 돈으로 샀다.

그에게 일생에 걸친 자연 연구가로서의 씨가 뿌려진 것은 6년 전이었으나 앨라배마의 야외에서는 아니었다. 당시 윌슨의 가족은 수도인 워싱턴의 중심가에 살았으며 일요일 나들이 때 차를 타고 조금만 가면 몰 Mall 공원(워싱턴에 위치한 공원으로 미국 국회 의사당과 워싱턴 기념탑 그리고 10여 개의 박물관과 연구소가 모여 있는 공원. 미국 국립 자연사 박물관도 이 곳에 있다=역주)에 금방 이를 수 있었다. 더욱이 이 꼬마 자연 연구가에게 중요한 것은 국립 동물원 National Zoo과 록 크릭 공원

위 : 14세의 곤충학자인 휠도블러(왼쪽)가 북쪽 바바리아 지방의 한 들에서 나비 채집을 하고 있다(1950). 윌슨(오른쪽)이 13세 때 앨라배마 주의 모빌에 있는 그의 집 부근에서 곤충 채집을 하고 있다.
아래 : 왼쪽의 휠도블러와 오른쪽의 윌슨이 1993년 5월에 바바리아에서 왕개미의 집을 관찰하고 있다(아래 사진은 휠도블러 Friederike Hölldobler가 촬영. 위 오른쪽은 맥리어드가 촬영).

Rock Creek Park이 도보로 갈 수 있는 거리에 있었다는 사실이다. 어른들은 이 곳을 그저 정부 건물들에 전력을 공급하는 센터가 가까운, 냄새 나는 도시 외곽 지역으로 보는 게 보통이었다. 그러나 열 살짜리 이 어린 소년에겐 황홀한 자연계의 조각과 사절使節들이 넘치는 곳이었다. 날씨가 좋으면 윌슨은 포충망과 청산가리 독병을 들고 동물원을 돌아다니며 코끼리, 악어, 코브라, 호랑이, 코뿔소 등에 되도록 가까이 가서 지켜 보았고 몇 분 후엔 공원의 뒷길과 숲속 길을 걸으며 나비를 채집하였다. 윌슨에게 록 크릭 공원은 아마존 정글의 축소판이었다. 그는 친구인 맥리어드Ellis MacLeod(지금은 일리노이 대학교 곤충학 교수)와 같이 잘 다녔는데, 이 곳에서 초년병 탐험가로서의 꿈을 키워 나갔다.

어떤 날엔 둘이서 전차를 타고 국립 자연사 박물관에 가서 동물과 여러 가지 서식처에 대한 전시를 보았고 또한 전 세계의 곤충과 나비들의 표본이 담긴 상자들을 꺼내 보기도 하였다. 이 위대한 박물관에 전시되고 있는 생물의 다양성이야말로 너무나 눈부시고 멋진 것이었다. 이 박물관의 연구원들은 상상할 수 없을 만큼 높은 수준의 학문을 공부한 귀족 계급의 기사들 같았다. 국립 동물원장은 1939년 당시 더욱 근사한 영웅처럼 보였다. 그 역시 우연하게 개미학자가 되었는데 그는 바로 하버드 대학교에서 휠러의 옛 제자로 국립 자연사 박물관에서 개미를 연구하다가 국립 동물원장이 된 맨William Mann이었다.

맨은 1934년에 그의 독창적인 학술적 관심에서 《내셔널 지오그래픽 National Geographic》지에 〈야만적이면서 개화된 거짓탈개미 Stalking Ants, Savage and Civilized〉라는 글을 발표하였다. 윌슨은 이 기사를 열심히 읽고는 이 글의 저자가 바로 가까운 곳에서 일하고 있다는 데 신이 나서 록 크릭 공원에서 이런 개미 종들을 찾아보았다. 어느 날 그는 휠도블러가 오크젠푸르트에서 뜻밖에 왕개미 군체를 구세주처럼 만난 것과 비슷한 경험을 하게 되었다. 맥리어드와 함께 나무 우거진 언덕을 오르다가 썩고 있는 나무 그루터기의 껍질을 벗겨 그 속에 무엇이 들어 있나 살펴보았다. 아니나 다를까, 레몬 냄새를 강렬하게 풍기며 반짝반짝 빛나는 노랑개미떼가 득실거렸다. 이 때 냄새를 낸 화학 물질은 그 후 윌슨 자신이 1969년 논문에서 밝힌 것처럼 시트로넬랄 citronellal이었고 일꾼개미들은 이 물질을 머리에 있는 샘에서 풍겨 개미집의 동료들에게 적을 경계하고 내쫓게 하였다. 이 개미는 아칸토미오프스속 *Acanthomyops*에 드는 시트로넬라 개미 citronella ants로서 일꾼은 거의 장님이고 모두 완전히 지하성이다. 나무 그루터기의 개미떼는 즉시 흩어져 땅 속 깊숙이 사라지고 말았다. 그러나 그 모습은 이 소년에게 지울 수 없는 영상으로 생생하게 남아 있다. 이 소년은 지하의 기막힌 세계를 언뜻이라도 들여다본 것일까?

윌슨은 1946년 가을 터스컬루사Tuscaloosa에 있는 앨라배마 대학교로 왔다. 그는 며칠 후 개미 상자를 들고서, 초급생이 자신의 전문적인 연구 계획을 말하고 학부 공부의 일부로서 자기가 선택한 분야의 연구를 시작하는 것은 정상이며 적어도 엉뚱한 짓은 아니라고 생각하면서 생물학과 학과장실을 방문하였다. 학과장과 다른 교수들은 결코 웃거나 퇴짜를 놓지 않고, 오히려 이 17세짜리 학생을 너그러이 대해 주었다. 교수들은 윌슨에게 실험실 공간과 현미경 한 대를 제공하고 따뜻한 격려의 말도 아끼지 않았다. 그들은 터스컬루사 근처의 자연 서식처로 야외 답사를 갈 때 그를 데리고 갔으며, 그가 개미의 행동에 관해 설명하는 말을 참을성 있게 들어 주었다. 이처럼 느긋하게 뒷받침해 주는 분위기는 그를 훈련시키는 데 결정적인 힘이 되었다. 만약 그 때 그가 지금 근무하는 하버드 대학교로 가서 성적이 뛰어난 영재들 속에 던져졌더라면 결과는 달라졌을 것이다(그러나 그러지 않을 수도 있었을 게다. 왜냐하면 하버드 대학교는 괴짜들이 잘 크는 기묘한 구석도 많은 곳이므로).

윌슨은 1950년 이 곳에서 학사와 석사 학위 과정을 마치고 박사 학의를 위해 테네시 대학교로 옮겼다. 그는 이 곳 남쪽의 주州들에는 개미 종들이 매우 풍부하기 때문에 계속 남아 있을 수도 있었다. 그러나 그 때 그는 일곱 살 위면서 하버드 대학교에서 박사 학위 과정을 거의 마쳐 가고 있는 지도적 자문가인 윌리엄 브라운William Brown의 마력에 빠져 있었다. 후에 개미 학자들은 그를 다정하게 빌 아저씨라 불렀는데, 개미에 대한 집착 때문에 윌슨과 의기 투합했다. 브라운은 모든 나라의 개미들이 똑같이 중요하다고 보고 개미 연구에 전 세계적인 접근을 취했다. 그의 마음가짐은 직업적이면서 책임 의식이 강해서, 너무도 쉽사리 지나칠 수 있는 이 작은 벌레에게 떳떳이 연구할 만한 합법성을 부여하였다. 그는 윌슨에게 우리 세대가 이 신비로운 곤충에 대해 생물학적 지식과 분류 체계를 개선해야 하며, 이들이 지닌 큰 과학적 중요성이 정당하게 인정되어야 한다고 주장하였다. 덧붙여 그는 휠러와 기타 과거 곤충학자들의 업적에 결코 겁먹지 말라고 하였다. 지난날의 학자들은 터무니없이 과대 평가되고 있으므로 우리가 더 잘 할 수 있고 또 그렇게 해야 한다는 것이었다. 긍지를 갖고, 표본을 만들 때 조심하며, 즉시 참조할 수 있도록 별쇄를 모으고, 연구 범위를 되도록 많은 종류의 개미로 넓히고, 또한 미국 남부에만 국한시키지 말라고 말했다. 또 침독개미dacetine를 다룰 때는 무엇을 먹는지 알아내라고 했다(그래서 윌슨은 그 후 이 개미가 톡토기와 기타 몸이 연한 절지동물을 잡아먹는다는 것을 알아냈다).

이어 그는, 무엇보다도 우선 박사 학위 공부를 위해서 세계에서 개미가 제일 많이 수집되어 있는 하버드 대학교로 오라고 말했다. 그 이듬해 브라운이 개미가 별로 연구된 바 없는 오스트레일리아에 야외 조사차 떠난 다음, 윌슨은 하버드 대학교로 옮겼다. 그 후 윌슨은 생애의 나머지를 그 곳에서 지내고 있는데 나중에 정교수가 되었고, 곤충 담당 큐레이터가 되었다. 이 자리는 전에 휠러가 일했던 자리로, 휠러의 담배 파이프와 담배 주머니가 책상 오른쪽 아래 서랍에 들어 있는 채로 낡은 책상을 몽땅 물려받았다. 1957년 그는 워싱턴의 국립 동물원에 있는 맨을 찾아갔다. 그 때까지 원장으로 말년을 보내고 있던 이 노신사는 윌슨에게 개미에 관한 문헌을 모두 주었다. 그러고 나서 그는 윌슨과 그의 아내인 리니Renee를 데리고 동물원을 돌면서 록 크릭 공원 주변을 따라 코끼리, 표범, 악어, 코브라와 기타 신비로운 동물을 보여 주며 윌슨이 어린 시절의 꿈 속을 헤매는 황홀한 경험을 한 시간이나 즐기게 하였다. 그는 그의 인생의 마감이 이 야심 찬 젊은 교수에게 얼마나 큰 감동을 주었는지 결코 몰랐을 것이다.

하버드 대학교에서 보낸 세월은 야외와 실험실 작업으로 꽉 차 있었다. 그 결과는 200편 이상의 과학 문헌 출판으로 나타났다. 윌슨의 관심은 때때로 과학 이외의 영역과 인간의 행동 및 과학 철학에까지 확대되었다. 그러나 개미는 그의 부적으로서 여전히 남았고 지적 신념의 근원으로 계속 이어졌다. 그 가운데 개미 연구로 가장 생산적이었던 20년 세월은 횔도블러와의 긴밀한 접촉 속에 지나갔다. 이 두 사람의 곤충학자는 때로 각자 연구 계획에 따라 따로 일했지만 대부분의 경우는 한 팀으로서 거의 매일 만나 의견을 나누었다. 횔도블러는 1985년 독일과 스위스의 대학들로부터 거절하기 어려울 정도의 매력적인 직위를 제안받기 시작했다. 결국 옮기는 일이 확실해졌을 즈음, 그와 윌슨은 개미에 관한 필독서가 되면서 다른 사람에게 결정적인 참고서가 될 완벽한 책을 쓰기로 결정하였다. 그 결과 나온 것이 1990년 출간된 《개미들The Ants》로서, 이 책은 '개미학의 차세대 연구자들'에게 헌정되었고, 결국 지난 80년간 대작의 자리를 지켜 온 휠러 책의 자리를 대신 차지했다. 그리고 놀랍게도 일반 논픽션 부문에서 1991년도 퓰리처상을 받았는데 이는 명예롭게도 과학 책으로서 그런 영예를 안은 첫번째 작품이었다.

이 시기에 우리의 생애는 갈림길에 놓여 있었다. 사회성 곤충의 연구는 생물학의 다른 대부분의 분야와 마찬가지로 더 정교하고 고가인 장비를 요구하는 고도의 기술 수준에 이르고 있었다. 전에는 한 사람의 연구자가 핀셋, 현미경 그리고 흔들리지 않는 손(현미경 밑에 곤충을 놓고 미세한 칼과 침으로 해부하려면 손이 조금도 떨리지 않도록 훈련되어 있어야 하기 때문임=역주)만 갖고 있으면 행동 실험을 급속히 발전시킬 수 있었지만 이제는 일단의 연구자들이 세포와 분자 수준에서 일해야 할 필요성이 점점 더 커지고 있었기 때문이다. 이러한 집중적 노력은 특히 개미의 뇌를 분석하는 일에 필요했다. 개미의 모든 행동은 약 50만 개의 신경 세포에 의해 조정되는데 이 세포들은 모여서 이 책의 글씨 한 자보다 작은 한 기관으로 뭉쳐 있다. 따라서 발달된 현미경 관찰 기법과 전기적 기록 방법에 의해서만 이 작은 우주 속을 파헤쳐 들어갈 수 있다. 더욱이 개미들이 사회적 의사 소통상 사용하는 비가시적인 진동과 접촉 신호를 분석하기 위해서는 여러 전문 분야에 종사하는 과학자들의 고도의 기술과 협동하려는 노력이 있어야 한다. 그들은, 신호로 쓰이는 샘 분비물을 탐지하고 동정하는 데 절대적으로 필요하다. 예를 들면 일개미 한 마리 속에는 이러한 신호 물질이 10억 분의 1 그램 이하로 들어 있기 때문이다.

뷔르츠부르크 대학교는 이 정도의 전문 기술 수준을 발휘할 수 있는 시설을 제공하였다. 그의 스승인 린다우어 교수는 1973년 그 곳에 부임한 이후 이젠 은퇴하게 되었다. 그래서 뷔르츠부르크 대학교는 사회성 곤충의 행동에 관한 연구를 확대하기로 결정하고, 횔도블러에게 행동 생리학과 사회 생물학의 새로운 연구진을 이끌어 나갈 부장 자리를 맡아 줄 것을 요청하였다. 드디어 그는 그 곳으로 가기로 했고 따라서 휠러가 방문 교수로 그 곳에 가 있은 지 1세기 후에 하버드 대학교와 뷔르츠부르크 대학교의 관계는 다시 이어진 셈이다. 게다가 횔도블러는 도착한 지 얼마 안 되어 독일의 과학 분야를 건설하도록 독일 연방이 수여하는 100만 달러의 연구비가 딸린 라이프니츠 상 Leibniz Prize을 받았다. 현재 뷔르츠부르크 대학교 연구진은 사회성 곤충의 유전, 생리, 생태 연구에 관한 실험적 연구를 힘차게 추진해 나가고 있다.

한편 윌슨에겐 또 다른 문제가 생겨 그를 매우 동떨어진 길로 몰고 갔다. 그가 축복해 마지 않았던 영감은 항상 생물학적 다양성에 있었고 그 다양성이 어떻게 시작되고 그 양은 얼마나 되며 환경에 주는 영향은 무엇인가에 있었다. 1980년대 생물학자들은 인간의 활동으로 인해 생물 다양성이 가속적으로 파괴되고 있다는 사실을 충분히 알게 되었다. 그들은 이러한 파괴의 규모가 어느 정도인가를 대충이나마 처음으로 추정하였다. 결과는 주로 자연 서식처의 파괴를 통해 지구상 생물 종의 4분의 1이 앞으로 30~40년 안에 없어진다는 것이었다. 이러한 비상 사태를 다스리기 위해서는 그 어느 때보다 생물학자들이 전 세계의 모든 생물의 다양성을 정밀하게 나타내야 하며, 생물 종들이 가장 많이 살고 있고 그러면서 가장 위협받고 있는 서식지를 정확히 알아내야 한다는 것이 명백해졌다. 위험에 처한 생물 종들을 구하고 연구하는 것을 돕기 위해서는 정보가 필요하다. 이러한 과제는 시급하지만 이제 갓 시작된 데 불과하다. 살아 있는 동·식물과 미생물의 10퍼센트 이하만이 학명을 부여받았고 그나마 이 알려진 집단의 분포와 생물학에 대해서 알려진 내용은 빈약하기 짝이 없다. 대개의 생물 다양성 연구는 특히 포유류, 조류와 기타 척추동물들 그리고 나비류와 꽃식물 같은 '초점focal' 생물 집단에 의존하고 있다. 개미는 더운 계절에 수가 많고 활동이 두드러지므로 연구하기에 특히 적합하며, 다양성 연구에 알맞은 정예 집단에 끼일 수 있다.

이제 하버드 대학교는 전과 마찬가지로 개미 표본을 세계에서 가장 많이 그리고 거의 완벽하게 소장하고 있다. 윌슨은 이제 자연이 갖는 매력 때문이라는 선을 초월하여 하버드 대학교의 개미 표본을 이용해서 개미를 생물 다양성 연구의 초점 그룹으로 만들 의무감에 사로잡혀 있다. 그는 지금 코넬 대학교의 빌 브라운Bill Brown과 협동하여 개미의 분류라는 '에베레스트 산의 등정'을 시작하였다. 이는 바로 분석하고 분류할 종이 1000여 종 이상 되는 개미 가운데 가장 큰 속인 혹개미 *Pheidole*에 관한 연구서를 작성하는 것이다. 이것이 완성되면 서반구에서만 350종의 신종이 기재되어 이 책에 들어가게 될 것이다.

횔도블러와 윌슨은 지금도 1년에 한 번 코스타리카나 플로리다에서 야외 조사차 만나 협동 작업을 하고 있다. 그 곳에서 두 사람은 새롭거나 잘 알려져 있지 않은 개미 종류를 채집한다. 윌슨이 다양성을 철저히 측정하는가 하면 횔도블러는 뷔르츠부르크 대학교에서 자세히 연구할 가장 흥미로운 종을 선택한다. 그동안 개미학은 과학자들간에 날로 인기를 높여 가고 있다. 개미의 괴상한 인상은 이제 사라지고 우리에게 익숙해졌지만 지하 세계는 아직도 신비로움으로 가득 차 있다.

개미 군체의
삶과 죽음

여왕개미는 잘 지어진 요새에 숨어 딸들의 열렬한 보호를 받으며 엄청나게 장수한다. 우연한 사고를 제외한다면 대개 5년이나 그 이상을 산다. 그 가운데 몇 종은, 17년을 사는 매미를 포함해 수백만의 어떤 곤충 종보다도 오래 산다. 오스트레일리아에 있는 왕개미의 여왕개미 한 마리는 실험실의 인조 개미집에서 수천 마리의 자손을 낳고 마침내 쇠약해져 노쇠로 죽을 때까지 23년간 번식하며 살았다. 유럽의 초원에서 개미 무덤을 짓는 작고 노랑색인 풀잎개미의 일종인 황개미 *Lasius flavus*의 여왕개미 몇 마리는 사육 상태에서 18~22년을 살았다. 개미의 세계 장수 기록이자 곤충을 통틀어도 마찬가지로 최장수 기록은 유럽의 숲속에 사는 고동털개미 *Lasius niger*의 여왕개미 한 마리가 갖고 있다. 즉, 스위스의 한 곤충학자가 실험실에서 정성 들여 돌본 결과 29년을 버티고 산 것이다.

이렇게 장수하는 동안 여왕들이 얼마나 성공적으로 번식하는지는 종류에 따라 크게 다르지만 인간의 기준으로 볼 때는 언제나 놀라울 뿐이다. 번식 속도가 느린 특수화된 포식성 개미의 여왕들은 수백 마리의 암컷 일개미를 낳고, 열두어 마리의 여왕과 수개미를 낳는 것이 고작이다. 위쪽으로 올라가면 중남미의 가위개미 여왕들은 일생에 모두 1억 5000만 마리의 일개미를 낳는데 그 중 어느 한때 함께 살아 있는 수는 200~300만 마리가 된다. 아프리카의 장님개미 driver-ant 여왕은 세계 챔피언이 될 가능성이 큰데 이는 가위개미의 두 배나 되는 숫자를 낳으며 이렇게 낳은 딸들은 미국의 인구를 초과할 정도가 되기 때문이다.

그러나 호사다마好事多魔이기도 하다. 여왕 한 마리가 군체 하나를 시작하는 데 있어 수백, 수천 마리의 여왕이 이런 시도 과정에서 죽기 때문이다. 번식기에 이른 성공적인 군체들은 한 떼의 처녀여왕과 수개미를 쏟아 내는데 이들은 다른 군체에서 나오는 짝들을 찾아 날아가거나 기어 간다. 이 과정에서 대부분은 포식자에게 금방 잡히고 물 위로

떨어지거나 길을 잃고 죽어 버린다. 만약 한 젊은 여왕이 수컷과 교미가 이뤄지기까지 살아 남으면 건조한 막상膜狀의 날개를 떼어 버리고 집 지을 장소를 찾는다. 그러나 그 앞에는 아직도 큰 시련이 남아 있다. 포식자에게 들키지 않고 적당한 장소를 발견해 집터를 파서 완성하기가 매우 힘든 것이다.

군체를 정착시키는 일이 얼마나 처절한 도박인가를 이해하려면 하나의 대표적인 사례만 보면 금방 알 수 있다. 군체들이 5년간 지속되고 평균적으로 다섯 개의 군체당 한 마리의 여왕만이 매년 한 개의 군체를 성공적으로 시작한다고 하자. 만약 하나의 전형적인 군체가 매년 100마리의 처녀여왕을 만들어 방출한다면, 처녀여왕 500마리당 한 마리만이 성공할 기회를 갖게 되는 것이다.

더군다나 수컷들에겐 가능성조차도 없다. 어미집을 떠난 후 수시간 또는 수일 후면 모두 죽기 때문이다. 단지 극소수만이 희귀한 여왕과 교미함으로써, 결국엔 죽긴 해도 다위니즘적인 의미에서 복권 당첨을 기대할 수 있다. 그러나 절대 다수는 몸도, 유전자도 모두 잃어버린다. 승리한 수컷은 수백 또는 수천의 자손을 남기지만 그것은 그가 죽은 지 수개월 또는 수년이 지난 후의 일이다. 이러한 작업은 인간이 같은 기술을 꿈꾸기 수백만 년 전 개미들에 의해 진화된 일종의 정자 은행에 의해 수행된다. 여왕들은 수컷으로부터 정자의 사정을 받은 후 정자를 자신의 배 말단 가까이 있는 알 주머니에 저장한다. 저장낭이라고 하는 이 기관 속에서 정자들은 생리적으로 불활성화되고 따라서 몇 년간 활동 정지 상태에 머물게 된다. 여왕이 드디어 이들을 한 번에 한 마리씩 또는 소집단으로 생식관 쪽에 옮기면 정자들은 다시 활성화되어, 수란관을 따라 나오는 알들과 수정된다.

풀잎개미 Lasius neoniger가 군체 번식을 시도하는 늦여름이면, 생식에 패배한 개미 선수들의 대량 몰살 장면을 미국 동부 도처에서 볼 수 있다. 이 종은 보도와 초지, 들판, 골프 코스, 시골길에서 보는 우점 곤충

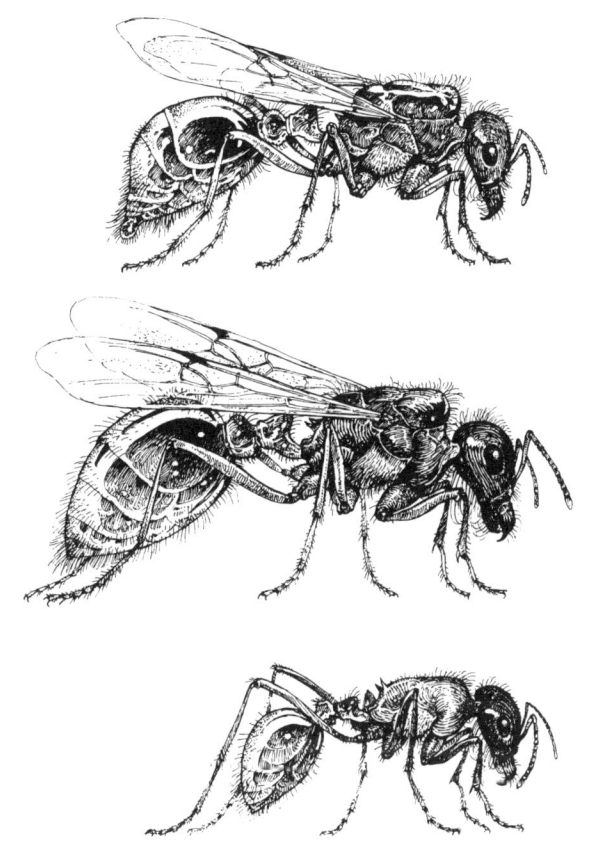

위로부터 미국산 수확개미 포고노미르멕스 바르바투스의 날개 달린 수컷, 날개 달린 처녀여왕 그리고 일개미의 모습이다(도슨의 그림. 미국 지리학회의 허락으로 게재).

의 하나이다. 땅딸막하고 작은 갈색의 일개미들은 언뜻 눈에 띄지 않게 분화구 개미 무덤을 만드는데, 그 집은 파낸 흙을 입구 가장자리에 둥글게 쌓기 때문에 입구가 마치 작은 분화구처럼 보인다. 일개미들은 집에서 나오면 죽은 곤충과 단물을 찾아 덤불, 초지, 관목 지대 등 땅을 뒤지고 다닌다. 그러나 매년 몇 시간 동안만은 이 작업이 중지되고 개미 무덤 언저리에서의 활동은 급격히 달라진다. 노동절 전후로 8월의 마지막 며칠이나 9월 초 1, 2주 동안 햇빛이 쪼이는 오후 다섯 시경, 그것도 비가 내린 지 얼마 안 되고 바람이 없이 조용하며 또 더운

개미 군체의 삶과 죽음

데다 습기가 있으면, 개미집에서 처녀여왕개미와 수개미들이 떼를 지어 나와 하늘로 날아 오른다.

한두 시간 동안 하늘은 날개 달린 개미들로 덮이고, 공중을 나는 도중에 만남과 교미가 이뤄진다. 많은 개체들이 바람막이에 부딪혀 펄럭거린다. 또한 새와 잠자리, 파리매와 기타 공중의 포식자들이 공중에서 이들을 싹쓸이한다. 어떤 개미는 멀리 이탈해 호수 위를 날다가 떨어져 죽는다. 석양이 지면 잔치는 끝나고 마지막 생존자들이 땅 위에서 펄떡거린다. 여왕들은 날개를 비벼 떼 내고, 땅을 파서 집 지을 곳을 찾는다. 여행을 여기까지 마치는 개미는 몇 마리 안 된다. 그들은 새, 두꺼비, 암살노린재, 먼지딱정벌레, 지네, 깡충거미 등 연약한 먹이를 찾는 사냥꾼들의 무서운 공격 대열 사이를 통과해야 한다. 그 가운데서도 가장 치명상을 받는 것은 일개미들로서, 여기에는 언제나 터 침입자를 경계하는 풀잎개미가 속한다.

개미에게 혼인 비행은 생활 사이클 중 최고의 절정을 맞는 순간이다. 군체들은 배가 고파지기도 하며, 적들이 일개미들을 납치해 갈 수도 있으며, 그 밖에 수많은 불행이 군체의 능력을 형편없이 감소시키기도 한다. 그러나 회복은 가능하다. 그래도 만약 혼인 비행을 못 하거나 시간을 놓치면 그동안 군체가 쏟은 노력은 아무 소용 없이 물거품이 된다. 군체는 혼인 비행 중 광적 상태가 된다. 처녀여왕과 수컷들은 일개미떼에 떠밀려 공중을 향해 날아간다. 그리고 이때 사용되는 교미의 전략은 종에 따라 다르지만 언제나 급하고 불안하긴 마찬가지다. 횔도블러는 1975년 7월 어느 날 애리조나 북부의 한 사막을 걷고 있다가 크고 붉은 수확개미인 포고노미르멕스 루고수스 *Pogonomyrmex rugosus* 종이 펼치는 가장 극적인 광경을 목격하였다. 어떤 특별한 모양새로 쉽게 알아볼 수도 없는 테니스 코트만한 땅 위에 여왕개미와 수개미의 커다란 떼가 안개처럼 어지럽게 우글거렸다. 오후 다섯 시에서 해질 무렵까지 두 시간 동안 날개 달린 여왕들이 날아들어 짝을 짓고는 다시 날아갔다. 여왕 한 마리가 땅에 내려 앉으면 3~10마리의 수컷이 몰려들어 서로 그 여왕과 교미하려고 발버둥쳤다. 교미가 몇 번 이뤄지면 여왕은 가는 허리를 몸 뒤편의 체절에 대고 비벼 소리를 냄으로써 교미 활동을 끝냈다. 수컷들은 바로 이 '암컷의 해방 신호 female liberation signal'를 들으면 그동안 하던 시도를 그만 두고 다른 여왕을 찾아 날아갔다. 이렇게 해서 대부분의 암컷들이 교미를 끝내고 곧 이 곳에서 날아가 버린 뒤에도 수컷들은 남아 여전히 교미의 시도를 계속했다. 그리고 며칠 후 수컷들은 모두 그 곳에서 죽어 버렸다.

횔도블러가 매년 7월 이 곳에 올 때마다 수확개미들이 항상 떼로 교미 활동을 하는 것이 보였다. 여왕과 수컷들은 각각 매 해에 태어나므로 항상 신참일 수밖에 없다 해도 그들은 어떤 자신의 방법으로 바로 그 똑같은 땅을 찾았다. 이 곳은 바로 새와 영양들의 수컷이 매년 다시 돌아와 노래하고 과시하면서 암컷들을 유인하는 구애장과 비슷했다. 그러나 척추동물이라면 그 전의 경험으로 어떻게 이 곳에 올 것인지를 기억할 만큼 성숙하지만, 개미들은 그렇지 않다. 개미들은 본능이나, 구애장이 발산하는 특별한 자극, 즉 그들의 조상으로부터 물려받은 유전적인 기억을 발동시키는 신호에 의존하지 않으면 안 된다. 그러나 아무도 이러한 만남이 어떻게 이뤄지는지 알지 못했다. 이 구애장들에는 특별한 모습, 냄새 또는 소리 등 부근의 다른 곳과 구별되는 것이 없었기 때문이다.

대부분의 개미 사회들은 미국의 풀잎개미와 수확개미를 포함해서 마치 식물처럼 번식한다. 즉, 정착용의 여왕들을 마치 종자 뿌리듯 많이 뿌리는 것이다. 그리고 그 중 적어도 하나 둘이 뿌리를 내릴 기회를 바라본다. 그러나 몇 종의 개미들은 좀더 조심스럽게 투자한다. 유럽의 어떤 숲개미 wood ant들의 여왕은 집 위 지표면에만 머물며 수컷이 와서 교미할 때까지 기다렸다가 교미가 되면 허둥지둥 땅 속의 방으로 들어간다. 그 후 한 마리나 그 이상의 임성妊性 여왕개미들이 일

혼인 비행 후 새로 수정된 수확개미 여왕이 가운뎃다리와 뒷다리로 날개를 앞쪽으로 밀쳐 떼어 내고 있다(도슨의 그림. 미국 지리학회의 허락으로 게재).

개미에 둘러싸여 새로운 집터로 기어 들어가면 군체가 증식된다. 그러나 군대개미의 처녀여왕들은 그보다 더 철저히 보호된다. 그들은 날개라고는 전혀 없이 그저 산란만 하는 한갓 기계일 뿐이다. 그들은 결코 일개미 곁을 떠나는 일 없이 다른 군체의 날개 달린 수컷들이 오기만을 기다린다. 드물긴 하지만 어쩌다가 이 개미들이 외부 군체로부터 대표들을 받아들이면 일개미들은 구애자 수컷들을 자신의 군체 내에 오래 머물면서 여왕과 교미하게 한다.

개미의 사회가 어떤 식으로 존재하느냐는 단지 그 군체의 생활 주기뿐만 아니라 군체를 이루는 각 구성원들의 생활 주기에 달려 있다. 개미들은 모든 벌목目의 곤충뿐 아니라 곤충 대부분에서 그렇듯이 생장과 발생 도중에 완전 변태를 한다. 즉, 일련의 네 가지 매우 다른 시기

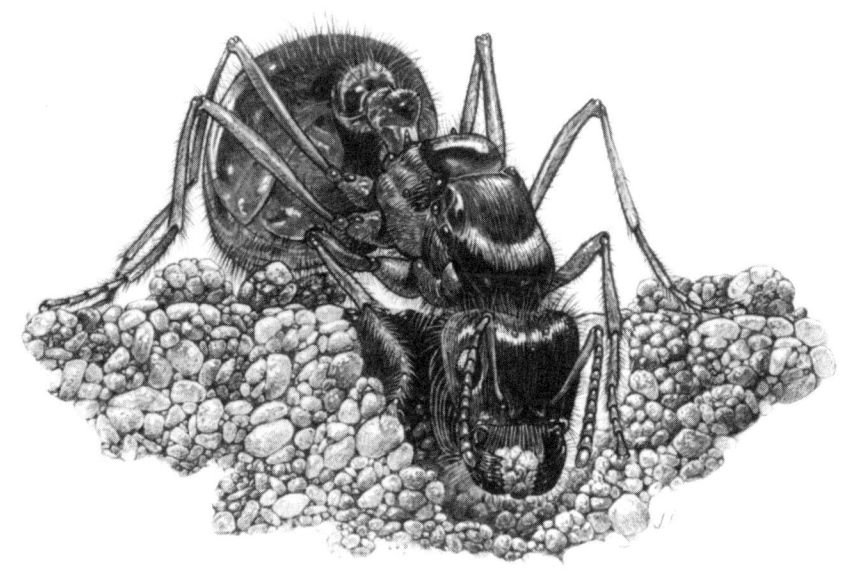

어린 여왕은 군체 정착 작업의 첫 단계로 흙 속을 파서 집을 짓는다(도슨의 그림. 미국 지리학회의 허락으로 게재).

를 거치는데, 여왕이 알을 낳으면 이것이 깨어 애벌레가 되고 이것은 자라서 번데기가 되며 이 번데기에서 나중에 성충이 나온다. 이와 같이 여러 번 거듭 나는 이유는 이렇게 변태함으로써 애벌레와 성체 사이와 같이 극도로 다르게 분화할 수 있는 데 있다. 애벌레(쐐기벌레, 굼벵이, 구더기)는 날개가 없고 뇌가 작은 일종의 먹는 기계이다. 애벌레는 해부학적 구조와 생물학적 반응의 종류로 볼 때 적을 방어하면서 몸을 빨리 자라도록 진화를 통해 적절히 설계되었다. 그러나 성체는 전혀 다르다. 보통 날개를 가졌거나, 달리기에 쓰이는 강한 다리를 가지고 있고, 또는 이 두 가지를 모두 갖기도 한다. 또한 생식을 잘 치뤄내고 새로운 사냥터로 잘 옮길 수 있도록 설계되어 있다. 성체의 먹이는 흔히 생장용의 단백질보다는 오히려 오래 견딜 수 있게 하는 탄수화물에 집중되어 있어 애벌레의 먹이와는 다르다. 극단적인 경우엔 아무것도 안 먹고 애벌레 시기 동안 축적한 에너지 저장체로 살아난다. 이 곤충의 생활사 이야기를 마치려면 번데기를 이야기해야 하는데, 번데기로 말하면 하나의 잠복 상태로서 그 기간에 여러 가지 조직이 애벌레형에서 성체형으로 재편성된다.

구더기 모양을 한 개미의 애벌레는 일이라곤 거의 하지 않으므로 사람의 어린 아기처럼 누가 먹여 줘야 한다. 성체에 대한 그들의 의존성은 스스로 움직일 수 없다는 제약으로 인해 더욱 불가피해지는데, 비록 일부 원시성 개미의 애벌레가 스스로 먹이를 찾아 먹을 수는 있으나 몸에 지방덩이와 다리가 없다는 점 때문에 먹이를 찾아 멀리까지 이동해 갈 수 없다. 이와 같은 이유로 일개미 성충은 애벌레를 돌보는데 그들의 노력 대부분을 바치지 않으면 안 된다. 일개미들은 멀리에서부터 먹이를 수집하여 집까지 운반해 꼼짝 못 하는 누이동생들에게 먹여야 하고, 모든 정성을 다해 보호하고 씻어 주어야 한다. 마치 도움 없이는 꼼짝 못하는 인간의 어린 아기가 가족 모두를 한데 단합시키고 기타 여러 가지 사회적 인습을 만들어 내는 것처럼, 어린 새끼가 성체 언니들에게 의존한다는 것은 개미의 사회 생활에서 중요한 핵심을 이룬다.

젊은 여왕은 성체가 된 다음 다시 한 번 급격한 변화를 겪는다. 매우 융통성 있고 자기 의존적이던 존재가 남이 도와 주지 않으면 꼼짝 못 하는 군체 내의 거지가 되는 것이다. 젊은 처녀개미는 아직도 자신이 출생한 집에 머물고 있는 동안은 갑자기 자신도 모르게 스스로 날아가 날개 달린 수컷과 교미한다. 그리고 땅으로 내려와 날개를 뗀 후 혼자서 집을 짓고 산란하여 처음 나온 일개미들을 수주 또는 수개월간 혼자 키운다. 그러다 단 며칠 사이에 갑자기 역할이 바뀌어 이번엔 일개미들이 여왕을 돌보기 시작하는 것이다. 이제 여왕은 일개미들이 이 방에서 저 방으로 옮겨 다니는 동안 뒤를 따라다니는 거지가 될 뿐만 아니라 단지 알만 낳는 기계가 되어 버린다. 이렇게 심리적으로 위축된 상태에서 여왕은 이미 물리적인 의미에서 지배자가 되지 못한다. 그러나 이 여왕은 명령을 내리진 못하지만 일개미들의 주의의 초점이

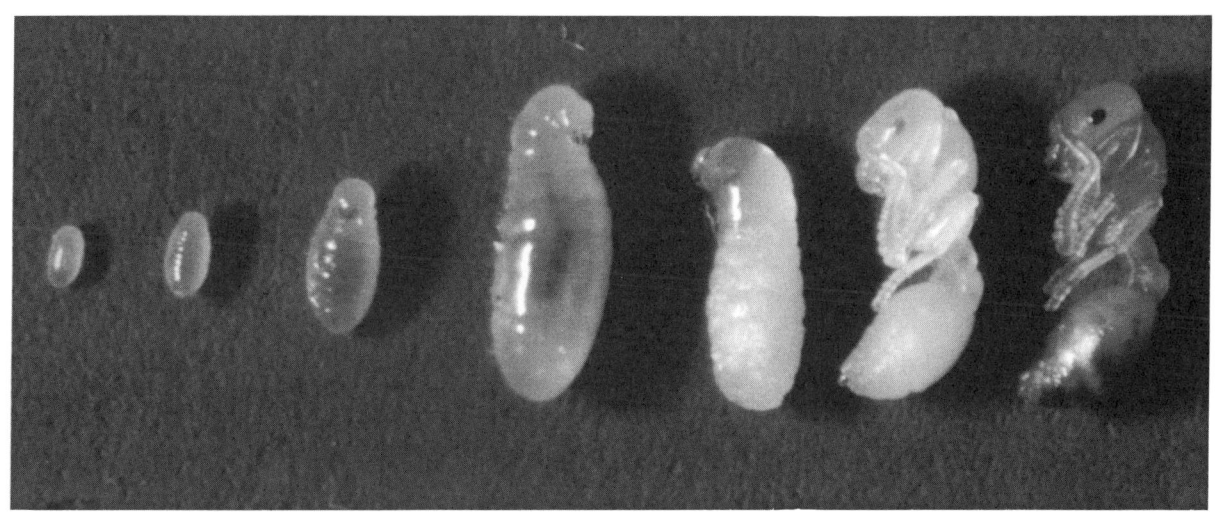

유럽산 북방호리가슴개미 *Leptothorax acervorum*의 일개미의 완전한 발생 과정. (왼쪽부터) 알, 갓 부화된 애벌레(제1령), 반성장 애벌레, 완전 성장 애벌레, 전용前蛹 (성체 조직들 형성 중), 색소 미발달의 번데기, 색소 발달 번데기로서 우화하여 여섯 개의 다리를 갖는 성체로서 활동할 준비가 되어 있다(립스키 Norbert Lipski의 사진).

되며, 일개미의 생활은 오직 여왕의 복지와 생식 활동에 바쳐진다. 이러한 관계의 추진력은 사뭇 다원적이다. 즉, 새로운 처녀여왕들과 그들의 누이동생, 그리고 그들과 같은 유전자의 복제가 얼마나 많이 생산되느냐가 곧 일개미들의 성공 여부로 이어지는 것이다.

전형적인 개미 군체에서 일개미들은 모두 여왕의 딸들이다. 여왕의 아들인 수컷들은 교미 시기가 오기 전 일개미 집단이 이뤄진 다음에야 만들어진다. 수컷들은 수주 또는 수개월만 살며 특별한 경우를 제하면 일하지 않는다. 그래서 수컷들은 진짜 건달drone이다. 영어의 옛말에서 'drons'란 다른 사람의 노동으로 살아가는 기생충을 뜻한다. 이들은 현대의 기술적 의미에서도 건달인데, 그것은 오직 접촉과 사정射精의 순간을 위해서 건조된 일종의 정충 장착 미사일이기 때문이다. 이들은 개미집에 있는 동안엔 여걸 자매들에 완전히 의존하며 그나마 살아 있게끔 용납되는 것은 필경 군체의 유전자를 전파할 수 있는 능력을 갖고 있기 때문일 것이다.

개미의 성性은 벌과 말벌 같은 다른 벌목에서처럼 우리가 상상할 수

개미 군체의 삶과 죽음

있는 가장 단순한 방법으로 결정된다. 즉, 알이 수정되면 암컷이 나오고 수정되지 않으면 수컷이 나온다. 이런 방식이 여왕으로 하여금 자손의 성을 통제할 수 있게 만든다. 곧 여왕 자신이 갖고 있는 정자 수송 파이프의 뚜껑을 닫으면 아들이 나온다. 그러나 연중 대부분 뚜껑을 열어 놓고 수정이 일어나므로 딸들을 만들게 된다. 군체 발생 초기에는 모든 딸들의 생장이 지연된다. 즉, 크기가 작고 날개가 생기지 않는 것이다. 그들은 대개 난소가 없으나, 있다 해도 비교적 생산성이 없다. 그래서 일개미로 성숙해도 군체의 시종이 된다. 그 후 군체가 커지면 암컷 애벌레 일부가 처녀여왕으로 자라고 이 여왕은 날개와 완숙한 난소를 가지므로 새로운 군체를 만들 채비를 완전히 갖추게 된다.

이제 처녀 생식 개체들인 여왕과 수개미가 모두 혼인 비행을 떠난 다음 군체 생활 주기를 시작하게 된다. 그러면 어미여왕의 군체는 일단 처녀여왕과 수개미들에게 투자한 에너지와 조직을 잃어버리게 된다. 그러나 진화적 관점에서 볼 때 이것은 결정적인 투자다. 경제학적 언어로 말해 어미 군체는 그의 유전자들을 복제하고 퍼뜨리기 위해 자기 자체를 감액 투자하는 것이다.

그러면 과연 무엇이 이 군체의 투자를 유도하는 것일까? 어떻게 해서 암컷이 불임성의 일개미가 아니라 임성姙性의 여왕으로 자라는 것일까? 이들을 결정하는 요인은 유전적이기보다는 환경적이다. 한 군체의 모든 암컷은 자기 신분에 상응하는 유전자를 똑같이 갖는다. 그리고 수정된 후의 어떤 암컷도 여왕이 되거나 아니면 일꾼이 될 수 있다. 유전자는 단지 일꾼이 되거나 여왕이 될 수 있는 '잠재력'을 제공할 뿐이다. 이 때 이를 조절하는 환경 요인은 종에 따라 다르지만 몇 가지가 있다. 그 중 하나는 애벌레가 제공받는 음식의 양과 질이다. 또 하나의 요인은 애벌레가 자라고 있는 집안의 온도이다. 또 다른 것은 여왕의 신체적 상태이다. 만약 어미가 건강하면 연중 대부분 애벌레가 여왕으로 되는 것을 억제하는 분비물을 만들어 낸다. 이 점에서만은 우리가 그에게 붙인 '여왕' 또는 '군체의 지배자'라는 칭호가 타당하다고 볼 수 있다. 이 때 어미는 자식이 수컷이냐 암컷이냐를 결정할 뿐 아니라 딸들에게 소속 신분을 부여한다. 그렇지만 일종의 궁극적이고 엄격한 통제를 행사하는 것은 일꾼들이다. 그들만이 성장 도중에 있는 암수 동생들의 생사를 결정하고 따라서 군체의 크기와 구성을 최종적으로 결정하기 때문이다.

개미에게 생활 주기와 카스트제가 특수하다는 점은 군체가 하나의 가족을 이룬다는 사실에 있다. 대개의 종들에서 군체는 매우 단단히 얽혀 있어 가히 초개체라는 말이 맞을 정도이다. 만약 한 군체를 1, 2야드 떨어져서 바라보되 초점을 약간 흐리게 하면 개미들 한 마리 한 마리의 몸이 하나의 매우 크고 산만한 개체로 융합되는 것 같은 느낌을 받을 수 있다. 여왕은 바로 유전적이고 생리적인 의미 모두에서 이 큰 몸덩어리의 심장이 된다. 바로 이 여왕이 부분과 새로운 초개체의 창출을 책임지기 때문에 집단의 생식을 책임진다. 따라서 군체의 일상적 계통은 여왕에서 딸여왕 그리고 다시 손녀여왕 등으로 계속 이어진다. 한편 일꾼들은 처녀여왕이 태어날 때마다 동일 세대로 함께 태어나는 불임성 자매들로서, 역할로 보아서는 그저 부속물에 지나지 않는다. 바로 그들은 초개체의 입이요, 소화관이고 눈이며 몸통으로서, 여왕이 갖고 있는 난소 주위에 집합한 것에 불과하기 때문이다. 바로 일꾼들이 대부분 순간순간의 결정을 내리는 것이 사실이지만 반면 그들의 행동은 결국 어미가 새로운 여왕을 만들도록 허용하는 데 유일한 목적을 둔다. 이들은 이런 식으로 그들의 유전자를 자매 여왕들을 통해 퍼뜨린다.

이렇게 되면 우리는 여왕개미를 일단의 광적인 조수들의 지지를 받아 사회적 이점이라곤 누리지 못하는 암컷 말벌이나 기타 단서성 곤충들과 꼼짝없이 경쟁하게 되는 곤충이라고 볼 수도 있다. 만약 이렇게 일꾼들에게 둘러싸인 여왕개미의 사회적 존재를 다른 조건이 같은 상

개미 군체의 삶과 죽음

태에서 본다면 이들은 단연 단서성 상대자들을 누르고 지배자로 군림할 것으로 기대할 수 있다. 여왕의 유전자들은 살아 남아 전 세계에 퍼질 것이며 이에 반해 단서성 곤충인 다른 경쟁자들은 그만큼 쇠퇴할 것이다.

만약 군체가 여왕의 복지를 위해 존재한다면 여왕이 죽을 때에 어떻게 될까? 그럴 때는 일개미들이 다른 여왕을 더 만들어 키워 낸다는 것이 논리적일 것이다. 그 때까지도 살아 남은 암컷 알과 애벌레들의 일부는 일정한 먹이만 주면 여왕으로 발생할 수 있기 때문에, 일꾼들은 이론적으로 새 여왕을 만들어 내세울 수 있다. 또 이렇게 하는 것이 자매 중 하나가 아무것도 안 낳는 것보다는 여왕으로서 계속 남아 조카들을 키우게 하는 것이 낫기 때문에, 일개미들의 입장에선 더 사려 있는 조치다. 그러나 이것은 어미가 죽을 경우 일개미들이 취하는 일반적인 행동이 아니다. 즉, 그들은 생물학자가 생각하는 논리를 따르지 않는 것이다. 대개의 경우 군체가 쇠퇴하면 여왕 후계자를 만들지 못하며, 마지막의 고독한 일꾼이 죽는 것으로 끝난다. 많은 종에서 일꾼들은 난소를 갖고 있으며 군체가 쇠퇴하는 동안 그 중 몇 마리의 일꾼이 미수정란을 낳는데 여기서 수컷이 발생된다. 보통 한 군체가 말기에 와 있다는 것을 확실히 알 수 있는 징조는, 많은 수컷 성체는 있으나 날개 달린 여왕과 젊은 일꾼들이 없다는 것이다. 그러나 이 마지막 생식의 가능성도 일어나지 않을 수 있다. 불개미 같은 일부 개미의 일꾼들은 아예 난소를 갖고 있지 않으며 따라서 군체의 생식 활동은 어미여왕의 죽음과 함께 갑자기 멈춰 버리기 때문이다.

모든 생물에서 그렇듯이 들어볼 만한 유익한 예외는 있는 법이다. 세계 어디서나 사람이 사는 집의 벽에 붙어 사는 매우 작은 열대산 개미 종인 파라오 개미의 여왕은 수명이 약 3개월로 단명短命의 기록을 갖고 있다. 매우 크고 널리 확산되는 군체는 새 여왕을 끊임없이 생산하며 새 여왕들은 같은 집안에 있는 형제 및 사촌 형제들과 교미한 다음 그 자리에 남아 생식 집단에 합류한다. 이런 전략으로 인해 군체들은 잠재적으로 불멸이다. 이들은 또한 단지 개체수의 간단한 분할을 통해 번식되기도 한다. 즉, 일부 집단이 갈라져 하나나 그 이상의 임성 여왕을 동반하고 퇴장하는 것이다. 이런 식으로 파라오 개미들은 여행 가방이나 하물편으로 밀항하여 먼 곳, 예를 들어 런던의 병원이나 시카고 교외의 주택으로 갈 수도 있고 그 곳에서 여왕과 수개미들을 혼인 비행차 공중으로 내보낼 필요도 없이 그대로 번성할 수 있다.

그러면 어째서 모든 종류의 개미들이 군체 불멸이라는 차표를 똑같이 끊지 못했을까? 이는 필경 동계 교배라는 대가를 치뤄야 하기 때문이며 그럴 경우 많은 죽음과 불임성이라는 위험을 감당해야 하기 때문이다. 게다가 동계 교배에서 나온 개체들은 환경 변화에 적응하는 능력이 낮다. 단지 파라오 개미 같은 몇 종만이 일부 장소에서 살 수 있는데, 그것은 그 곳에서 얻어지는 생태적 이점이 이들이 지불해야 하는 유전적 대가보다 크기 때문이다. 만약 이러한 설명이 맞는다면 거의 모든 개미 종류의 나이든 군체들이 죽는 것은 새로운 군체들이 더욱 안전하게 태어나도록 하기 위한 것이라고 볼 수 있다.

여러 마리의 임성 여왕을 갖는 군체는 불멸의 가능성도 가질 뿐 아니라 엄청난 크기로 자랄 수도 있다. 파라오 개미 군체들은 병원과 사무실 건물 벽을 타고 퍼져 수백만 마리의 일개미를 만들어 낼 수 있다. 그래서 이론적으로는 그 수가 무한대로 늘어나 이른바 초군체超群體/supercolony라고 불려도 마땅할 정도가 된다. 온대 지방 북쪽에 사는 불개미속의 크고 암적색인 개미들은 초군체를 만들어 넓은 경관에 걸쳐 개미 무덤을 여기저기 만든다. 보통 처녀여왕들은 교미 후 곧 어느 한 집으로든 돌아오지만 몇 마리의 임성 여왕들은 일단의 일개미를 끌고 나가 새 집을 만들어 정착한다. 그리하여 스스로 먹고 자랄 수 있는 사회 단위들이 방대하게 연결되는 결과를 가져오며, 일개미들은 집 사이를 오가며 냄새 길을 따라 자유롭게 통행한다. 1980년 체릭스Daniel

Cherix가 스위스의 쥐라Jura에서 기술한 얼룩개미 *Formica lugubris*의 초군체는 이 책을 집필하는 지금도 살아 있으며 25헥타르(62에이커)에 걸쳐 퍼져 있다. 이 개체군은 셀 수도 없는 수백만의 일꾼과 여왕으로 이뤄진다. 1979년 히가시 세이고와 야마우치 카쓰스케는 동물 사회로서는 틀림없이 최대의 신기록을 이루는 불개미 *Formica yessensis*의 초군체가 홋카이도의 이시카리 해안에 270헥타르(675에이커)에 걸쳐 퍼져 있다는 것을 보고했다. 그들에 의하면 그 속에는 3억 600만 마리의 일개미와 100만 마리의 여왕이 살고 있고 4만 5000개의 개미 무덤이 들어 있다. 이러한 예는 무서울 정도이긴 하지만 실제 자연계에는 매우 드물게 일어난다. 이렇다는 사실이 한 제국의 운명에 대해 무엇인가를 암시하는 것은 아닐까?

개미들은 어떻게 말을 할까

우리가 가장 큰 모험의 하나로 아프리카 베짜기개미에 대한 연구를 시작한 것은 바로 이 개미 군체가 윌슨의 연구실을 점령하던 날부터였다. 이 개미는 바로 우리의 공동 연구자인 호튼Kathleen Horton과 실버글리드Robert Silberglied가 1975년 케냐에서 들여온 것이다. 이유를 곧 설명하겠지만, 어쨌든 이 두 사람이 어미여왕을 포함한 군체 모두를 잡아들인 것은 괄목할 만한 업적이라 할 수 있다. 호튼과 실버글리드는 외따로 떨어져 있는 한 작은 포도나무 가지 위에 살고 있는 젊은 군체를 보고 별로 물리지도 않으면서 개미집 전체를 훑어서 자루에 담았다. 그들은 그것을 다시 상자 속에 넣고 테이프로 봉한 채 미국까지 손으로 운반해 온 것이다.

윌슨은 개미들에게 신선한 공기를 쐬어 주려고 상자를 연 후 멀리 벽 쪽에 있는 테이블에 놓아 두었다. 그 다음 그는 자기 책상에 앉아 편지와 전화로 일을 보았다. 두 시간이 지났을까. 쌓여 있는 서류 쪽을 힐끔 보니 책상의 먼 가장자리 쪽에서 일단의 베짜기개미들이 여기저기 흩어져서 밀려오는 것이다. 몸집이 각기 연필 끝에 달린 지우개만 한데다 눈도 크고 담황색인 이 개미들은 마치 윌슨의 모든 동작을 하나하나 놓치지 않으면서 지켜보듯 조심스레 다가오고 있었다.

윌슨이 자세히 보려고 허리를 굽혀도 개미들은 후퇴는커녕 오히려 도전을 해오는 듯했다. 두 개의 더듬이를 치켜올려 공중을 휘더듬는 한편 배를 높이 쳐들고 큰턱을 넓게 벌리는데 이것은 이 개미가 상대를 위협할 때 쓰는 특징적 자세이다. 횔도블러가 나중에 야외에서 찍은 바로 이 자세는 우리가 1990년 출판한 백과사전 《개미들》의 표지 사진으로 쓰인 바 있다.

곤충학자들은 그들 몸의 100만 분의 1밖에 안 되는 이 작은 동물이 교만이라고 할 것까지는 없어도 그런 식으로 매우 자신만만함을 나타내는 데엔 별로 익숙지 않다. 그러나 정확히 학명을 말하면 오이코필라 롱기노다Oecophylla longinoda인 아프리카 베짜기개미의 매력은 바로

이런 냉정함에 있다. 이들은 태도가 대담하고 행동에 결단성이 있으며 게다가 개미치고는 몸집이 매우 크고 또 햇빛 아래서도 사회적 행동을 잘 과시하므로 관찰이 용이하고 사진을 쉽게 찍을 수 있다. 따라서 과학자인 우리에겐 결코 그냥 놔둘 수 없는 훌륭한 연구 재료이다. 우리는 이런 기회를 즉시 포착하여 이 개미에 대해 면밀한 연구를 시작했고 이 연구는 1970년대 말부터 80년대 초까지 간간이 계속되었다. 이 오랜 여정은 윌슨의 실험실에서 시작되어 휠도블러가 케냐의 들판에서 시행한 연구로 마감되었다. 휠도블러는 결국 아시아와 오스트레일리아산 베짜기개미인 오이코필라 스마라그디나 *Oecophylla smaragdina*까지 다루게 되었다.

우리는 이 베짜기개미에서 이제까지 동물계에서 알려진 사회성 행동 가운데 가장 복잡한 종류의 행동들을 발견했다. 맛보고 냄새 맡도록 앞뒤 쪽으로 방출되는 화학 분비물에 의해 페로몬 의사 소통이 이뤄지는데 이것은 동물계에서 발견된 가장 정교한 의사 소통 체계이며 우리가 이를 연구하는 데 보낸 많은 시간엔 그만큼 값진 보상이 뒤따랐다.

아프리카 사하라 남쪽 삼림에 사는 베짜기개미들은 나무 꼭대기 부분을 지배하는 생물 가운데 하나이다. 이 개미의 군체가 성숙하면 여왕 한 마리에 딸 일개미들이 50만 마리 이상 딸릴 정도로 규모가 방대해진다. 휠도블러가 야외 연구를 수행했던 케냐의 심바Shimba 언덕에서는 단일 군체가 무려 나무 17그루의 수관부와 줄기 표면을 차지할 만큼 넓은 터를 소유했다. 만약 사람이 이런 식으로 조직되어 있고 개미의 몸집이 사람의 크기로 맞춰진다면, 베짜기개미의 지배권에서는 한 마리의 어미와 그것의 딸들은 '적어도' 100평방킬로미터의 땅을 차지하는 셈이 될 것이다. 여기서 '적어도'라는 말을 쓴 것은 우리가 보통 2차원적으로 범위를 말하는데 비해 개미의 진짜 터는 그들이 소유한 삼림의 편평한 부분만이 아니라 나무의 꼭대기에서 땅쪽에 이르는 잎, 줄기의 모든 넓이를 포함한 그 지역 식생이 나타내는 모든 방대한 표면을 말하기 때문이다.

베짜기개미가 터를 지키는 것은 마치 군사 독재 국가에서와 비슷하다. 이 개미들은 포유류나 기타 침입자 누구를 막론하고 잔인하게 공격한다. 심지어는 자신의 터 안에 들어온 다른 이웃 베짜기개미 군체까지 잡아 없앤다. 뿐만 아니라 다른 개미 종의 일꾼들이나 개미 아닌 다른 곤충까지도 닥치는 대로 파괴한다. 이렇게 잡힌 소형 희생자들은 대부분 집으로 운반되어 모두 먹혀 버린다. 더욱이 서로 인접한 베짜기개미 군체 간의 전투는 매우 극심해서 이들은 터와 터 사이에 일종의 '무개미 지대 no ants land'인 비점령 지대를 형성하기도 한다.

이 개미와 근연 관계가 가까운 개미로 아프리카 지역 이외에 사는 베짜기개미인 오이코필라 스마라그디나는 터 경계 가까이에 막사를 짓고 늙은 일꾼들이 그 곳에서 보초를 선다. 이들은 젊은 일꾼들처럼 어린 동생 돌보기나 집 수리 또는 기타 어떤 집안 일도 할 수 없기 때문에, 군체 터의 경계를 침입하는 적을 제일 먼저 맞닥뜨리는 방패 구실을 한다. 이제 삶의 막바지에서 군체를 위해 최대의 위험을 감당하는 것이다. 인간 사회에서는 전쟁에 젊은 남자를 보내지만 베짜기개미 사회는 늙은 여성을 보내는 셈이다.

우리는 아프리카 개미들을 통제된 조건하에서 좀더 자세히 연구하기 위해, 케냐에서 들여온 작은 군체들을 우리 실험실에 있는 레몬 나무 화분에 옮겨 정착시켰다. 얼마 안 있어 우리는 초기 연구자들이 알아채지 못하고 지나쳤던 이상한 행동을 발견하였다. 개미들은 대개 개미집 한쪽 담벽의 구석이나 집 밖의 특정한 쓰레기장, 즉 곤충학자들이 조개무지라고 부르는 낙엽 부스러기 더미에서 배설한다. 그러나 베짜기개미는 그렇게 세심하지 않다. 가는 곳마다 아무 데나 배설하였다. 사실상 터 모든 곳에 배설물 냄새를 퍼뜨려 놓는 것 같았다. 이번엔 사육 중인 개미 군체를 화분 속의 나무나 그들이 가 본 적 없는 장소에 종이를 깔아 들여보냈더니 이러한 배설 속도가 급격히 늘어났다. 언뜻 보기에 생리적 필요 이상으로 일개미들은 자주 배의 끝 쪽(몸의 가장 후방)을 바닥 표면에 대고 항문으로 갈색의 큰 액체 방울을 배출하였다. 이 방울은 즉시 바닥 표면에 젖어 들거나 반짝반짝 빛나는 래커 단추처럼 굳어졌다. 우리는 이들이 이러한 액체 방울을 흘리는 것을 보고 이 베짜기개미들이 마치 개나 고양이가 오줌으로 터 표시를 하듯 배설물을 써서 터의 소유 신호를 하는 게 아닌가 생각하였다.

   우리는 이러한 추측을 시험해 보기 위해 실험실 내에서 전쟁을 연출해 보기로 하였다. 두 개의 베짜기개미 군체를 서로 가깝게 놓되 한중간에(벽으로 둘러싸인 열린 공간인) 투기장을 마련해 한쪽 또는 양쪽에서 개미들이 들어올 수 있게 하였다. 각 군체의 원래 위치에서 투기장에 이르는 방법은 옛날 성곽 문앞에서처럼 올렸다 내렸다 할 수 있는 다리를 이용하는 것이다. 실험 시작 단계에서 우선 한쪽 군체의 일개미들이 투기장으로 먼저 들어가 바닥에 배설물을 흠뻑 깔도록 하였다. 며칠 후 우리는 다리를 치우고 투기장에 남아 있는 개미들을 한 마리 한 마리 집어올려 원래의 자기 집으로 옮겨 놓았다. 그 다음 다른 한쪽 개미 군체의 일개미들이 투기장에 들어가 탐험하도록 하였다. 이 새 그룹은 투기장에서 먼저 다녀간 개미들의 배설물을 접하게 되자 머뭇거리면서 큰턱을 벌리고 꽁무니를 치켜드는 등 베짜기개미 나름의 전형적인 적개적 자세를 취했다. 어떤 개미는 집으로 달려가 소수의 동료를 불러냈다. 그들은 냄새 길과 접촉 신호를 써 "나를 빨리 따라와. 적지敵地를 발견했어"라고 소리치는 것 같았다. 이와는 대조적으로 먼저 개미들이 가서 표시해 놓았던 투기장에 같은 군체의 척후개미들이 들어가면, 이들이 집에 있는 동료 개미를 동원하는 율은 훨씬 떨어졌다. 확실히 배설물은 각 군체에 따라 독특한 냄새가 있었다.

   우리는 모든 경기에서 홈 팀이 유리하다는 것을 알고 있다. 어떤 경기가 팀의 출신 지역에서 치뤄지면 이 홈 팀은 외지 팀에 대해 심리적으로 유리해서 막상막하라 해도 이기는 게 보통이다. 베짜기개미의 군체들을 실험실에 만든 투기장에 동시에 집어넣었더니 양쪽 척후개미들은 각각 냄새 길과 기타 페로몬을 써서 다수의 동료들을 호출해 냈고 이어 격렬한 싸움이 벌어졌다. 턱으로 서로 물어뜯는 것이 보통인데, 일 대 일로 싸우거나 또는 두세 마리가 상대쪽 한 마리에 들어붙었다. 상대에 들어붙은 첫번째 개미들은 상대의 다리 등 부속지를 붙잡고 사방으로 벌려 꼼짝 못하게 하고 다른 개미들이 목을 졸랐다. 이렇게 우리가 붙여 놓은 열 번의 싸움 중에서 상대방을 다리 건너의 집으로까지 쫓아내 승리한 군체는 언제나 싸움이 붙기 전에 상대보다 먼저 투기장에 배설물 표시를 한 집단이었다.

이렇게 해서 베짜기개미의 전쟁과 일상 생활에 대해 점점 더 익숙하게 되자 우리는 그들의 의사 소통 체계가 매우 정교함을 알게 되었다. 우리는 베짜기개미의 일개미들이 서로를 집 밖의 위치로 안내할 뿐만 아니라 다섯 가지 다른 메시지를 써서 목표물의 성질을 명세화한다는 것도 알아냈다. 각 메시지는 하나의 복합 신호이다. 냄새 길 작업 개미가 길에서 같은 개미 집안의 동료를 만날 때면 언제나 한 가지 화학 물질이 냄새 길에 놓인 다음 약간의 춤이나 더듬이 접촉 같은 특별한 신체 운동이 따른다. 이 때의 화학 물질은 몸의 최말단부의 항문 가까이 있는 두 개의 샘 중 어느 하나에서 나오는 분비물이다. 이 두 가지 샘은 우리들이 이 개미를 연구하는 동안 발견한 것으로 과학계에서는 새로운 것이었다. 예를 들어 일개미가 "나를 따라와, 내가 먹이를 발견했어"라고 하고 싶으면 그 개미는 이 두 가지 분비샘 중 직장샘을 써서 냄새 길을 놓는다. 이 개미가 다른 일개미들을 만나면 머리를 흔들고 두 더듬이로 그들을 건드린다. 만약 먹이가 액체이면 일개미는 큰 턱을 벌리고 먹이를 약간 게워서 동료들이 간단히 맛보게 한다. 그런 다음 동료 개미들은 냄새 길을 따라 새로 발견된 먹이를 찾아간다. 그러나 두 번째의 동원 메시지는 전혀 뜻이 다르다. 척후개미가 새로운 아프리카 베짜기개미(검정색)는 적을 만나면 신속한 전후 동작으로 동료를 소집한다. 우리는 이 신호가 공격 행동의 의식화 형태로서 진화된 것이라고 생각한다.

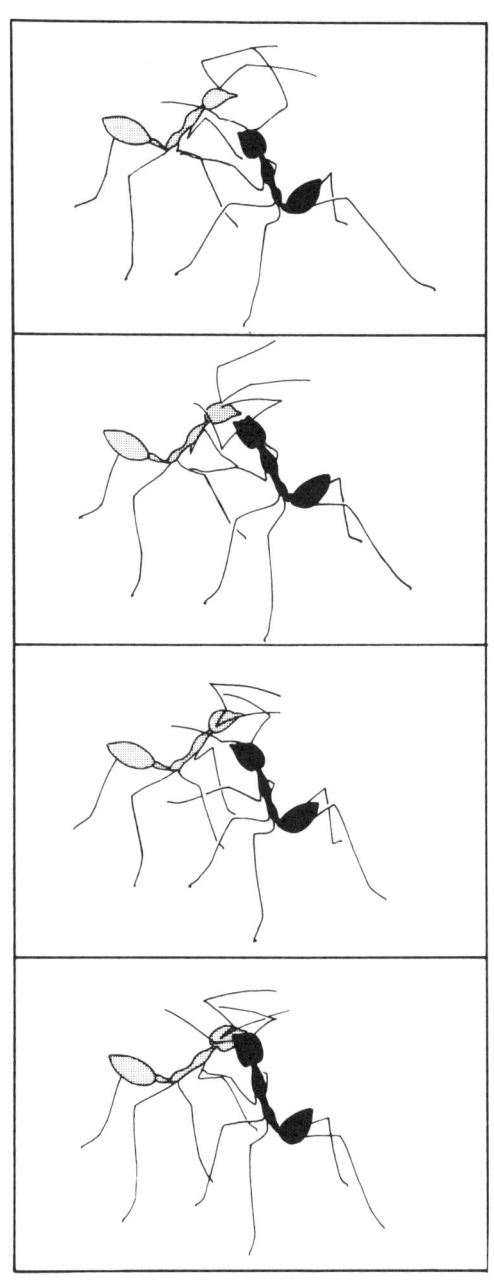

집터로 적당한 곳을 발견하면 직장샘 냄새 길을 놓는다. 그러나 이번엔 여기에다 그가 다른 개미를 새로운 집터 후보지로 밀거나 데리고 갈 준비가 되었음을 알리는 접촉 신호를 결합시킨다. 또한 세 번째 메시지로는, 일개미들이 적을 집 가까이에서 만났을 때 침입자 둘레에 짧은 고리 모양의 냄새 길을 놓아 경계 정보를 발한다. 이 때 냄새 길은 두 번째의 동원 물질 분비샘인 앞가슴샘sternal gland의 분비물로 땅에 만드는 것이다. 이 때엔 특별히 따로 접촉하는 행동이 따르지 않는다. 일개미들이 쓰는 나머지 두 가지 동원 신호는 또 다른 조합으로 이뤄지는데 동료 개미들을 새로운 미개척의 땅으로 인도하거나 먼 데서 만난 적에게로 안내하는 것들이다.

   1970년대에 영국의 곤충학자 브래드쇼John Bradshaw와 다른 두 사람의 공동 연구자는 이 아프리카 베짜기개미에서 또 다른 경보 체계를 발견했는데 이번엔 여러 개의 페로몬이 서로 다른 의미를 나타내는 것이었다. 일개미는 개미집이나 군체의 터 내에 들어온 적을 만나면 머릿속에 들어 있으면서 큰턱의 기부를 통해 밖으로 통하게 되어 있는 샘에서 네 가지 화학 물질의 혼합제를 방출하는 것이다. 이 물질들은 공기 중에서 각기 서로 다른 속도로 확산되는데 각기 다른 농도로 퍼져 다른 일개미에게 한 가지씩 단계별로 감지된다. 맨 먼저 일종의 알데히드인 헥사날hexanal이 개미들을 깨워 경계심을 갖게 한다. 개미들은 더듬이를 전후로 흔들어 그 다음 냄새를 찾는다. 그러면 알코올류인 헥사놀hexanol(이번엔 a 대신 o가 들어감)이 충분한 양으로 퍼져 일개미로 하여금 새로 생긴 문제의 근원을 찾아내도록 돌아다니게만 한다. 그 다음엔 언디캐논undecanone으로서 일개미가 문제 근원에 접근해 낯선 목표물을 물도록 자극한다. 끝으로, 목표물에 바싹 가까워지면 개미는 부틸옥티날butyloctenal을 맡게 되어 목표에 대한 공격 행동을 강화시킨다.

   지난 20년간 이뤄진 이와 같은 연구를 요약한다면, 베짜기개미는 화학 언어 사용에서 구문법構文法/syntax 활용에 매우 근접하고 있다. 즉, 여러 가지 화학 단어의 조합을 통해 각기 다른 '구절句節/phrase'을 전파하는 것이다. 뿐만 아니라 그들은 접촉과 소리로 이뤄지는 서로 다른 일차 신호들의 강도를 변조하기까지 한다.

이 놀라운 개미들은 태고 시절에 생긴 곤충 계통이다. 이들은 3000만 년 전부터 잘 보전된 상태로 유럽의 발트 호박 속에 나타나고 있다. 이들이 오늘날처럼 구세계 열대 지방에 걸쳐 아프리카에서 퀸즐랜드와 솔로몬 제도에 이르는 저지대 산림의 수관부를 점령한 것과 같은 성공을 이루게 된 데는 능률적인 화학 의사 소통에 그 비결이 있음이 틀림없을 것 같다. 그러나 그 성공은 나무의 수관부에 큰 별장을 지을 수 있는 더욱 정교한 의사 소통 형태에 기인한다고 말하는 것이 나을 것 같다. 군체들은 이 특수한 개미집을 짓고서야 막대한 군체 집단을 안전하게 보호할 수 있기 때문이다. 대개 베짜기개미같이 큰 개미들이 땅 위에서 살려면 큰 나무껍질 밑의 공간이나 나무에 딱정벌레가 파고 살다가 버린 구멍 같은 식생 내의 특수 공동이 필요하다. 그러나 그런 장소는 매우 드물고 또 너무 떨어져 있거나 있어도 수천 마리 이상의 큰 개미 군체를 품기에는 너무 좁다. 그런데 베짜기개미는 바로 주택 건설 능력을 진화시킴으로써 이 장애를 스스로 극복한 것이다. 즉, 이들은 작은 나뭇가지와 잎사귀들을 실로 서로 이어서 벽, 바닥, 지붕을 갖춘 큰 방을 짜는 것이다.

뱅크스Joseph Banks는 베짜기개미의 집 건설 장면을 목격한 첫번째 유럽인이었다. 그는 1768년 쿡James Cook 선장의 오스트레일리아 여행에 동행하는 동안 베짜기개미를 보고 다음과 같이 썼다. "베짜기개미는 나무 위에 살면서 그 곳에 사람의 머리나 주먹 크기만한 집을 짓는데 우선 나뭇잎들을 구부려 합쳐서 흰색의 종이 물질로 붙여 서로 단단히 붙어 있게 한다. 이 작업을 할 때 개미들이 발휘하는 솜씨는 흥미진진하다. 개미들은 사람의 손바닥보다 큰 네 개의 잎사귀를 구부려

원하는 방향으로 놓았는데 이 때는 이 곤충이 발휘할 수 있는 힘보다 훨씬 큰 힘이 필요하다. 사실상 이 일에는 수천 마리의 개미가 동원되었는데 개미 각각은 잎사귀를 끌어내릴 때 전력을 다했고 그동안 다른 개미들은 풀을 갖다 붙이는 것을 볼 수 있었다"(J. C. Beaglehole ed., *The 'Endeavour' Journal of Joseph Banks, 1768~1776*, vol. 2, p. 196, Sydney: Halstead Press, 1962).

이러한 뱅크스의 이야기는 처음 듣는 이에겐 이상하게 들릴지 모르나 대체로 정확한 말이었다. 수백 마리의 베짜기개미들이 정확한 군대식 횡렬로 늘어선다. 그들은 각자 뒷다리 발톱으로 나뭇잎 하나의 한쪽 가장자리를 붙들고 턱과 앞다리로 다른 잎 가장자리를 잡는다. 그런 후 붙잡은 두 가장자리를 서로 끌어당긴다. 나뭇잎들 사이의 거리가 개미의 몸 길이보다 더 멀면 일개미들은 다른 방법을 썼는데 뱅크스(결국 새로 발견된 오스트레일리아 내의 다른 놀라운 일들의 관찰에 매우 바빴을 사람이지만)가 결코 본 적이 없는 더욱 인상적인 기술을 썼다. 즉, 그들 자신의 몸을 서로 연결하여 살아 있는 다리를 만드는 것이다. 우선 선두의 일개미가 한 잎사귀의 가장자리를 큰턱으로 꽉 물고 있으면 그 다음 일개미가 첫번째 개미의 몸을 타고 내려가 허리를 붙든 채 계속 있는다. 그 다음 세 번째 개미가 내려가 두 번째 개미의 허리를 붙잡고 그 다음을 잇는다. 이런 식의 행동이 되풀이되어 열 마리 또는 그 이상의 개미들로 이어진 개미줄이 만들어져 흔히 공중에 매달려 마치 그네처럼 바람에 흔들린다. 그러는 사이 그 줄의 맨 마지막 개미가 마침내 멀리 떨어져 있는 나뭇잎 끝에 닿게 되면 역시 큰턱으로 꽉 붙잡아 다리놓기 작업은 드디어 끝난다. 그 다음 모두의 힘을 모아 두 개의 잎을 끌어당겨 합친다. 가끔씩 두 잎 사이는 개미줄 하나로 이어지지만 보통은 동료 개미들의 공동 작업으로 여러 개의 개미줄이 만들어져야 할 때가 많다. 일개미 일부는 작업현장에서 개미집으로 돌아와 냄새 길을 써서 동료 개미들을 더 불러 모은다. 이들은 냄새 길

물질을 나뭇잎과 가지에만 바르는 것이 아니라 개미줄을 이루고 있는 개미 몸에도 바른다. 곧 이어 개미들로 이뤄진 살아 있는 얇은 낱장이 생기고 그 표면은 수천 마리의 개미들이 다리와 더듬이를 가볍게 움직임으로써 전체적으로 물결을 이루어 하나의 장관을 연출하게 된다.

그러나 이러한 설명도 결국 한 가지 중요한 질문에는 해답을 주지 못하고 있다. 개미들은 어떤 잎을 먼저 끌어당길까를 어떻게 결정하는가? 1963년에 영국의 곤충학자인 서드John Sudd가 발견한 이 과정은 매우 간단하면서도 능률적이다. 개미집 안에 식구가 많아지면 개미들은 새 집을 짓고자 각기 따로 잎 가장자리를 따라 다니며 가끔씩 서서 가장자리 끌어당기기를 시도한다. 이들이 잎사귀를 위쪽으로 아주 약간이라도 말아올리는 데 성공하면 개미들은 잎을 계속 물고 잡아당긴다. 이런 활동이 소규모의 성공을 거두면서 부근의 다른 일개미들을 유인하게 된다. 새로 온 개미들 역시 다가와서 잎사귀 가장자리를 붙든다. 잎사귀가 계속 구부러지면 이 곳엔 개미들이 더 많이 모여든다. 공식은 간단한 반복일 뿐이다. 즉, 작업이 성공하면 이에 합류한 개미들이 나와 또다시 성공적으로 작업을 하는 것이다. 처음엔 두 개의 잎사귀에 소집단의 개미가 모였다가 두 개 또는 그 이상의 잎사귀들이 일개미들의 몸에 의한 일종의 바느질로 서로 이어져 나가는 것이다.

이번엔 다른 개미들이 현장에 나타나 뱅크스가 흰색의 '풀'이라고 기술한 물질을 바른다. 그러나 이것은 뱅크스가 생각한 것처럼 일종의 풀이 아니고 이미 1905년 독일의 동물학자 도플라인Franz Doflein이 발견한 것처럼 개미 군체 내의 구더기 모양의 애벌레가 내는 명주실이다. 이 명주실이 잎사귀에 붙여지는 방식이야말로 베짜기개미의 행동 레퍼토리 중 가장 놀라운 것이며, 그에 대한 속칭의 근원을 적절히 설명해 준다. 이 동원된 애벌레들은 성장 과정에서 마지막 껍질을 벗은 발생의 최종 단계에 있다. 즉, 그것들은 그 다음 탈피하면 번데기가 되고 다시 변하여 여섯 개의 다리를 가진 성체로 되는 것이다. 집짓기 과정에서 이런 애벌레들은 두 마리의 성체 일개미 카스트 중 몸이 큰 카스트의 멤버들인 큰일꾼major worker들에 의해 잎사귀 잇기 작업 현장으로 옮겨진다. 주일꾼들은 큰턱으로 애벌레들을 살짝 물고 잎사귀들의 가장자리 사이를 왔다갔다 왕복시킨다. 그러면 애벌레는 주둥이 바로 밑에 있는 틈새 구멍에서 명주실을 내는 반응을 보인다. 이러한 명주실 수천 개는 잎사귀 가장자리 사이에 촘촘히 연결되어 조만간 잎사귀들을 바라는 위치에 적절히 얽어 놓는 강력 접착제가 된다.

이 때 애벌레들은 이렇게 동원되지 않았으면 자신의 몸을 보호하는 고치를 만드는 데 썼을 명주실을 꼼짝없이 그냥 뿜어내면서 일종의 살아 있는 베틀 북이 되는 것이다. 그래도 이 애벌레들의 이러한 희생적 봉사를 순수한 이타 행동으로 볼 수는 없다. 이들은 자신이 내는 분비물로 엮어진 새 집의 보호를 받아 고치의 도움 없이 성체 일꾼으로 더 안전하게 자라날 수 있기 때문이다.

이와 같은 베짜기 과정을 자세히 기록하고자 우리는 그 전체 과정을 활동 사진의 한 컷 한 컷으로 분석해 나갔다. 그러나 명주실 뿜어 내기 다음으로 이 애벌레들에서 우리가 목격한 가장 특출한 행동은 이 애벌레들이 몸을 스스로 단단하고 똑바르게 취한다는 점이다. 즉, 보통 개미와 나비 및 기타 완전 변태 곤충의 애벌레들이 고치를 만들 때 전형적으로 몸을 길게 뻗치고 고개를 들거나 좌우로 움직이는 그런 식의 움직임이 없다. 베짜기개미의 애벌레들은 성체 일꾼들이 하는 작업에 수동적으로 사용되는 하나의 도구로 변하는 것이다. 단지 애벌레들은 잎사귀 표면에 가까워지면 머리를 약간 앞쪽으로 내미는데 그것은 필경 잎사귀와의 접촉에 앞서 머리를 제자리에 놓아 준비하는 방식에 불과한 것 같다. 이런 경우를 빼놓고는 애벌레들은 부동 자세이며 명주실만 뿜어 낸다.

그 다음에 이어지는 명주실 내기 춤은 신속하고 정확한 2인무이다. 일개미가 애벌레를 큰턱으로 문 채 잎사귀 가장자리로 접근하면 애벌레의 머리가 앞쪽으로 뻗어나와 마치 일개미 몸의 연장처럼 보인다. 일개미의 더듬이 끝이 아래쪽으로 모아져 잎사귀 가장자리에 닿는다. 이 더듬이 끝은 10분의 2초 동안 마치 눈을 가린 사람이 책상 모서리를 더듬어 위치와 모양에 관한 감각을 얻는 것처럼 잎사귀의 표면 위에서 움직인다. 그런 후 일개미는 애벌레의 머리를 잎사귀 표면에 갖다 댄다. 일개미는 1초 후에 이 애벌레를 다시 들어올린다. 이 사이에 일개미는 더듬이 끝을 애벌레의 머리 주위를 따라 진동시키는데 약 10회 정도 애벌레 머리를 가볍게 건드린다. 이러한 미세한 접촉은 애벌레에게 명주실을 만들어 내라는 신호 같다. 그런 동작이 그런 명령을 담고 있는지는 확실치 않지만 그러는 동안 애벌레는 소량의 명주실을 방출하며 이 때의 명주실은 잎사귀 표면에 자동적으로 들러붙는다.

일개미는 애벌레를 잎사귀 가장자리로부터 떼내어 들어올리기 직전에, 자신의 더듬이를 들어올려 양쪽으로 편다. 그런 다음 몸을 돌려 애벌레를 반대쪽 잎 가장자리에 직접 옮기고 이 때 명주실이 뽑혀 나오게 한다. 이 때 반대쪽 가장자리에 도달하면 일개미는 그 다음엔 처음에 했던 동작을 거의 똑같이 반복한다. 이 때 애벌레는 명주실을 잎사귀에 붙인 다음 당겨서 잎사귀들이 마주 붙게 한다. 그런 다음 일개미와 애벌레는 처음 잎의 가장자리 쪽으로 다시 돌아가 마치 탱고 무용수처럼 동작 사이클을 되풀이한다. 이런 식으로 한덩어리가 된 일개미와 애벌레들은 떼를 지어 마치 박자기처럼 리듬 운동을 매일 하며, 결국 개미들은 나무의 수관부 제국에 수백 채의 별장을 이어나간다. 그리고 개미들은 그 속에 명주실 터널과 방을 만들어 더 단단하고 정교한 주거 공간을 만든다.

1964년 인간의 화석 역사 지식에 크게 공헌한 케냐의 고생물학자 집안의 한 원로인 리키Mary Leakey가 초기 인류 유물을 찾다가 멸종된 베짜기개미의 화석 일부를 발견하여 윌슨에게 보내 왔다. 이 개미 유물의 나이는 약 1500만 년이었다. 이 화석들 가운데는 현생의 아프리카 및 아시아의 베짜기개미와 매우 유사한 여러 가지 생활 단계와 카스트에 대한 부분들이 많이 있었다. 번데기들은 벌거벗은 상태였다. 즉, 애벌레가 현생종들에서처럼 고치를 만들지 않는 것이다. 또 화석이 된 잎사귀들 조각도 개미와 섞여 나왔다. 결국 오래 전에 베짜기개미들의 별장이 나무에서 고인 물 위에 떨어지고 여기에 석회 진흙이 덮여서 재빨리 굳어 버린 것 같았다. 만약 이것이 사실이라면 베짜기개미들이 오늘날 열대의 수관부를 지배한 독특한 사회 제도는 인간이 출현하기 훨씬 전인 1000만 년 전부터였던 것 같다.

개미 군체들은 보통 페로몬을 좋아하지만 이 군체들을 결합시키는 신호는 여러 가지 다른 경로로 전달되기도 한다. 즉, 대부분의 개미들은 다른 개미의 몸을 툭툭 치거나 두드리는 것으로 간단한 메시지를 전달하는 것이다. 이 때 동작은 단순하고 직접적이다. 예를 들어 일개미 한 마리는 다른 동료 개미에게 간단히 앞다리를 뻗쳐 인간의 혀에 해당하는 아랫입술을 건드림으로써 구토 반사를 일으켜 먹이 액체 되뱉기를 유도한다. 건드림에 대한 반응은 되뱉기 반사 작용으로, 이 때 나오는 액체는 적어도 개미에겐 맛이 있어서 개미는 이것을 즉시 빨아들인다. 횔도블러는 자기의 머리카락을 뽑아 일개미의 아랫입술을 건드려 봄으로써 되뱉기 반응을 간단히 일으킬 수 있었다. 이 때 개미는 거대한 크기와 이상한 모습의 인간에게는 상관없이 한 다정한 동료에게서 온 신호쯤으로 알고 반응한 것이 틀림없다.

개미 종 대부분은 소리로도 의사 소통을 한다. 즉, 허리에 있는 얇은 가로 긁개를 배 가까운 쪽 표면에 미세하고 평행하게 놓인 돌기들이 이룬 빨래판 같은 구조에 긁음으로써 고음의 소리를 낸다. 곤충학자들은 이런 소리를 마찰음이라고 한다. 이 소리를 우리 인간은 거의 감지하지 못하지만 단 개미가 몹시 자극되거나 동료를 절박하게 부를 때엔 예외다. 만약 일개미나 여왕개미를 핀셋으로 붙들고 귀에 바짝 갖다 대면 그 소리를 들을 수 있다.

이 때 나는 고음은 종에 따라서 그리고 개미가 처한 상황에 따라 여러 가지 다른 기능을 나타낸다. 어떤 개미 종은 이런 소리를 내어 도움을 청하는데 이것은 독일의 동물학자인 마르클이 가위개미속 *Atta*에서 처음 발견한 일종의 페로몬이다. 비가 많이 오면 땅이 흔히 꺼지는데 이 때 지하의 개미집에 있는 개미들 일부는 흙 속에 묻힌다. 그러면 묻혀 버린 개미가 내는 고음이 동료 개미들을 불러 흙 속에서 이들을 파내게 한다. 그러나 구조자들은 공기를 통해 전달되는 소리 에너지에 의해 영향을 받는 것이 아니라, 다리에 나 있는 고성능의 탐지 장치를 써서 흙을 통해 퍼지는 진동을 감지해 내는 것이다.

최근 아르헨티나의 곤충학자인 로체스Flavio Roces는 뷔르츠부르크

집단 회수 방법은 개미 종에 따라서는 먹이 탐색 능률을 훨씬 향상시킨다. 여기에서는 대형 미국사막개미인 아파에노가스테르 콕케렐리 *Aphaenogaster cockerelli*의 일개미 세 마리가 죽은 허리노린재 한 마리를 협조하여 민첩하게 집으로 끌어 들이고 있다.

에서 휠도블러 및 타우츠Jürgen Tautz와 일하면서 가위개미의 마찰음이 나타내는 또 다른 기능을 발견하였다. 일개미들은 거둬들일 식물의 잎을 매우 신중하게 선택한다. 먹이탐지 개미가 일단 매우 양질의 잎사귀를 발견하면 '노래'를 불러 부근의 다른 개미들을 불러 모은다. 이때 마찰 기관에서 나는 진동은 개미의 몸과 머리를 타고 식물체 표면에 전달되고 그 진동은 다시 다른 일개미들에 의해 15센티미터나 떨어진 곳에서도 감지된다. 이 때 발견된 나뭇잎의 질이 좋으면 좋을수록 전달되는 진동은 더 커진다.

사막에 사는 장다리개미속 *Aphaenogaster*의 개미는 소리를 지르는 또 다른 이유가 있다. 일개미가 먹이를 찾다가 죽은 바퀴나 딱정벌레같이 큰 먹이덩이를 만나면 소리를 내 개미집의 동료들을 흥분시킨다. 이 때의 소리는 주신호가 아니고 보조적으로 주신호를 강화시킬 뿐이다. 즉, 기왕의 화학적 동원 신호와 몸 건드리기에 대해 좀더 빠르게 반응하도록 유도하는 구실을 할 뿐이며, 소리 그 자체로만은 동원시키지 못한다.

또 다른 청각 의사 소통 수단, 예를 들어 왕개미속 *Camponotus*의 왕개미 *Componotus ligniperda*가 쓰는 방법은 그저 자기 머리를 어떤 난난한 부분에 똑똑 부딪치는 것이다. 그러면 소리는 부딪힌 그 물체를 통해 다른 동료 개체들에게 위험을 알린다. 이 방법을 쓰는 개미 종은 대개 죽은 나무 속에 살거나 식물 섬유를 씹어서 만든 종이질의 방 속에 사는 것들이다.

두드리기, 치기, 소리지르기, 몸 대고 춤추기 body-contact dancing는 보기에 매우 인상적이지만 아직도 어떤 효과적인 어휘를 이루기엔 한계가 크다. 지하에서 영원히 살고 있는 대부분의 종들에 의해, 그저 드물게 발달하는 감각인 시각에 개미들이 의존할 수는 없다. 빛이 쪼이지 않는 땅 속 집은 통풍이 안 되고 공기가 정지된 공간이므로 좀더 나은 의사 소통 방식은 페로몬에 의한 것이다. 개미들은 사실상 여러 가

미국산 플로리다 왕개미 *Camponotus floridanus*의 두 일개미들이 액체 먹이를 교환하고 있다.
위: 왼쪽 일개미가 앞다리로 상대방의 머리를 건드림으로써 먹이 공여자 개미의 먹이 게워내기를 유도하고 있다.
아래: 오른쪽 공여자 개미가 자기의 모이주머니(K)로부터 액체 먹이를 상대 개미 쪽으로 통과시키고 있다. 모이주머니는 식도를 지나 상대 수탁자의 모이주머니로 연결되므로 '사회적 위'로서 봉사하고 있다. 이 모이주머니에서 소량의 먹이는 중장(M)으로 가서 공여자의 영양 보급에도 이바지한다. 노폐물은 직장주머니(R)를 통해 배출된다(포사이스의 그림).

개미들은 어떻게 말을 할까

아프리카의 베짜기개미는 나무의 수관부에 방대한 터를 확보한다. 왼편 앞쪽으로 일개미 한 마리가 경쟁 관계의 다른 군체 구성원을 위협하고 있다. 그 뒤로, 같은 집 동료가 적 한 마리를 꼼짝 못하게 구속하고 있다. 그 오른편에서는 일개미 한 마리가 나무줄기를 따라 달리는데 꽁무니 끝에서 화학 길 물질을 내어 이것을 맡은 다른 동료 개미를 흥분시킨다. 아래쪽 오른편엔 또 다른 군체의 구성원들이 침개미아과의 대형 사냥개미를 굴복시키고 있다(도슨의 그림. 미국 지리학회의 허락으로 게재).

맞은편 쪽

터를 방어 중인 베짜기개미 군체들의 의사 소통.

위 : 일개미 한 마리가 꽁무니 끝에서 냄새 길 물질을 내어 동료 개미들을 적이 있는 곳으로 안내한다. 아래 : 동원 담당 개미가 동료 개미를 만나자 배를 위로 치켜올리고 큰턱을 벌리며 몸을 전후로 흔드는 식으로 정형화된 일종의 '춤'을 추고 있다.

위 오른쪽 : 놀란 베짜기개미가 적을 향해 움직이고 있다. 이 때는 큰턱을 벌리고 배를 위로 치켜올린다.

아래 오른쪽 : 적대 관계의 개미를 만난 방어 개미들이 상대의 몸을 사방으로 벌리고 꼼짝 못하게 하여 죽인다.

위 : 베짜기개미는 전투 후에 반대편 패잔병과 자기편 전사자들을 먹이로 쓰기 위해 집으로 운반한다.
아래 : 렙토미르멕스 *Leptomyrmex* 의 일개미같이 민첩하고 강한 침입자도 붙잡혀 굴복당할 수 있다.

맞은편 쪽
베짜기개미 일개미들은 집을 짓는 작업 중 자기들의 몸으로 연결 고리를 만들어 넓은 틈새를 가로질러 잎사귀들을 마주 잇는다. 위 사진에는 간단한 한 가닥의 사슬이 보인다. 아래 사진에는 여러 개의 사슬이 모여 강력한 로프가 만들어졌으며 그 위에서 일개미들이 왔다갔다 하며 냄새 길을 놓고 있다.

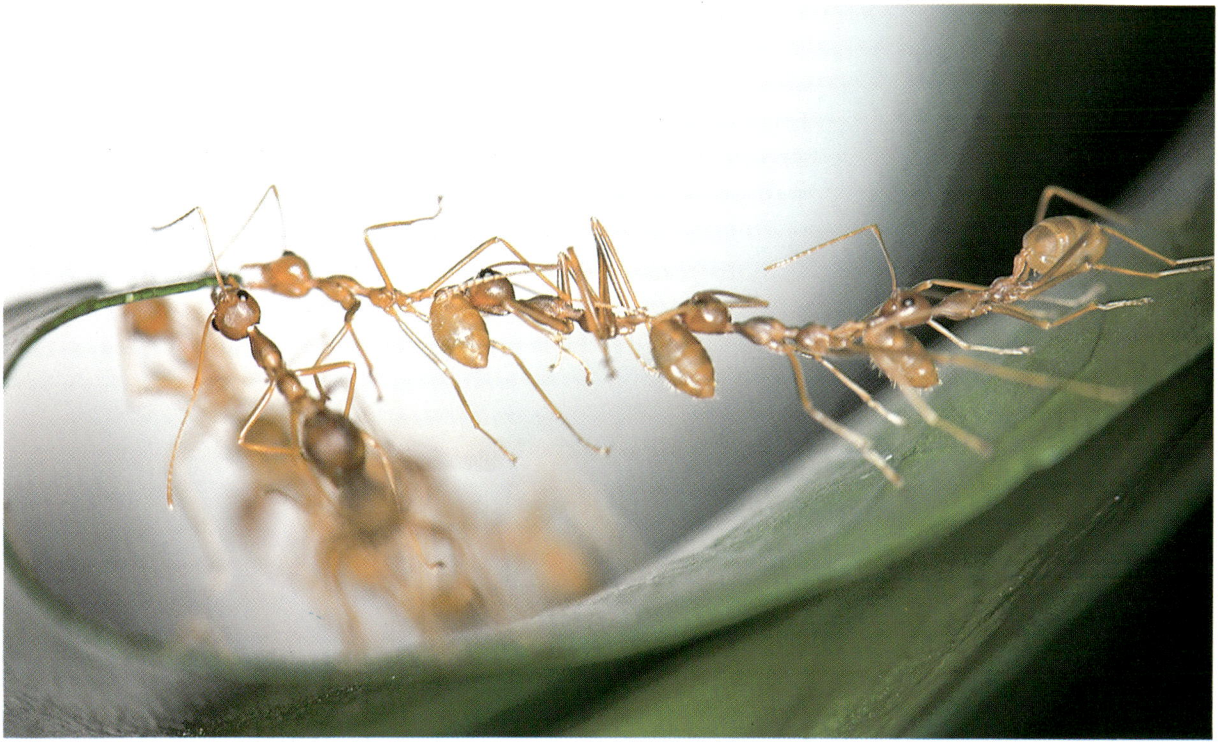

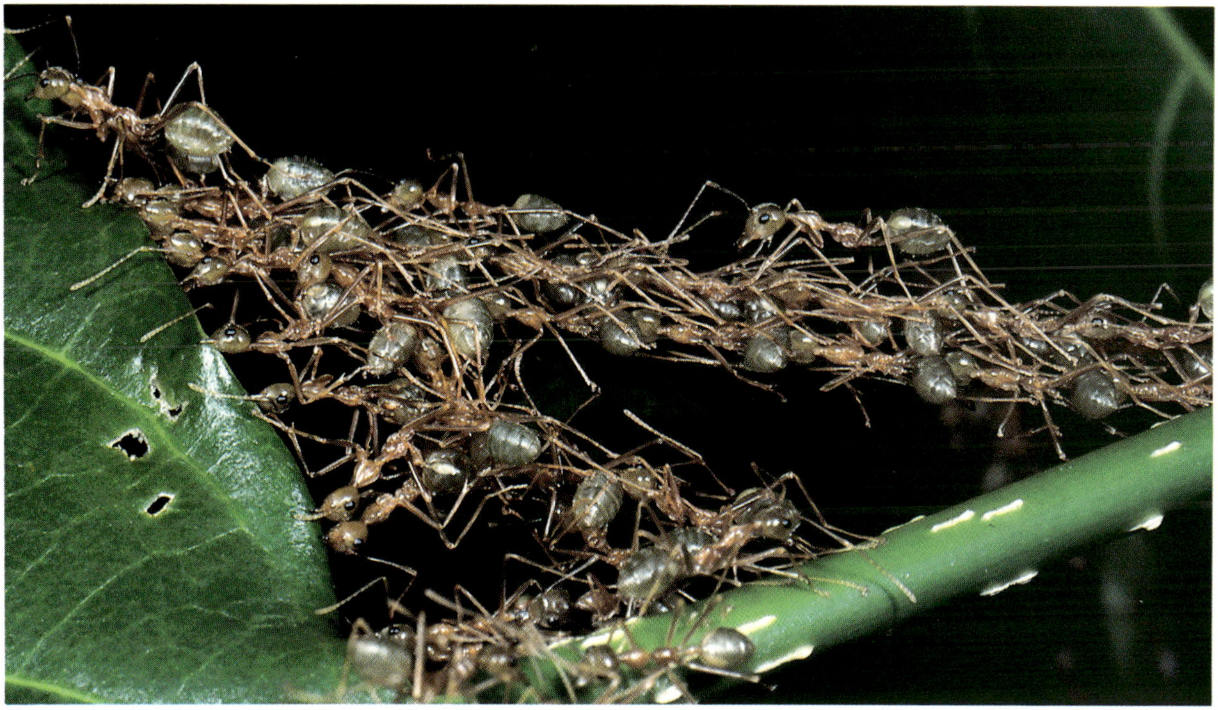

맞은편 쪽
베짜기개미들이 여러 줄의 사슬을 만들어 힘을 뭉치면 빳빳한 잎사귀 가장자리들을 맞붙일 수 있다. 이렇게 잎사귀를 제대로 모은 개미들은 애벌레가 내는 명주실을 이용해 잎사귀를 한데 얽는다.

집 짓기의 마지막 단계는 애벌레의 명주실로 잎을 잇는 것이다. 일개미 한 마리가 성숙 애벌레를 큰턱으로 집어 왕복 이동시키는데 이 때 애벌레 머리에 난 샘구멍으로부터 명주실이 계속 나온다. 그러한 수천 가닥의 실은 탄탄한 막이 된다.

새로 만들어진 아프리카 베짜기개미 오이코필라 롱기노다의 집.

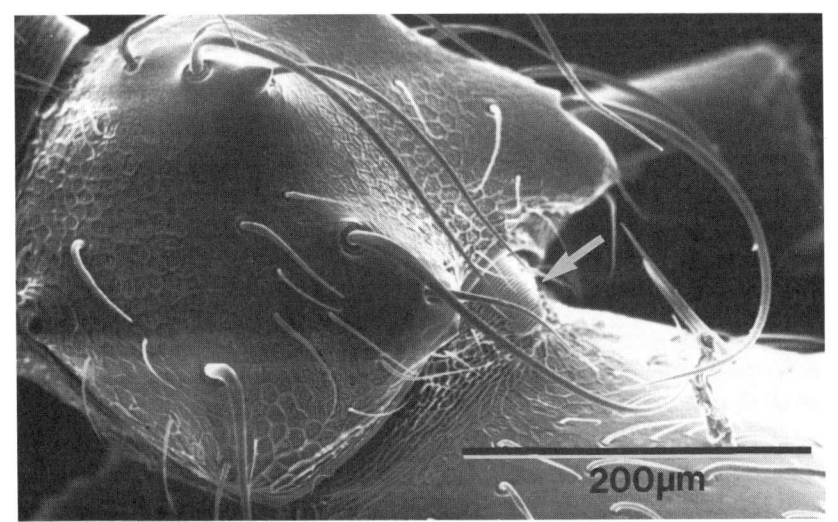

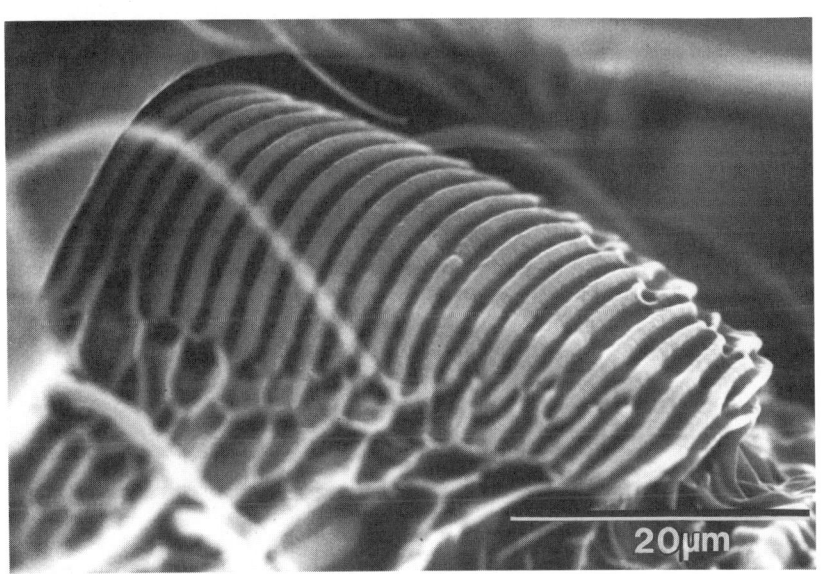

가위개미 아타 케팔로테스의 마찰 발음 기관. 일개미들은 이것을 이용하여 찍찍 하는 소리를 내어 동료 개미에게 경계 경보를 발한다. 위 사진은 개미의 '허리'와 배 사이에 화살표로 지적된 작은 부위를 가리키는데 여기서 소리가 난다. 아래 사진은 마찰 발음 기관의 끝판 표면을 확대해 보이고 있다(로체스의 주사 전자 현미경 사진).

지 물질을 다양하게 만드는 외분비샘들의 걸어다니는 포대 砲隊인 셈이다. 개미들은 대체로 10~20가지의 화학적 '낱말'과 '귀'를 쓰는 것으로 생각되며 이 말들은 각기 서로 구별되면서 일반적인 뜻을 전달한다. 이에 대해 연구하는 생물학자들이 이해한 바로는 유인, 동원, 경보, 다른 카스트 인지, 애벌레와 기타 생활사 단계의 인지 그리고 동료와 외부자의 식별 등이 있다. 여왕에게서 나오는 페로몬은 딸들의 산란뿐 아니라 그 자신의 애벌레가 적대적인 여왕이 되는 것을 억제하는 기능을 한다. 병정 카스트(군체를 방어하도록 전문화되어 있는 대형 개미)들 역시 페로몬을 만들어 애벌레가 자라서 병정이 되는 비율을 줄인다. 그러나 이것은 병정 구실을 놓고 경쟁을 피하려는 이기적 행동이 아니다. 오히려 사회 전체에게 도움을 준다. 다시 말해 방어 병력의 규모를 안정시켜 군체의 시시각각 기능을 각 카스트마다 맡은 바 임무에 따라 잘 발휘하도록 충분한 수로 유지하게 보장하는 것이다.

개미들의 이와 같은 화학적 의사 소통의 지배적 현상은 사실상 신비스러울 것이 없다. 우선 언뜻 우리가 이상하게 느끼는 것은 우리 자신의 생리 능력상의 한계에서 기인한다. 우리는 달다, 구리다, 독하다, 시다, 사향 냄새다, 톡쏜다 등 몇 안 되는 단어만 표현할 수 있을 뿐이며, 약간 더 있어도 곧 밑천이 떨어질 정도이고 기껏 시각적으로 구별할 수 있는 특별한 물체들에 비유하는 데 의존한다. 그래서 장미 냄새의, 바나나 같은, 삼나무 향기의 등으로 나타낸다. 이와는 대조적으로 우리 인간의 청각과 시각적 의사 소통 방식은 특출해서 우리 문명 건설의 기반이 되었다. 다만 개미들은 다른 진화 경로를 따른 것이다. 그들은 소리로는 별로이고 시각으로는 성취한 것이 전무한 감각 방향을 걸어온 것이다.

우리가 마치 영화 속에서 한 도시를 내려다보는 거대한 괴물처럼 이들 개미의 군체들을 우리의 터무니없는 높은 키로 내려다본다면 처음엔 이 개미 집단의 조직화 방식을 거의 알아볼 수 없다. 개미들은 그저

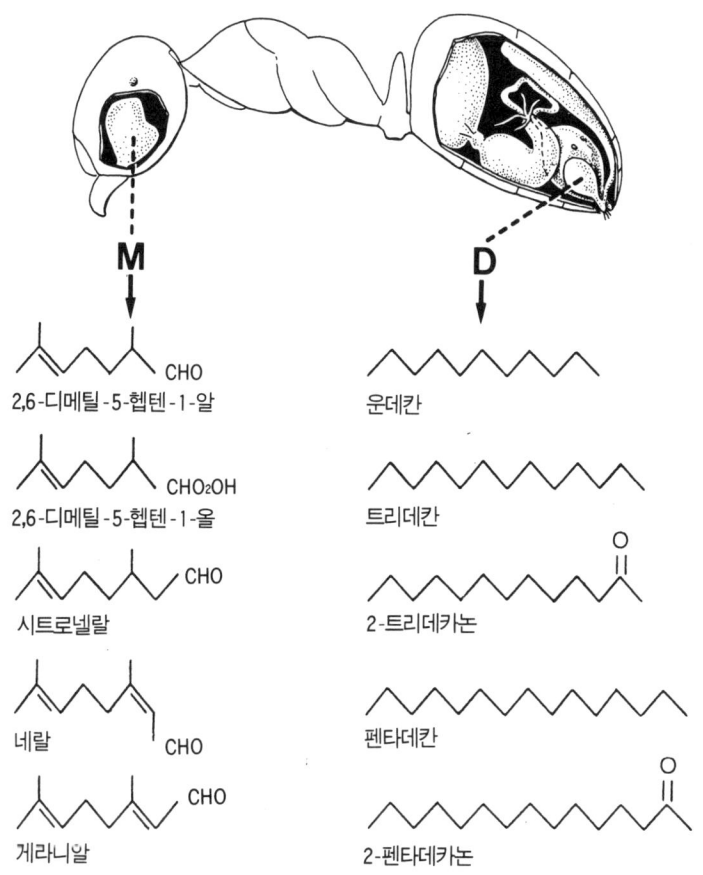

지하 생활성 개미인 아칸토미옵스 클라비게르 *Acanthomyops claviger*의 일개미들은 큰턱샘(M)과 두푸르샘(D)에서 나오는 화학물질의 혼합체를 분사하여 동료에게 경계 경보를 발한다. 독성을 나타내는 이 물질들은 적을 물리치는 데도 사용된다(F. E. Regnier and E. O. Wilson, *Journal of Insect Physiology*, 14, no.7: pp. 955~970, 1968).

눈을 가리고 침묵을 맹세한 것처럼 이리저리 부지런히 다닌다. 곤충들이 의사 소통을 하기 위해 쓰는 미량의 유기 화합물을 확인하는 데 화학자들이 생물학자와 협동하기까지 그들의 조직화 규칙은 그저 신비로 남아 있었다. 일개미마다 어느 순간에 갖는 페로몬의 양은 100만 분의 1그램이나 10억 분의 1그램으로, 사람의 코로 냄새 맡기엔 그 양이 너무 적다.

그렇다고 개미를, 적어도 다른 동물들과 비교하여 결코 괴짜라고 말할 수는 없다. 그것은 만약 미생물까지 포함시킨다면 생물의 99퍼센트

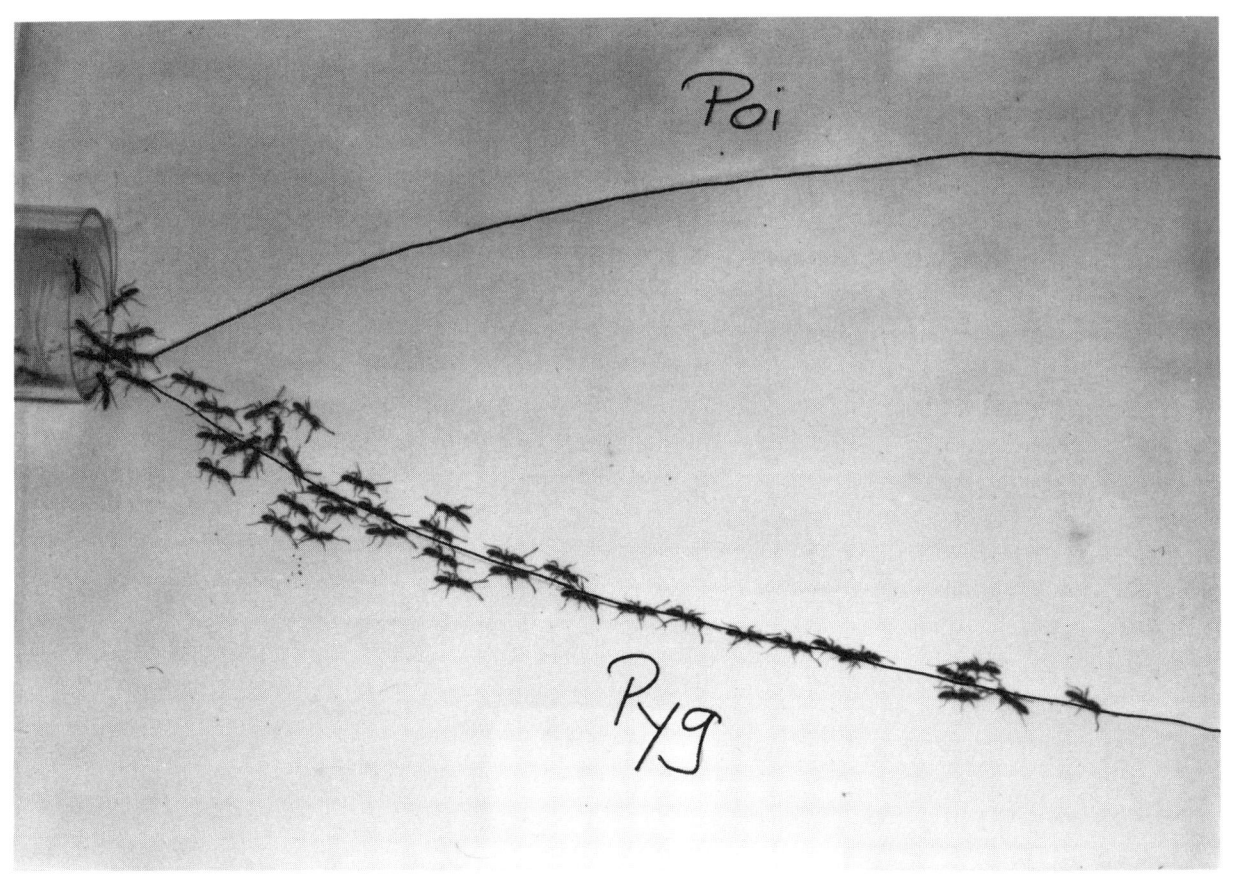

인공 냄새 길을 놓는 일은 개미가 만들어 내는 자연 분비물의 강도를 측정하는 표준적인 방법이다. 여기에서는 오스트레일리아산의 렙토게니스 *Leptogenys* 종이 조사되고 있다. 일개미는 독샘과 미절샘 尾節腺 에서 길 페로몬을 분비한다.
이 두 가지 가운데 미절샘 물질이 더 효과적이어서 이 페로몬들을 붓끝에 묻혀 연필로 그은 줄을 따라 인공 길을 만들면 일개미들은 모두 미절샘 길(Pyg)을 따라간다. 또 다른 시험에 의하면 독샘 물질로 만든 길(Poi)은 개미들이 일단 미절샘 페로몬에 의해 경계가 촉구된 다음 주로 정위 定位 를 하는 데 쓰이는 것으로 나타났다.

이상의 대부분 생물 종들은 개미처럼 대개 또는 전적으로 분자로서 의사 소통을 하기 때문이다. 단세포 생물은 부득이 그들에게 접근하는 포식자, 피식자, 교미 상대자의 냄새를 포함하는 모든 환경상의 미묘한 화학적 변화에 반응하도록 진화되었다. 현미경으로나 볼 수 있는 그들의 몸에는 빛이나 소리는 읽지 못하나 화합물은 정확히 읽을 수 있도록 장비가 갖춰져 있다. 좀더 큰 생물이 나타나면서 이들의 조직을 이루는 세포들은 호르몬으로 의사 소통을 계속했는데, 그 호르몬은 화학 메신저로서 몸의 한 곳에서 다른 곳으로 이동하는 분자였다. 호르몬은 여러 가지 생리적 반응을 통해 조직과 기관들의 기능이 잘 조정되도록 중재한다. 다만 곤충과 그리고 미생물보다 훨씬 큰 다른 동물들에 이르러서야 세포 수가 많아졌고, 눈과 청각 장치를 만들어 여러 가지 복잡한 정보를 처리할 수 있게 되었다. 다시 말해 그렇게 확대된 능력을 가진 다음에야 생물들은 시청각 경로로 의사 소통을 능률적으로 수행할 수 있었다. 그러나 개미는 인간이 점유하고 있는 감각 세계의 테두리에 들어오지 않았다. 대신 그들은 고대의 기술의 대가大家로 남은 것이다. 포유류를 파생시킨 척추동물은 전통적인 진화 경로를 이탈한 생물이다. 이들이 바로 하나의 새로운 감각 영역에 진입함으로써 우리 인간은 결국 인간이 그들과 함께 점령하고 있는 보다 큰 세계를 알아볼 수 있게 되었다.

전쟁과 외교 정책

베짜기개미가 나타내는 그와 같은 장관과 개미의 군체들이 많은 이탈리아의 도시 국가에서 보여 주는 만성적 국경 분쟁은 모든 사회성 곤충에서 일반적으로 볼 수 있는 상황을 잘 나타내고 있다. 모든 동물 가운데 특히 개미는 가장 공격적이고 호전적이다. 이들은 조직적인 만행에 있어 인간을 훨씬 능가하며 우리 인류는 그에 비하면 점잖고 아주 마음 착한 편이다. 개미의 외교 정책을 요약하면, 끊임없는 공격, 터 정복, 가능한 한 이웃 군체의 씨를 말리는 섬멸이라고 할 수 있다. 만약 개미에게 핵무기가 주어진다면 아마 이 세상을 단 1주일 안에 끝낼 것이다.

뱅거Bangor에서 리치먼드Richmond까지 대서양 연안을 따라 있는 도시와 마을의 주민들은 여름마다 자기도 모르는 사이에 개미들의 전쟁을 발로 밟아서 끝내는 일이 많이 생긴다. 만약 땅바닥을 잘 살피는 습성이 있다면 풀밭의 빈 바닥이나 보도의 한 귀퉁이 또는 도랑에서 보도개미Tetramorium caespitum들이 우리가 손바닥을 폈을 때만큼의 덩어리를 이루고 있음을 쉽게 볼 수 있다. 이들을 확대경으로 보면 더 좋겠지만, 가까이 보면 이 덩이들은 사실상 수백 또는 수천 마리의 일개미들이 엉켜서 큰턱으로 서로 물고 늘어지며 상대방을 당기고 조이고 다리를 자르고 있음을 볼 수 있다. 바로 적대적인 군체들 사이에 터 싸움을 벌이고 있는 것이다. 일개미의 많은 대열들이 개미집과 죽음의 전장을 부지런히 오간다. 군체가 클수록 전투력을 강력하게 확보할 수 있기 때문에 큰 군체는 작은 군체를 어떤 작은 공간으로 몰아붙이거나 전멸시킨다.

개미들 가운데는 같은 종의 군체들간이나 다른 종에 속하는 군체들과 전쟁을 일으키는 종들이 많다. 어떤 종류는 나폴레옹 시대에 전술 과학의 대가였던 클라우제비츠Karl von Clausewitz나 고안했을 만한 전략을 쓴다. 윌슨은 미국 남부에서 도입된 불개미의 일종인 솔레노프시스 인빅타Solenopsis invicta와 흔한 흑개미의 일종인 페이돌레 덴타나

Pheidole dentana 군체들이 정교한 전략적 싸움을 벌이는 것을 목격한 적이 있다. 불개미로 말하면 혹개미에겐 치명적인 적이며, 군체의 크기가 100배 가량이나 더 크다. 그래서 실험실 사육 조건에서 공격을 하게 놓아 두면 혹개미를 즉시 섬멸하고 먹어치운다. 그러나 혹개미 군체들은 소나무 숲의 불개미집 부근에 대량으로 살고 있어 두 종은 공존하는 셈이다. 그러면 혹개미는 어떻게 해서 그렇게 가공할 적을 피해 가며 사는 것일까?

혹개미의 방어 비결은 특수화된 병정 카스트와 불개미의 공격을 분명히 둔화시키도록 고안된 3단계 전략이다. 병정들은 엄청나게 큰 머리 안에 작은 뇌를 갖고 있는데 이를 감싸고 있는 강력한 근육으로 날카롭고 세모진 큰턱을 작동시킨다. 이 병정들은 대개의 개미들이 공격 기술로 잘 쓰는 찌르기와 독액 분사 방식을 쓰지 않는다. 그보다 그들은 큰턱을 철선 절단 펜치로 써서 적의 머리, 다리, 기타 신체 부분을 모두 뚝뚝 잘라 버리는 것이다. 이 병정들은 군체의 10퍼센트에 불과하지만 주위에 아무런 위협 징후가 없을 때엔 그냥 서 있거나 집 안을 어슬렁어슬렁 돌아다니기만 한다. 때때로 이들은 머리가 작은 '소형' 개미들이 밖으로 먹이 사냥을 나갈 때 동행해서 이 소형 개미들이 확보한 먹이를 다른 적이 못 가져가도록 지킨다. 그러나 이들은 대부분의 시간을 마치 항공 모함 위에 연료를 가득 채운 요격 제트기들이 늘어서 있듯 그저 앉아 있거나 기다리며 보낸다. 이들 병정개미와 소형 일개미 모두 어떤 다른 적보다 불개미에 대해 반응하도록 정밀하게 본능적으로 조율되어 있다. 소형 일개미들은 집 부근을 끊임없이 순찰하며, 먹이를 찾을 때도 특히 불개미 같은 적의 접근을 항상 경계한다. 가까이 나타난 한 마리의 낙오된 불개미라도 이들이 격렬한 반응을 일으키기에 충분하다. 혹개미의 소형 일개미는 불개미를 만나는 즉시 전진하여 가까이 가서 적의 몸 냄새를 자신의 몸에 묻혀 온다. 그러고는 물러나 즉시 집으로 달려간다. 집으로 가는 동안 계속 배꽁무니를 지면에 대어 독샘에서 나오는 물질로 냄새 길을 놓는다. 그러는 도중 마주치는 모든 동료 개미에게로 달려가 잠시 붙었다가 떨어지며, 이런 행동을 집에 돌아와서도 계속한다. 이 척후개미의 페로몬과 적의 냄새의 조합을 통해 경계 상태에 들어간 소형 일개미와 병정개미는 냄새 길을 따라 불개미를 찾아 나선다. 소형 일개미의 일부는 적과 잠시 접촉한 다음 집으로 돌아와 다른 동료들을 동원하는가 하면 병정들은 돌아다니며 적에게 무자비한 공격을 퍼붓는다. 적이 단 한 마리면 단숨에 처형된다. 아니 불개미가 몇 마리만 되어도 수분 내에 처치된다. 그러나 전면 승리라고 해서 흑개미 병정들이 결코 만족하는 것은 아니다. 한두 시간 동안 그들은 다른 침입자가 없는가 주변을 찾아다닌다. 이 열광의 결과는 불개미의 척후병을 한 마리라도 집으로 돌려보내지 않는다. 그리고 일선으로부터의 전령이 없으면 군체는 장님이나 다름없다. 불개미 군체는 흑개미 군체의 기척이 조금이라도 나면 즉시 제압해 버린다. 그러나 조금만 자극해도 반응을 나타내는 흑개미의 반응 체계는 대체로 적에게 들키지 않도록 해준다.

　가끔 불개미의 척후병들이 보호벽을 뚫고 대공세를 펼 때에도 방어자들에겐 효과적인 격퇴 방법이 있다. 불개미들이 냄새 길을 따라 점점 더 많이 모여들면 흑개미 병정들의 병력도 커진다. 그리고 모인 투사들은 미친 듯 탐색과 섬멸 작전을 감행한다. 이 때 흑개미의 소형 일개미가 작전에 참가하는 수는 적어지고 이미 참전했던 자들도 집으로 돌아간다. 전장은 곧 불개미의 독으로 인해 병신이 됐거나 죽은 흑개미 병정들의 시체들이 널려 있고 또 흑개미의 턱에 의해 잘린 불개미의 몸 조각들도 함께 흩어져 있다. 조만간 흑개미는 숫적으로 열세에 빠져 집을 향해 퇴각한다. 퇴각할 때에도 병정들은 클라우제비츠가 좋다고 했을 전술을 쓴다. 그들은 횡대열을 오므려 입구 주위에 좀더 밀집된 주변 보루를 만들고 쳐들어오는 적을 향해 돌격하는 것이다.

　그러는 사이 집 속에서는 소형 일개미들이 최후의 필사적 작전을 준

흑개미 페이돌레 덴타타 *Pheidole dentata*(검정)의 적 전문화敵專門化 의 사례로서, 이 개미의 일개미들은 다른 개미보다 솔레노프시스속(회색)에 속하는 침개미와 도둑개미에게 더 공격적인 반응을 나타낸다. 혹개미속 페이돌레의 소형 일개미가 집 가까이 있는 침개미를 건드려 본 다음 집 쪽으로 왔다갔다 하면서 꽁무니 끝을 지면에 대고 끌고 다니며 냄새 길을 깔고 있다(위쪽 왼편에 그려져 있음). 이 길 페로몬은 소형과 대형 일개미 모두를 전투장으로 끌어들인다. 대형 일개미가 특히 침입자 섬멸에 효과적인데 강력한 가위 모양의 큰턱으로 침입자들을 토막토막 낸다. 혹개미속의 일부도 침개미의 독으로 병신이 되거나 죽임을 당한다(랜드리 Sarah Landry 의 그림).

비한다. 불개미의 침입이 가까워 옴에 따라 더욱 상기되어 점점 더 많은 일개미들이 냄새 길을 만들면서 집 속의 방과 복도로 달려가 동료 개미들을 흥분시킨다. 활기는 더욱 올라가 이것은 결국 동물 행동학 잡지에 기록된 몇 안 되는 양성 피드백 positive feedback 작전의 하나가 된다. 이와 같은 전의 충전은 하나의 폭발적인 반응으로 정점에 이른다. 즉, 수분 동안 소형 일개미들은 집에서 알과 애벌레 그리고 번데기들을 큰턱으로 물고 전투 현장을 통과해 집 밖으로 나가 안전 지대로 달아나는 것이다. 이러한 도망에는 어떤 조정 현상이 있는 것 같지 않다. 군체의 일생 중 마지막으로 각자 책임의 작전을 치르는 것이다. 그래서 여왕까지도 다른 개미의 도움 없이 혼자 달아난다.

혹개미 병정들은 끝까지 자신의 카스트에 충성한다. 끝까지 남았다가 죽을 때까지 싸움으로써, 그들이 수행하도록 프로그램되어 있는 모든 일을 다하는 것이다. 그들은 그야말로 페르시아군에 앞서 테르모필레 Thermopylae로 먼저 달려가 그 곳을 지키다 죽은 스파르타 병사의 곤충판이다. 이들이야말로 금속판에 다음과 같이 새겨져 기념되어야 할 것이다. "나그네여, 당신이 스파르타 사람들을 만나면 우리는 우리 스스로의 지시에 충실하여 여기에 누워 있노라고 전해 주오."

드디어 불개미가 침공한 집을 버리고 떠나면 혹개미 생존자들은 다시 모여 공동체 생활을 시작한다. 한두 달 동안 방해 않고 그대로 놓아두면 병정들 집단을 새로 길러내고 마치 아무 일도 일어나지 않았던 것처럼 이전 생활을 계속한다. 그리고 불개미에 대한 복수전 같은 것은 일으키지 않는다. 시계 장치처럼 되어 있는 개미 사회에는 인간의 논리적 방식이 적용되지 않는 것이다.

개미들이 전쟁을 일으키는 것은 터와 먹이 때문이다. 북유럽에서 숲개미의 일종인 포르미카 폴릭테나 *Formica polyctena*의 대형 군체들은 자신과 같은 종의 다른 군체를 상대로 공식共食/cannibal 전쟁을 벌인다. 공격은 먹이 부족 때 절정을 이루는데 특히 초봄의 군체 성장의 초기에 잘 일어난다. 이 종은 이렇게 동종뿐 아니라 다른 종도 공격한다. 때로는 전투가 극에 달해 상대가 완전히 섬멸되기도 한다. 또한 집단의 밀도가 높고 쏘면 아프기로 유명한 '꼬마 불개미little fire ant'인 와스만니아 아우로푼크타타*Wasmannia auropunctata*는 상당히 넓은 지역에 퍼진 모든 개미들을 송두리째 없앨 때도 있다. 이 개미는 1960년대 말과 70년대 초기에 갈라파고스 제도 중 한두 섬에 상선을 타고 들어온 후 이 제도에 두루 퍼져 살아 있는 개미 융단을 이루면서 닥치는 대로 거의 모든 개미들을 없애고 먹어 치웠다.

아프리카 토종인 흑개미의 일종인 페이돌레 메가케팔라*Pheidole megacephala*와 남아메리카 토산이면서 '아르헨티나 개미'라 불리는 리네피테마 후밀리스*Linepithema humilis*(전에는 이리도미르멕스 후밀리스*Iridomyrmex humilis*로 지칭)라는 두 개미 종은 다른 개미뿐 아니라 모든 토종 곤충들을 없애기로 유명하다. 위의 흑개미가 19세기에 우연히 상선을 타고 하와이에 들어오자 모든 저지대에 퍼졌을 뿐 아니라 모든 토종 곤충들을 황폐화시키고 일부 토종새까지 절멸시키는 데 기여한 것으로 짐작되고 있다. 따라서 이 두 세계적인 위협체인 흑개미와 아르헨티나 개미가 서로 만나면 화합이 전혀 불가능하리란 사실은 별로 놀랄 일이 아니다. 아르헨티나 개미는 보통 남·북위 30도부터 36도 사이의 아열대 및 온대를 지배하는가 하면 흑개미는 그 중간의 열대 지방을 차지하고 있다. 아르헨티나 개미는 이 종의 온도 선호 범위로 인해 온대 지방 주민에게 더 익숙하게 알려져 있다. 이 개미는 남캘리포니아, 지중해 국가들, 오스트레일리아 남서부 그리고 마데이라 제도의 교란된 서식처에 많이 산다. 아르헨티나 개미는 아프리카 개미에 비해 더 적합한 냉대冷帶인 고도 1000미터(3300피트) 이상에서만 산다. 그러나 이 두 종 모두 새 환경에 기어서 침투하기를 잘한다. 옛날의 줄루Zulu족처럼 일개미로 된 공격 대열이 일개미와 여왕들로 이뤄진 개척 집단의 진로를 닦아 주면 이 개척 집단은 새로 나타난 집터에 몰려들어 부근 터를 모두 장악한다. 이와는 대조적으로 새로운 집단이 형성되는 것은 어떤 짐과 가방 속에 묻혀 옮겨지는 일개미와 여왕의 소집단에서 출발하는 것이 보통이다.

매우 드물지만 개미는 인간의 점령에 위협을 줄 만큼 어떤 환경을 완전히 지배할 때도 있다. 1500년대 초기에 쏘는 개미의 일종이 대량으로 히스파니올라 섬과 자메이카 섬에 나타나서 초기 스페인 사람들의 정착을 거의 포기하게까지 만든 적이 있다. 히스파니올라 섬의 식민자들은 그들의 수호신인 성 새터닌Saint Saturnin을 모시고 그들을 개미로부터 보호해 달라고 호소한 적이 있으며 개미들을 몰아내기 위하여 거리에서 종교 행렬 의식을 행하기까지 하였다. 같은 종류로 생각되는데 후에 포르미카 옴니보라Formica omnivora로 학명이 밝혀진 이 개미는 번성하여 1760년대와 70년대에 바바도스, 그레나다, 마티니크 섬들을 공격하였다. 그레나다 정부는 이 개미를 퇴치할 방법을 고안하는 사람에게 2만 파운드의 현상금을 내걸었으나 아무런 성공을 거두지 못하였다. 큰 도전 없이 지내던 이 개미는 그 후 몇 년 지나는 사이 제풀에 쇠퇴하였다. 지금 보건대 이 포르미카 옴니보라는 사실상 오늘날 서인도 제도의 곤충 집단의 일원으로서 평화롭게 살고 있는 토종 불개미의 일종인 솔레노프시스 게미나타Solenopsis geminata로 생각된다.

개미가 쓰는 전술은 실로 다양하다. 그 가운데는 곤충의 지능과 조직화 능력의 한계를 넘는 것도 있다. 애리조나 사막에 사는 작고 빠르게 움직이는 개미인 포렐리우스 프루이노수스Forelius pruinosus는 몸이 열 배나 큰 꿀단지개미(미르메코키스투스속Myrmecocystus의 일원)를 위협하고 먹이를 훔치기 위해 독성의 분비물을 사용한다. 뿐만 아니라 꿀단지개미들이 제 집에서 완전히 철수하는 것을 막기 위해 집 입구에 모여 화학 무기를 쓰면서 몸이 큰 꿀단지개미들을 밖으로 나오지 못하도록 가둬 놓는다. 이렇게 하면 꿀단지개미는 집 부근의 사냥터에서 모습을 볼 수 없게 되고 포렐리우스 개미는 들판에서 먹이 사냥을 여유 있게 할 수 있다.

개미집의 입구를 차단하는 괴상한 기술 한 가지가 남서부 사막에 사는 소형의 악취성 개미인 코노미르마 비콜로르Conomyrma bicolor에 의해서도 사용된다. 이 개미의 척후병은 배 끝에 달린 주걱 모양의 샘에서 나오는 화학 냄새 물질을 써서 많은 동료들을 꿀단지개미집의 입구에 배치한다. 이들은 포렐리우스 개미처럼 화학 무기를 쓰는 것이다. 그러나 이들은 여기에 그치지 않고 큰턱으로 자갈과 기타 작은 물체를 집어다 꿀단지개미집 입구의 수직 통로 위로 떨어뜨린다. 이렇게 돌을 떨어뜨리는 것이 목표한 개미집 안의 꿀단지개미 일꾼들의 행동에 어떤 영향을 주는지 아직 정확하게 알려져 있지 않으나 이들이 외부에 나와 먹이 찾기 활동을 하지 못하게 막는 효과를 나타낸다. 이렇게 적을 봉쇄하고 나면 다른 코노미르마 개미의 일꾼들은 아무 방해 없이 사냥할 수 있다. 이와 같은 기술은 생물학자에게 흥미를 주는데, 그것은 동물 가운데 도구를 사용하는 드문 경우가 되기 때문이다.

유럽의 도둑개미인 열마디개미 Solenopsis fugax는 다른 개미 종의 집에 들어가 새끼들을 먹어치우려고 할 때엔 화학 전술을 쓴다. 더구나 이들의 일개미는 전문적인 공병이다. 우선 자기 집에서 상대방 군체집에 이르는 땅굴을 정교하게 파나가다가 마침내 상대방 집에 이르면 처음 도착한 일개미는 자기 집으로 다시 돌아가 동료 개미들을 대량으로 동원한다. 이렇게 새로 집결된 작은 군대는 적의 집으로 쳐들어가 새끼와 알을 갖고 돌아온 후 이들을 먹어 치운다. 이 침입자들은 독샘에서 나오는 매우 효과적이고 오래 지속되는 방충 물질을 뿜어 내 몸이 훨씬 큰 상대방 개미들을 굴복시킨다. 도둑 개미들은 이 분비물을 뿜어 내 상대방을 혼란시키고 무력화시킴으로써 마음대로 약탈을 할 수 있다.

이 밖에도 특수한 공격 형태로 먹이 탈취를 감행하는 수종의 개미들

먹이 터를 두고 경쟁자를 물리치기 위해 화학 무기를 사용하고 있다.
위 : 침개미의 일종인 솔레노프시스 실로니 *Solenopsis xyloni* 의 일개미가 잘려 나간 꿀단지개미의 배를 지키느라 복부를 치켜들고 침을 내밀며 악취 나는 독을 내고 있다.
아래 : 이와 비슷한 기술이 바퀴벌레의 복부(먹이)를 방어하는 메라노플루스속 *Meranoplus* 의 먹이 탐색 개미들에 의해 쓰이고 있다.

전쟁과 외교 정책

이 있다. 횔도블러는 애리조나 사막에서 여러 해에 걸쳐 여름에 이를 연구하였다. 희생 대상은 포고노미르멕스속 *Pogonomyrmex*의 개미들인데 이들은 주로 종자와 먹을 수 있는 식물질을 취하며 살아간다. 이들은 또한 가끔씩 흰개미를 잡는데 특히 비가 온 다음 그 곤충들이 지면 위에 많이 나타날 때 그러하다. 이 도둑은 미르메코키스투스속에 드는 꿀단지개미들로서 다른 곤충을 먹거나 꽃샘(꽃의 선線)에서 나오는 단물과 매미곤충류가 내는 단물을 취하며 산다. 매우 날쌘 꿀단지개미들은 흔히 단독으로, 어떤 때는 작은 도둑 집단을 이뤄 먹이를 가득 싣고 있는 수확개미를 멈춰 세운 다음 살펴본다. 만약 수확개미가 어떤 식물질을 갖고 있다면 통과시키지만 흰개미를 지니고 있으면 빼앗는다. 그리고 이 때 수확개미가 돌진하면서 물려고 하면 꿀단지개미는 잽싸게 도망쳐 버린다.

집단을 위해 봉사하는 극단적인 방법으로, 군체를 방어하기 위해 자살을 마다 않고 적을 섬멸하는 것이 있다. 개미들 중에는 어떤 식으로든 가미가제 특공대의 구실을 할 준비가 되어 있는 종류가 많다. 그러나 말레이시아 다우림에 사는 왕개미의 사운데르시 *saundersi* 그룹의 일종만큼 극적인 모습을 보이는 것은 없다. 이 종의 일개미는 해부학적으로나 행동학적으로 하나의 걸어다니는 폭탄으로 설계되어 있으며, 이 현상은 1970년대에 독일의 곤충학자인 마슈비츠 부부에 의해 처음 발견되었다. 바로 독액을 분비하는 두 개의 큰 샘이 큰턱의 기부로부터 몸의 후방 끝까지 나 있어, 싸움 도중 적의 개미나 포식자의 공격으로 몸이 압박을 받으면 복부 근육이 격렬하게 수축되어 몸의 체벽이 터지면서 독 분비물이 상대방에게 발사된다.

마슈비츠 부부가 왕개미의 폭발 전술을 발견할 즈음에 횔도블러는 우연히 사회성 곤충이 쓰는 공격 전략 가운데 가장 정교하다 할 수 있는 경우를 보게 되었다. 그가 발견한 것은 꿀단지개미 가운데 적어도 한 종이 터 정복과 방어를 위해 전투를 초월하는 어떤 기술을 발휘한다는 사실이다. 학명이 미르메코키스투스 미미쿠스 *Myrmecocystus mimicus*인 이 개미의 일꾼들은 감시, 선전 그리고 원시적 형태나마 과장함이 없이 가히 외교 정책이라 할 수 있는 방법을 주로 쓰는 것이다. 즉, 이들은 적지敵地를 찾아 데모대를 내세워 갖가지 위협적 과시를 하여 적이 겁에 질려 항복하도록 한다. 그러나 대개 육박전까지 발전하지는 않는다.

야외 생물학자들은 보통 쓰는 연구 기법으로 이 개미의 전쟁상 관행이 매우 효과적임을 밝혔는데 여기에 잠시 그 내용을 소개하겠다. 야외 생물학자들은 생물에 대한 연구 접근 방식에 따라 두 가지 학파로 나뉜다. 첫째는 이론 실험과학자들로 흥미있는 문제를 자연 환경의 탐색을 통해 풀어 나간다. 그들은 생물학의 모든 문제를 해결하는 데는 그에 적절하게 들어맞는 생물이 있다고 믿는다. 예를 들면 그들은 우선, 이출移出/emigration(터를 떠나 다른 곳으로 이주함=역주)이 한 지역 집단의 크기를 제한하는 데 열쇠 역할을 하는지부터 조사한다. 그 다음에는 이출을 잘 하는 종——예를 들면 초원두더쥐——으로 어떤 것이 있는지 알아본다. 그리고 자연 환경 속의 이 두더쥐 집단에 울타리를 쳐 이들을 차단하되, 이출을 방지한 것 이외엔 다른 차이가 거의 없도록 한다. 한편, 근처의 다른 한 집단에는 울타리를 치지 않아 대조구對照區가 되도록 한다.

두 번째 학파는 자연 연구가 naturalist로서 첫번째와는 반대쪽으로 진행시킨다. 그들은 모든 종류의 생물에는 어떤 문제를 푸는 데 그 생물에게 적절히 알맞는 특정 문제가 있다고 생각한다. 자연 연구가들은 연구상 특정 생물을 선택하는데 그것은 그 생물을 연구하기 좋아하기 때문이다. 연구 동기는 그저 그것뿐 더 복잡할 것이 없다. 이들은 야외에서 이 생물의 생물학에 대해 가능한 한 많이 알아낸다. 그래서 가끔은 이렇게 얻은 새로운 정보를 일반적인 과학적 흥미를 돋구는 문제 탐색에 활용한다. 예를 들면 한 자연 연구가가 두더쥐 연구 도중에 두

더쥐 집단의 식구가 많아지면 어린 것들이 이출하는 경향이 있음을 알아채는 경우가 있다. 자연히 이 자연 연구가는 이러한 이출이 집단의 밀도를 조절한다는 사실을 짐작한다. 그리고 이 생각을 실험하기 위해 울타리 치기 실험을 해본다.

자연 연구가들은 기회주의자들이다. 그들은 어떤 연구 주제뿐 아니라 그 주제에 관한 모든 생각을 좋아한다. 그들의 주목표는 그들에게 심미적 즐거움을 주는 그 종의 모든 측면에 대해 가능한 한 많이 알아내는 것이다. 생물은 그들의 우상이며 존경의 대상이기에 과학에 봉사하도록 투입된다. 우리 두 사람은 생물학의 이 두 번째 학파에 속한다. 우리는 생애 중 상당 부분을 개미를 생물학의 주류로 끌어 들이는 데 바쳤다.

휠도블러는 애리조나의 포틀Portal 사막을 걷고 있을 때도 바로 그런 생각을 하고 있었다. 1970년대 당시 그는 마주치는 모든 종의 개미를 잘 살펴보고 무슨 새로운 현상이 없나 알아보곤 했다. 그러던 어느 날 그는 꿀단지개미의 일종인 미르메코키스투스 미미쿠스의 일꾼들이 다른 꿀단지개미들을 위협하면서 동시에 흰개미를 공격하고 있는 것을 보았다. 그는 바로 이것을 연구하기 시작했고 이제 그에 대한 이야기를 하고자 한다.

꿀단지개미의 일꾼들은 여러 종류의 곤충과 절지동물을 잡아먹는다. 그리고 특히 흰개미를 좋아한다. 한 척후개미가 대개 떨어진 나뭇가지 밑이나 흰개미들이 잘 먹는 마른 소똥 밑에서 먹이를 찾아다니는 일단의 흰개미를 만나면, 그 개미는 냄새 길을 깔면서 개미집으로 달려 온다. 냄새 길 속의 유인 물질은 직장에서 나오는 액체 속에 들어 있는데 항문을 통해서 지면 위에 일직선이나 점점이 떨어진다. 이 개미는 또한 도중에 만나는 동료 개미를 향해서 잠시 멈추고 몸을 내민다. 이렇게 냄새 길을 펴고 신체 접촉을 하는 복합적 신호는 먹이를 찾는 소집단을 흰개미가 있는 곳으로 유인하기에 충분하다. 이렇게 해서

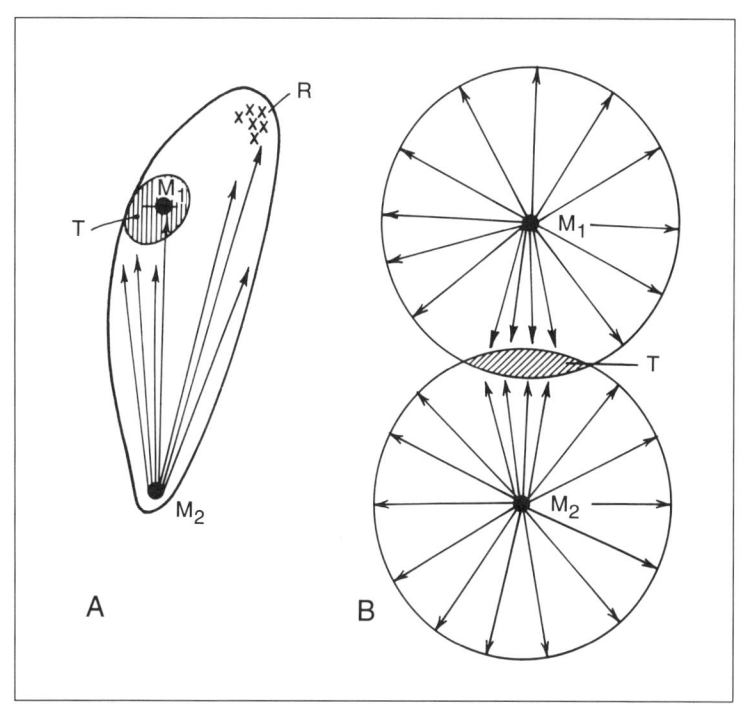

터 싸움과 터 늘리기는 미국의 꿀단지개미(미르메코키스투스 미미쿠스)에게서 자주 일어난다. A 그림에서, 개미집 M_2에서 나온 일부 일개미들이 먹이터 R에서 먹이를 거둬들이고 있는 동안 다른 일개미들은 M_1 집 출신들의 일개미와 M_1 가까이(T)에서 싸움으로써 M_1 출신 개미들의 먹이 탐색 활동을 방해한다. B 그림에는 M_1과 M_2 출신의 개미들이 집 부근에서 여러 방향으로 먹이 탐색하는 경로가 표시되어 있다. 먹이 탐색 활동이 중복되는 곳에서는 흔히 싸움이 일어나는데 이 때 어느 한 쪽 군체가 완전히 섬멸되는 경우도 있다.

새로 도착한 개미들 역시 근처의 다른 꿀단지개미 군체의 집을 발견하면 그 중 일부 역시 동원 냄새 길을 깔면서 재빨리 집으로 돌아온다. 이러한 유인 행동을 써서 다른 개미집으로 200마리 또는 그 이상의 일개미를 유인할 수가 있다. 이렇게 동원된 개미들이 즉시 꿀단지개미와 대치하며 그들을 집 안에서 못 나오게 하는 동안, 다른 일부는 흰개미를 계속 잡아 집으로 운반한다.

꿀단지개미는 몸으로 싸워도 다치거나 죽음으로 끝내는 일이 거의 없다. 그들은 양쪽 군체의 일개미들이 되풀이하여 적을 위협하고 쫓아내는 정교한 과시를 수행하는 일종의 토너먼트 전법을 쓴다. 이 개미들은 마치 중세 기사들이 하는 식으로 분쟁 지점을 밀치고 밀리면서 서로 으르는 것이다. 그들은 머리와 배를 치켜 올리고 때때로 배를 약

전쟁과 외교 정책

간 부풀리면서 다리를 마치 죽마竹馬처럼 꼿꼿이 펴고 돌아다닌다. 그 결과 개미의 크기가 실제보다 커 보이는 효과를 나타낸다. 일개미들은 작은 조약돌과 흙더미 위에 올라가 상대방을 내려다봄으로써 자신을 크게 보이는 환상적 효과를 연출한다. 두 적대자가 만나면 그들 나름의 2인무를 춘다. 즉, 각자 몸을 돌려 머리를 서로 정면으로 향하고 몸을 쭉 뻗은 채 위로 치켜 올리면서 나란히 선다. 그러고 난 후 흔히 더듬이로 상대의 몸을 두드리고 다리는 상대를 차면서 천천히 서로를 싸고 돈다. 때때로 한쪽이 마치 상대를 넘어뜨리려는 것처럼 상대에게 어설프게 기댄다. 이 모든 노력은 개미의 실제 전투력과는 거리가 멀 정도로 의식화되어 있고 또 신사적이다. 사실은 어느 쪽이고 상대편을 날카로운 큰턱으로 붙잡고 내리치거나 개미산을 뿌려 치명상을 줄 수도 있다. 그러나 토너먼트 싸움 때 이런 폭행은 거의 일어나지 않는다. 몇 초가 지나면 한쪽이 굴복하고 대치상황은 끝난다. 그러면 양쪽 개미들은 꼿꼿이 치켜든 다리로 거만스럽게 걸어나가며 또 다른 적을 찾아나선다. 이 때 적 대신 같은 집의 동료를 만나면 더듬이로 훑어 가며 냄새를 맡아보고 목을 아래 위로 움직여 일종의 인사를 하면서 그대로 지나간다.

이와 같은 완전 무혈 겨루기 형식은 마치 뉴기니의 매어링Maring 족의 '아무것도 아닌 싸움nothing fights'을 방불케 하는데, 이 부족의 전사들은 터 경계 양쪽에 늘어서서 의식 복장과 얼굴 치장, 전사들의 병력과 무기를 과시한다. 또한 춤을 추고 들판을 오가면서 소리쳐 위협한다. 전사들은 어느 한쪽 전사가 화살에 맞아 다치거나 죽을 때까지 활을 쏘고, 집 쪽으로 퇴각한다. 결과는 바라는 대로 전투력에 관한 상호 의사 소통일 뿐이다. 결국 전면전이 일어나는 일은 드물다.

이처럼 가혹한 세계의 숙련된 의사 소통자인 꿀단지개미는 최소한의 출혈, 즉 헤모림프의 손실(곤충학적으로 올바른 용어를 쓰자면)로 힘의 균형을 장기적으로 유지한다. 특히 대형의 일꾼들, 즉 주된 카스트의 식구가 많은 쪽의 군체들이 이웃의 상대방을 대결 현장에서 쫓아내 제 집 가까이 있는 보다 작은 먹이터 쪽으로 몰아 넣는다.

 전사들 각자는 어떻게든 적의 강도를 평가할 수 있다. 그리고 여기서 얻은 지식으로 대담하게 도전할 것인지 아니면 굴복할 것인지를 선택한다. 그런데 한갓 단순한 곤충이 어떻게 그런 평가를 하고 결정을 할 수 있을까? 횔도블러가 보기엔 개미들은 결코 결전장 전체를 조감하지 못하는 것이 분명했다. 그들은 확실히 양쪽 군체의 전사들 수를 일일이 헤아릴 수 없어 보였다. 곤충학자라 해도 적어도 활동 정지 영화를 관찰해 가며 분석하지 않으면 이런 대결 상황의 전 과정을 알 수 없는 것이다. 횔도블러는 사막에 사는 꿀단지개미들의 대치 상태를 여러 번 관찰하고 추적하면서 바로 이 문제를 파고 들었다. 그는 여기서 얻은 데이터를 이론 생물학자인 럼스딘Charles Lumsden에게 가져가 같이 연구했다. 결국 그들은 일개미들이 간접적으로 적의 병력을 가늠할 수 있는 방법이 세 가지가 있음을 알게 되었다. 그들은 우선 전사들을 하나하나씩 옮겨 가면서 머릿수를 세는 것이다. 만약 동료 개미 개체가 예를 들어 적의 수보다 3대 1로 많으면 수적으로 유리하다는 것을 알고 전진하는 쪽으로 기운다. 만약 반대라면 퇴각한다. 둘째 방법도 적을 훑어 보는 일이다. 만약 성대측 주일꾼들의 수가 백분율 상으로 높으면 군체가 클 가능성이 많은데 그것은 주일꾼들이 군체가 성숙한 시기에만 많이 생산되기 때문이다. 각 개체가 쓸 수 있는 세 번째 기술은 길게 늘어선 줄이 얼마나 긴가를 헤아려 의식儀式 전투를 하고 있지 않은 적 일꾼을 만나기까지 걸리는 시간을 판단하는 것이다. 만약 적이 쉽게 발견되고 그 일개미가 1대 1 과시에 계속 바쁘게 지낸다면 그것은 필경 적의 병력이 동료 측보다 클 가능성이 높다는 것을 말한다. 만약 적을 만나기까지의 시간이 길면 적의 세력이 약함이 틀림없다.

 횔도블러는 사막과 집 안의 활동 정지 영화기 앞에서 시간을 많이 보낸 다음 결국 미르메코키스투스 전사들이 이 세 가지 측정 방법을 다

꿀단지개미들의 싸움.
위 : 생긴 지 얼마 안 된(3년) 군체의 일개미들이 성숙한 적측 군체 출신의 큰 일개미를 만났다.
아래 : 그들은 잠시 공격 과시를 한 다음 이 적을 공격한다.
만약 이들이 적을 쫓거나 죽일 수 있다면 적의 공격에 기선을 제압해서 적이 쳐들어오기 전에 적어도 자신의 개미집의 존재를 노출시키는 터 냄새 표시를 감추고 개미집의 입구를 틀어막을 수 있다.

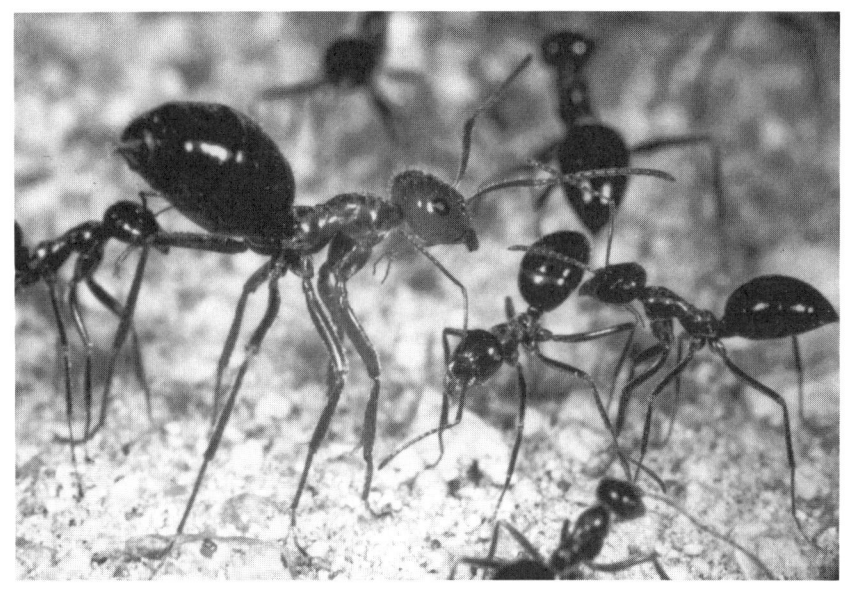

소간 모두 쓰고 있다고 결론지었다. 그는 또한 진짜 싸움에서 가장 쉽게 패배하는 매우 작은 미숙 군체들 역시 이와 같은 카스트 조사 방법에 필경 전념한다고 판단했다. 이 기법은 개미들에게 상대 병력이 비교적 큰지 아닌지, 그래서 그들 자신이 재빠르고 지혜롭게 퇴각할 수 있을지의 여부를 신속히 가르쳐 주는 것이다.

꿀단지개미들은 이와 같은 전체 토너먼트 이외에도 또 다른 적 감시와 제한 전쟁의 방법을 사용한다. 그들은 토너먼트 싸움이 가장 흔히 일어나는 개미집들 사이의 경계 지역에 보초를 세운다. 이 보초들은 때로는 단지 몇 마리에 불과한데 열 마리 이상인 경우는 드물고, 작은 돌과 흙덩이 위에서 다리를 꼿꼿이 치켜 세운 자세로 몇 시간이고 서 있다. 비슷한 보초단이 이웃 군체로부터도 파견되어 같은 장소에서 똑같은 자세를 취하고 있는 것을 볼 수 있는데 흔히 이들간에 소규모 접전이 일어난다. 그리고 사이사이 휴식 시간이 며칠 또는 몇 주 계속되기도 한다. 그러나 한쪽 군체의 보초 수가 갑자기 늘면 다른 쪽의 보초도 자기 집으로 달려가 동료 개미를 불러오므로 대치는 전면전으로 발전한다.

그러나 점잖으신 독자여, 이 말만 듣고 꿀단지개미가 문명화되었다고 결본 내리지 말기 바란다. 이들의 토너민드 의식 뒤에는 치명적인 큰턱 이빨과 화학 무기가 은근히 숨겨져 있다는 것을 알아야 한다. 한쪽 군체가 정확히 말해 상대에 비해 열 배의 병력을 갖고 있어 결정적으로 더 강력하다는 사실이 드러날 때엔 토너먼트는 끝나고 전면전으로 발전한다. 개미들은 물고 조이고 팔다리를 벌려 육시를 하고 마침내 강한 쪽이 상대방 집을 향해 진격하는데 이 때 도중에 만나는 놈은 모두 병신을 만들거나 죽여 버린다. 더욱이 여왕을 죽이고 애벌레, 번데기와 가장 젊은 성체 일꾼들을 붙잡아 간다. 더구나 꿀단지개미 카스트의 일개미까지 자신들의 집으로 데려간다. 이 몸집 큰 개체들은 (이 때문에 꿀단지개미라는 속명이 붙었지만) 배가 부른데 그 속에는 식물이 분비한 단물이 들어 있다. 이것은 군체의 나머지 식구들을 위한 일종의 살아 있는 창고로서, 먹이가 부족할 때엔 이 단물을 게워서 동료에게 나눠 준다. 그래서 이들은 포로로 잡혀도 죽임을 당하지 않고 정복자 군체에 합류되며, 정상 식구로 영입되지 하인으로 취급되지도 않으며 허드렛일이 맡겨지지도 않는다.

그러나 이렇게 잡혀온 개미들이 군체의 어머니인 여왕을 잃었다는 것은 부정할 수 없다. 그들은 여왕의 산란 능력을 잃었기 때문에 다윈식 존재 이유에 항복한 셈이다. 그들에겐 어떤 군체 소속의 주요 이유가 되는 누이동생 키우기 권리가 박탈된 것이다. 이런 식으로 꿀단지 개미의 외교 정책을 살펴보노라면 개미의 생활이란 결국 무자비한 세계 속에 약간의 평화가 존재하는 삶에 불과하다.

원시개미들

1966년 개미의 진화상 결손된 연결 고리로서 현생 개미와 조상말벌을 이어 주는 원시개미가 드디어 발견되었다. 이 연결 고리를 이루는 화석 표본들은 우리가 일찍이 진화론적으로 내놓았던 예언을 입증하는 증거가 됨은 물론 또 다른 놀라운 사실들을 포함하고 있었다. 그 이전까지는 대개 기대에 반해 좌절만이 있었다. 그 때까지 알려졌던 화석 기록은 약 4000만 년~6000만 년 전인 시신세始新世 퇴적층에 머물렀고 그 이전 시기의 암석과 호박琥珀 조각에선 아무런 단서도 나오지 않았던 것이다. 개미학의 기록으로 가장 초기인 시신세에 나온 몇 개의 표본은 보존 상태가 좋지 않은데다 알고 보니 현생종에 속했다. 그것들은 해부학적으로 현생종과 크게 다른 게 없었고 개미가 어떻게 출현하게 되었는지에 대해 어떤 실마리도 주지 않았다.

개미가 세계적으로 번성해서 곤충 가운데 그 수가 가장 많은 집단이 된 것은 약 2500만 년 내지 4000만 년 전인 점신세漸新世라고 알려져 있다. 깨끗이 보존된 수천 개의 표본들이 보석처럼 투명하게 화석화化石化된 수지樹脂 상태로 북유럽산 호박에서 발견되었다. 아주 오래 전에 나무의 상처에서 수지가 흘러내리면서 다양한 곤충들을 무더기로 덮어 버렸고 그 중 다수를 재빠르게 보존하였다. 우리는 오늘날 이런 호박 조각들을 자르고 닦아 내면서 이 고대의 곤충을 현미경으로 자세히 관찰할 수 있다. 개미몸의 외피인 외골격과, 현생 개미 안에 들어 있는 것으로 해부도 하지 않고 볼 수 있는 그 모든 것이 아무런 변형 없이 잘 보존되어 있다. 이빨, 털 그리고 몸의 조각 모양들을 유리 같은 호박을 통해 1밀리미터의 거의 수백 분의 1까지도 측정할 수 있었다. 그러나 언급해야 할 것은, 이 표본들이 마치 몸의 전체인 것처럼 보이지만 사실은 대개 탄소질의 막으로 안이 대어진 공동空洞에 불과하며 전체적으로 보존이 잘된 것 같은 환상을 준다는 사실이다. 그럼에도 불구하고 이 껍질을 자세히 살펴본 결과 점신세의 개미들은 형태

상 기본적으로 현생 개미와 같음이 분명했다. 점신세에 유럽의 수풀에 살았던 모든 개미 종들은 지금 멸종되었으나 그들이 속했던 속屬의 60퍼센트는 오늘날도 살아 있다.

점신세 당시 외양으로 현생류 같았던 개미들은 극도로 번성했다. 1966년 이전까지 개미학자들은 발트산 호박 내의 개미와 기타 몇 가지 고대 동물상에 대해 분명한 모습을 그려 냈으나 그래도 개미의 계통상의 줄기와 뿌리에 대한 짐작은 할 수 없었다. 창조론자들은 진화론을 부정하기 위한 운동으로 이와 같은 연결 고리의 결손을 들어 그들의 주장을 옹호하였다. 그들은 개미가 바로 특별 창조에 의해 지구상에 생물이 생겨날 수 있었던 실례라고 주장하였다. 그러나 개미의 진화 역사를 복원하는 우리 진화 생물학자들은 그와는 다르게 생각하였다. 우리는 초기 종들이 그저 매우 희귀했고 이들을 담고 있는 화석층이 매우 드물게 탐색되었으므로 앞으로 적어도 수종이 나타날 것이라 짐작하였다. 우리는 이 결손 고리가 약 6000만 년 전인 시신세 초기나 아니면 더 오래 전 중생대의 퇴적층 속에 존재할 것으로 믿었다. 원시개미는 중생대의 공룡들을 쏘았을지도 모른다.

우리도 그러기를 바랐는데 이 결정적인 화석이 매우 용감한 한 대학원생의 아마존 상류 답사 중 발견된 것이라면 얼마나 멋있는 보도가 되었을까. 급류와 싸우기도 하고 말라리아에 걸려 탈진한 채 그가 탄 통나무 배엔 화살들이 박혀 부러지는 등의 사투를 견디며 내려온 학생이라면 말이다. 더욱이 이 학생이 자기가 치료받고 쉬기 위해 마나우스Manaos로 가서 거기서 하버드 대학교의 열광적인 연구진으로부터 축하를 받기 전에 이 표본을 발송하였다면 말이다. 그러나 이 원시개미는 뉴저지 주의 마운틴사이드Mountainside에 은퇴해서 살고 있는 프레이 부부Mr. and Mrs. Frey에 의해 발견되었다. 이들은 뉴어크Newark 남쪽의 중산층 주거지인 클리프우드 해변 절벽 밑에서 이 표본을 발견한 것이다. 이 부부는 두 마리의 일개미가 든 호박 조각을 프린스턴 대학교의 베어드Donald Baird에게 보냈고 베어드는 이것이 과학적으로 매우 중요함을 고려해 하버드 대학교의 곤충 고생물학의 세계적 권위자이며 윌슨의 스승인 카펜터 교수에게 보냈다.

카펜터 교수는 하버드 생물학 실험동에서 자기보다 두 층 위에 있는 윌슨에게 전화했다.

"그 개미들이 여기 와 있네." 카펜터 교수가 말했다.

"즉시 내려가겠습니다." 이렇게 답한 윌슨은 아드레날린 분비로 상기되었다.

윌슨은 카펜터 교수의 연구실로 내려가서 표본을 손으로 더듬거리다가 그만 바닥에 떨어뜨려 두 조각을 냈다. 다행히도 각 조각에는 개미가 한 마리씩 손상되지 않고 그대로 있었다. 두 조각 모두 맑고 약간 금빛 나는 광석으로 이뤄졌다. 이것을 닦자 개미들의 멋진 모습이 마치 바로 하루 전날 그 속에 갇힌 것처럼 고스란히 들어 있었다.

이 호박은 공룡이 육지에서 대형 척추동물로서 우세했던 백악기 중기 가까운 9000만 년 전에 클리프우드 해변에서 자란 세쿼이아나무의 수지에 의해 화식화된 것이었다. 이들이 들어 있는 퇴적층은 세쿼이아나무의 검은색 목질소lignitic 단편들을 지닌 엷은 색 모래층의 한 박편이다. 목질소 덩이 사이로는 미세한 수지의 입자들이 많이 흩어져 있다. 이 단편들은 보통 백악기의 호박에서 발견할 수 있는 것들이다. 그러나 가끔씩 매우 큰 조각이 클리프우드 해변에서 나타나고 매우 드물게는 그 속에 곤충의 흔적이 들어 있다. 프레이 부부는 한 폭풍이 이 절벽을 치고 지나가 화석이 된 나무들이 더 많이 노출되었을 때 마침 이 곳을 걸어 지나간 것이다. 그들은 마침 호박을 발견할 가능성이 가장 큰 때에 이 곳을 살핌으로써 두 마리의 개미가 들어 있는 대형 조각을 발견하는 억센 행운을 안은 것이다.

윌슨은 이 화석들을 현미경에 걸어 놓고 그림을 그리면서 모든 방향에서 크기를 측정하였다. 몇 시간 후 그는 코넬 대학교의 브라운 교수에게 전화를 걸었다. 브라운은 개미 분류 분야의 동료 전문가로서 나와 함께 여러 해 동안 중생대의 개미를 발견하여 고대 조상의 말벌과 잇는 연결 고리를 알아내는 꿈을 꾸었던 사람이다. 우리 두 사람은 현생종들을 비교함으로써 만약 진화론이 맞다면 조상종이 어떤 특성을 가져야 하는지를 이미 짐작하고 있었다. 윌슨은 그 개미들이 정말 예상대로 원시적이었다고 발표했다. 이 개미들은 그 특성으로서 현생의 개미와 말벌이 갖는 여러 가지 해부적 성질과, 개미와 말벌 두 가지의 중간 특성들로 조합된 일종의 모자이크 형태를 갖고 있었다. 이 원시 개미의 진단 결과는 경악 그것이었다. 즉, 턱이 짧고 이를 두 개만 가지고 있어서 말벌과 비슷했다. 가운데 부분의 가슴 옆구리샘, 즉 현생 개미에선 나타나지만 말벌에서는 볼 수 없는 분비 기관을 덮고 있는 털 커버 같은 것도 있었고, 더듬이의 첫째 마디는 길어서 개미에게서 특별히 나타나는 굽어진 모양을 보였다. 그래도 이 중생대 표본에서는 어느 정도 현생 개미와 말벌의 중간 단계에 해당하는 모양이 엿보였다. 게다가 길고 휘기 쉬운 더듬이의 바깥쪽 부분은 말벌과 같았고 가슴에 분명히 나 있는 순판楯板과 소순판小楯板(몸의 중간 부분을 이루는 두 개의 덮개) 역시 말벌의 특징이다. 그리고 모양이 단순하지만 개미같이 허리가 최근에 진화한 것 같은 그런 모습을 하고 있었다.

뉴저지의 호박에서 나온 것을 우리는 개미와 다른 벌레의 성질이 섞여 있는데도 불구하고 감히 개미라고 부르는데, 그것은 길이가 약 5밀리미터에 이르렀다. 우리는 이 개미에게 스페코미르마 프레이이 *Sphecomyrma freyi*라는 이름을 공식 명칭으로 부여하였다. 속명屬名인 스페코미르마는 '말벌개미'를 뜻하고, 종명種名인 프레이이는 이 개미를 발견하고 즉시 너그럽게도 학계에 기증한 부부를 기리기 위한 것이다. 이 개미의 잘 발달된 침을 보면 작은 공룡들이 너무 개미집 가까이 스쳐 갔을 경우 이 개미떼가 침으로 무섭게 쏘아 물리쳤을 장면이 상상되었다.

    곤충학자들이 전 세계의 곤충 화석을 연구하면서 이렇게 처음으로 중생대 개미를 찾아내기까지는 100년 이상이 걸렸다. 그러나 그 후엔 갑자기 더 많은 수가 발견되었다. 고대의 곤충 연구에 가장 활발했던 러시아의 고생물학자들은 구소련의 세 곳에 있는 백악기층에서 역시 이러한 개미 표본들을 발견했다. 그 세 곳은 시베리아 동북부 오호츠크 해 Okhotsk Sea 연안의 마가단과 시베리아 중북부 끝 타미르 반도, 그리고 남쪽 끝의 카자흐스탄이다. 역시 비슷한 시기에 캐나다의 곤충학자들은 앨버타 주의 백악기층 호박에서 두 개의 표본을 더 발견하였다. 이렇게 찾아낸 표본들을 모두 합쳐 보면 그 옛날의 개미 군체가 어떤 모습을 했을까가 처음으로 어렴풋이나마 드러난다. 그 가운데 어떤 것은 일꾼이나 여왕이고 또 다른 것은 수개미가 분명했다.

    이들 공룡의 동반자들 사이에는 변이가 매우 적다. 이것들은 현생 개미를 이루는 수천 종이나 되는 300속 이상의 개미들과도 대조가 되지만, 단일 속인 스페코미르마에 집어 넣을 수 있다. 그런데 이 스페코미르마 개미는 매우 희귀해서 백악기 이후에는 곤충 중 가장 큰 집단으로 나온데 비해, 백악기층에서는 곤충 가운데 1퍼센트에 불과하다. 이렇게 새로 발견된 화석들은 오늘날의 유럽, 아시아와 북아메리카를 합친 고대의 대륙인 로라시아 전반에 걸쳐 발견되었지만 단 몇 가지 희귀종의 모습을 보여 주고 있다. 이렇게 땅들이 연결되었던 당시엔 곤충들의 전파가 오늘날보다 쉬웠다. 이 개미들이 살았던 지역은 아마도 온대에서 아열대 기후였던 것 같다. 멀리 남쪽으로는 오늘날의 아프리카, 마다가스카르, 남아메리카, 오스트레일리아, 인도, 남부 아시아와 남극이 합쳐져 있던 곤드와나 Gondwana 초대륙 남부에서 개미의 진화는 다른 방향으로 일어났을 것 같다. 최근에 브라질의 고생물학자들이 세아라 Ceará의 동부 주에 있는 산타나 두 카리리 Santana do Cariri 의 백악기 암석 퇴적층에서 한 개의 표본을 발견했다. 1억 년 내지 1억

2200만 년 전에 살았던 이 개미 표본은 스페코미르마속에 들지 않고 현생종으로 원시성인 오스트레일리아의 불도그 개미에 가깝다. 이 종은 전에 횔도블러와 윌슨의 제자였던 브란다오Roberto Brandão에 의해 1991년에 기재되고 카리리드리스 비페티올라타Cariridris bipetiolata로 명명되었다.

이제 스페코미르마가 발견되었을 즈음, 멸종된 개미와는 반대로 현생종이지만 가장 원시적인 개미에 대해 또 다른 탐구가 이뤄졌던 오스트레일리아로 발길을 돌려 보기로 한다. 곤충학자들이 화석으로부터 초기 개미들의 해부학적 진화와 여러 가지 다른 카스트에 대해 많은 것을 배울 수 있는 것은 물론이다. 그러나 이들의 사회 행동의 역사를 구성해 보기 위해서는 현생종들을 연구해야 한다. 수세대에 걸쳐 그들은 어딘가에 가장 원시적인 군체 조직화를 보존하고 있는, 즉 행동의 살아 있는 화석이 되는 종이 있을 것이라고 꿈꾸어 왔다. 그들은 이에 대한 희망을 거의 모두 오스트레일리아에 두었는데 그것은 이 대륙이 오리너구리와 바늘두더쥐 같은 고대형 산란 포유류의 고향이기 때문이다.

이 꿈은 1970년대에 드디어 이뤄졌다. 이 개미는 노토미르메키아 마크롭스Nothomyrmecia macrops로서 크고 노란색을 띠었으며 튀어나온 검은 눈에 길쭉한 큰턱이 양복 재단사들이 쓰는 핑킹용 가위의 톱날 모양을 하고 있다. 그 이전 35년 동안 이 종이 학계에 알려진 것은 박물관에 보존되어 있는 단 두 개의 표본을 통해서였고 그 이외에는 이에 관해 알려진 바가 전혀 없었다. 간단한 구조의 허리와 좌우 대칭이면서 이가 잘게 난 큰턱 등 어렴풋이 말벌 모양을 한 노토미르메키아의 원시적 해부 구조는 사뭇 매혹적이었다. 그러나 그 다음 단계로 넘어가 이 종을 다시 발견하고 살아 있는 군체를 찾아내 연구한다는 것은 매우 어렵고 자칫 좌절감을 안겨 줄 수 있는 일이었다.

이에 관한 긴 이야기는 1931년 12월 7일 서부 오스트레일리아의 면

양 목장인 발라도니아Balladonia에서 소규모의 한 조사팀이 트럭으로 사람이 살지 않는 유칼립투스 관목 수풀을 지나 남쪽을 향해 한 달 예정의 여행을 떠날 때부터 시작된다. 그들은 그레이트 오스트레일리아 해안의 서쪽 끝에 있는 낮고 거대한 구릉인 래기드 산Mt. Ragged을 지나 110마일을 달려 아무도 돌보지 않는 토머스 리버 목장으로 향했다. 그런 후 그들은 서쪽으로 자갈 투성이의 황야를 70마일 달려 작은 해안 마을인 에스페란스Esperance에 다다랐다. 오스트레일리아의 고유한 야생을 관통하는 이 길은 대개 재미 삼아 드라이브하며 지나가는 길이었다. 그러나 조사팀이 지나간 이 황야는 다른 어디에서도 볼 수 없는 다수의 관목과 초본을 갖고 있어 세계적으로도 식물이 가장 풍부한 곳의 하나이며, 생물학자들에겐 매우 흥미있는 곳이다. 조사팀 중 몇 사람은 가는 도중에 곤충을 채집하도록 지시받았다. 그들은 잡은 곤충의 산지를 정확히 기록하지도 않고 말 안장에 매 놓은 알코올병에 담았다. 큰노랑개미의 일꾼 두 마리가 든 이 표본은 이렇게 잡은 것을 빈번히 그림으로 그리는 발라도니아 목장에 거주하는 크로커A. E. Crocker 부인에게 넘겨졌다. 그녀는 결국 이 곤충을 멜버른에 있는 빅토리아 국립 박물관에 넘겼고 여기서 이 개미는 개미학자 클라크John Clark에 의해 신속 신종인 노토미르메키아 마크롭스로 명명, 기재되었다.

개미학의 일인자인 윌리엄 브라운은 바로 노토미르메키아의 진화적 의의를 처음으로 인식한 사람이다. 그는 1951년 11월에, 과거 1931년에 연구 원정대가 에스페란스 동쪽으로 토머스 강길을 따라갔던 그 경로 일부를 뒤쫓으며 표본을 더 채집해 보려고 하였다. 그러나 그는 과거 채집지의 정확한 위치를 모르고 또한 뒤에 설명하겠지만 노토미르메키아 개미의 생물학이 특수한 이유로 말미암아 그만 실패하고 말았다. 그 후 1955년 1월에 윌슨과, 당시 워싱턴의 카네기 연구소 소장 해스킨스Caryl Haskins, 그리고 개미 생물학을 하는 대학원생 한 명, 이밖에 유명한 오스트레일리아의 자연 연구가인 서벤티Vincent Serventy

와 합류하여 2차 시도가 이뤄졌다. 그들은 에스페란스에서 트럭으로 1931번 도로를 따라 달리며 토마스 강 시험장과 래기드 산 북쪽의 자갈밭 황무지 부근을 1주일 동안 철저하게 주야로 뒤졌다.

이 시기에 이 '결손 고리' 개미는 전체 오스트레일리아와 외국의 곤충학자들 사이에서 마치 말라리아를 옮기지도 않고 밀 수확도 해치지 않는 곤충에서 기대할 수 있는 것만큼이나 유명해져 있었다. 여기에 국가적 자존심도 포함되어 오스트레일리아의 다른 곤충학자와 자연 연구가들은 미국학자보다 먼저 노토미르메키아 개미를 다시 발견하고 살아 있는 상태를 연구하려고 경쟁을 벌였다. 그러나 모든 노력은 수포로 돌아갔고 여기에 집착한 열성가들은 이제 이전의 채집 장소 기록이 잘못되었거나 이 개미 역시 그 많은 오스트레일리아산의 동·식물이 그랬듯이 절멸되지 않았나 의심하게 되었다.

그러나 흔히 과학에서 진보가 그런 식으로 이루어지듯이, 행운은 전혀 예기치 않은 순간에 찾아왔다. 노토미르메키아 개미는 다행히 오스트레일리아 과학자들이 안도할 수 있게도 그 곳 태생인 로버트 테일러 Robert Taylor에 의해 발견되었다. 그는 하버드 대학교에서 1960년대 초기에 윌슨의 지도로 박사 과정을 공부한 후 수도 캔버라에 있는 오스트레일리아 연방 과학산업 연구기구(CSIRO)의 곤충부에 들어갔다. 그 후 그는 오스트레일리아 국립 곤충관의 책임 연구자가 되었다. 그런 위치에서 그는 이 신비의 개미를 찾아내는 일을 자신의 사명으로 삼았다.

테일러는 1977년 그 곳에서는 봄인 10월에 캔버라에서 트럭으로 출발해 서쪽으로 남부 오스트레일리아를 지나는 원정대를 인솔했다. 이 그룹은 특히 노토미르메키아를 찾기 위해 에어 고속도로를 달려 널라버 평원 Nullarbor plain을 지나 래기드 산과 에스페란스 지역에 이르기까지 1000마일을 달리는 장정을 계획했다. 그들은 빌 브라운이 나름대로 죽기 아니면 살기의 노력을 다시 시작한다는 소식을 듣고 급하다고

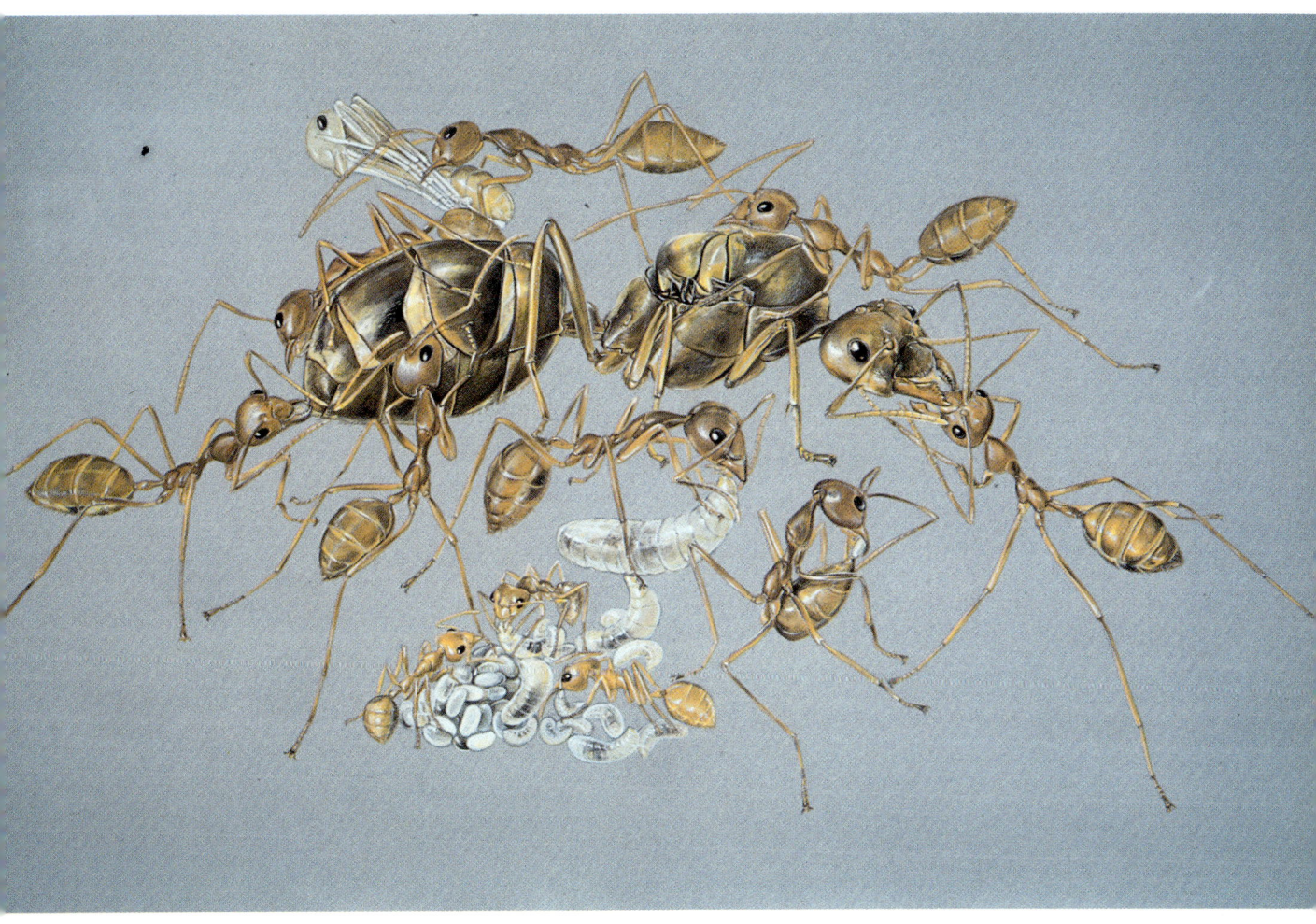

베짜기개미의 성숙 군체에는 한 마리의 여왕과 50만 마리 이상의 일개미가 들어 있다. 이 그림에는 여왕이 있는데 대형 일개미들에 의해 계속 화장 행동을 받는다. 이들 대형 일개미들은 또한 먹이 탐색을 하고 집을 짓고 지키며 큰 애벌레들을 돌본다. 앞쪽에는 일단의 소형 일개미들이 보이는데 이들은 알과 작은 애벌레 돌보기라는 주요한 임무 중의 하나를 수행하고 있다(포사이스의 그림).

개미의 사회성 운반 social carrying은 동료 개미를 새로운 집터로 불러들이는 일반적인 수단이다. 이렇게 운반된 개미가 새로운 집터에 '만족'하면 그 역시 그 전 집으로 돌아가서 동료 개미들을 운반해 온다. 여기에서는 오스트레일리아산의 왕개미인 캄포노투스 페르티아나 *Camponotus perthiana*들이 보이고 있다.

맞은편 쪽

아프리카 베짜기개미와 (위) 열대 아메리카의 침개미류인 엑타톰마 루이둠 *Ectatomma ruidum*의 사회성 운반 (아래).

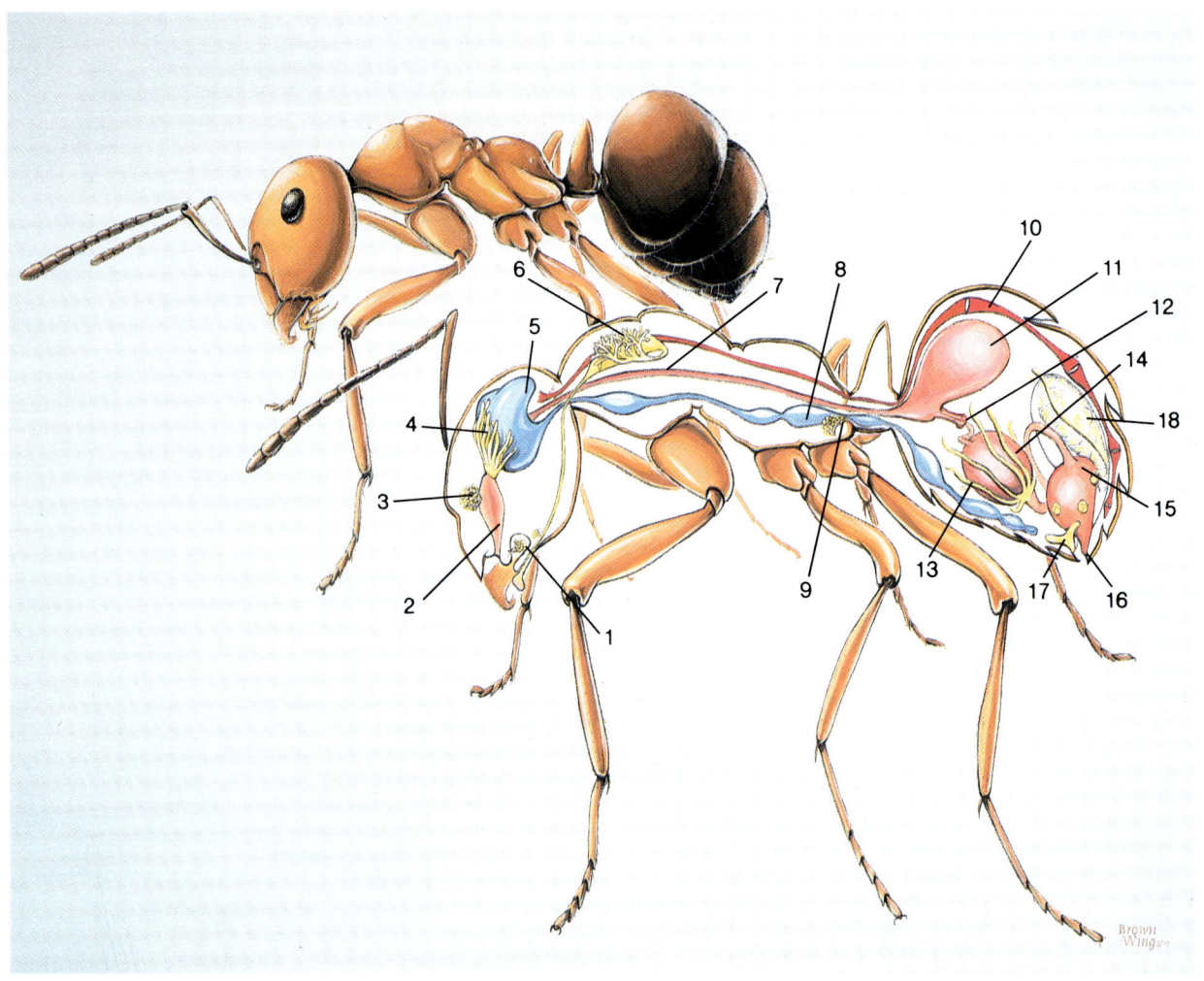

개미는 방어 분비물과 화학적 의사 소통 신호를 발하는 외분비샘들의 걸어다니는 포대 砲臺이다. 여기에는 홍개미 한 마리의 내부 해부 구조의 일부로서 그러한 샘들의 시스템이 그려져 있다. 뇌와 신경계는 푸른색으로, 소화계는 분홍색으로, 심장은 붉은색으로, 그리고 샘들과 관련 구조들은 노란색으로 나타나 있다.
(1) 큰턱샘 ; (2) 인두 ; (3)전인두샘 ; (4) 후인두샘 ; (5) 뇌 ; (6) 아랫입술샘 ; (7) 식도 ; (8)신경계 ; (9) 후흉측샘 ; (10) 심장 ; (11) 모이주머니 ; (12) 전위 ; (13) 말피기씨관 ; (14) 중장 ; (15) 직장 ; (16) 항문 ; (17) 두푸르샘 ; (18) 독샘과 저장낭(브라운-윙의 그림).

맞은편 쪽
미국 서남부의 꿀단지개미 미르메코키스투스 미미쿠스 개미집 지붕에 매달려 있는 둥그런 것은 액체 먹이가 가득 들어 모이주머니가 크게 늘어난 대형 일개미들. 이들은 먹이가 부족할 때 이 액체의 일부를 토해 동료 개미에게 준다. 앞쪽에 보이는 두 마리의 일개미들 사이에 이러한 교환이 일어나고 있다. 여왕이 번데기 고치와 애벌레들 건너편에 보인다(도슨의 그림. 미국 지리학회의 허락으로 게재).

미르메코키스투스 미미쿠스의 터 시합. 이웃하는 군체들의 일개미들이 의식 과시를 하며 대치하고 있다. 이 과시 도중 개미들은 뒤꿈치를 높게 든 채 걸으면서 머리와 배를 치켜들고 있다(도슨의 그림. 미국 지리학회의 허락으로 게재).

맞은편 쪽
터 시합 도중 꿀단지개미와 적대 관계인 군체의 일개미들이 서로 얼굴을 대고 옆으로 상대를 밀쳐 내려 하고 있다(위). 이들은 또한 높게 서는 자세를 취하려 한다(아래). 이렇게 서로 실랑이를 하는 사이 개미들은 분명 상대의 크기를 평가하는데 이것은 시합과 때때로 일어나는 전쟁의 결과로 얻어지는 중요한 수확이다.

꿀단지개미의 군체들 사이에서 터 과시는 때때로 공격으로 제압된다. 이 때 강자 쪽 군체 개미는 약자 군체의 여왕을 죽이며 새끼를 약탈하고(위), 패잔병을 납치한다(아래).

공격 도중 승자 쪽의 꿀단지개미 공격자들은 때때로 그들의 노획물, 즉 패한 쪽 군체의 패잔병 일개미를 다른 종인 포렐리우스 프루이노수스의 일개미에게 약탈당한다. 포렐리우스 개미는 꿀단지개미보다 작은 몸집이지만 많은 수와 강력한 화학 물질 분사로 상대를 강제로 패퇴시킬 수 있다.

포렐리우스 공격자들은 화학 물질 분사로 꿀단지개미를 제 집으로 들어가게 몰아 넣는다. 일종의 최루 신경 가스인 이 분사물은 복부 끝의 미절샘에서 방출된다.

애리조나 사막에 사는 코노미르마 비콜로르의 일개미들이 멕시코 꿀단지개미 *Myrmecocystus mexicanus* 의 집 입구에 작은 돌을 던져 이 개미들이 집에서 나와 먹이 탐색 활동을 하지 못하도록 방해한다(브라운-윙의 그림).

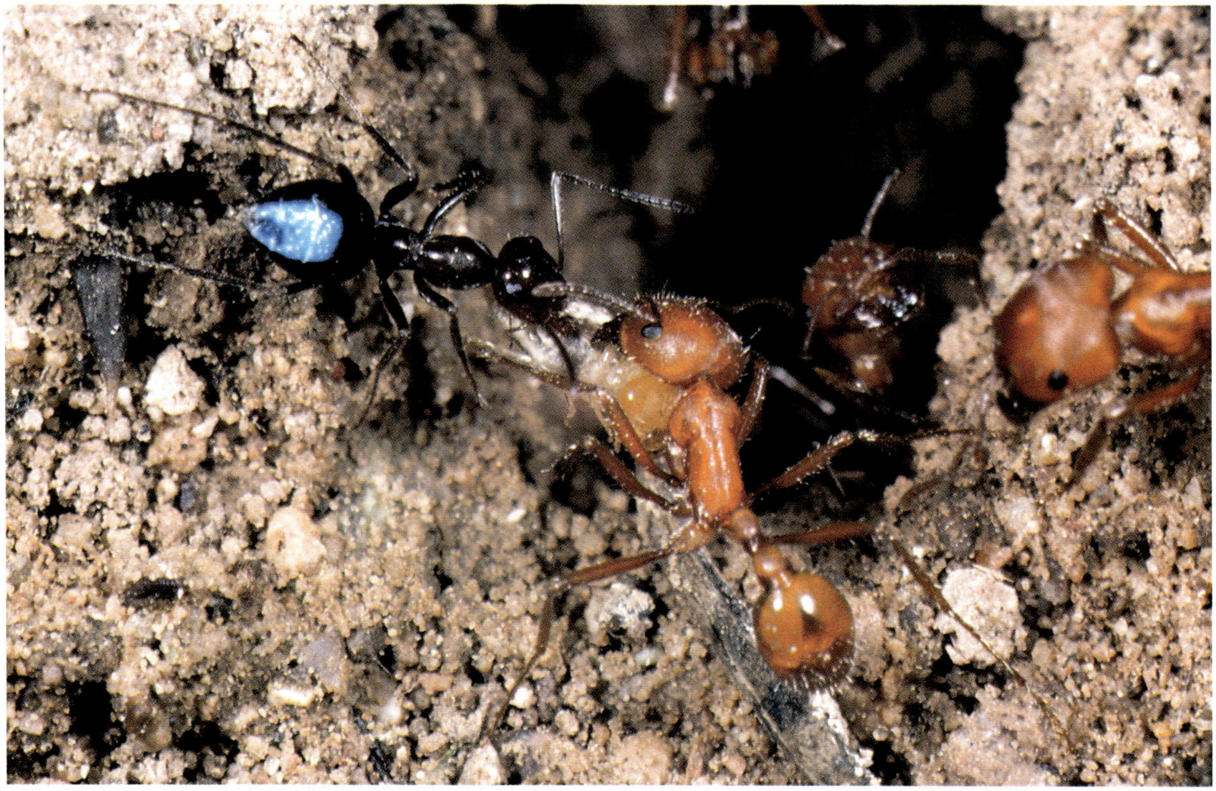

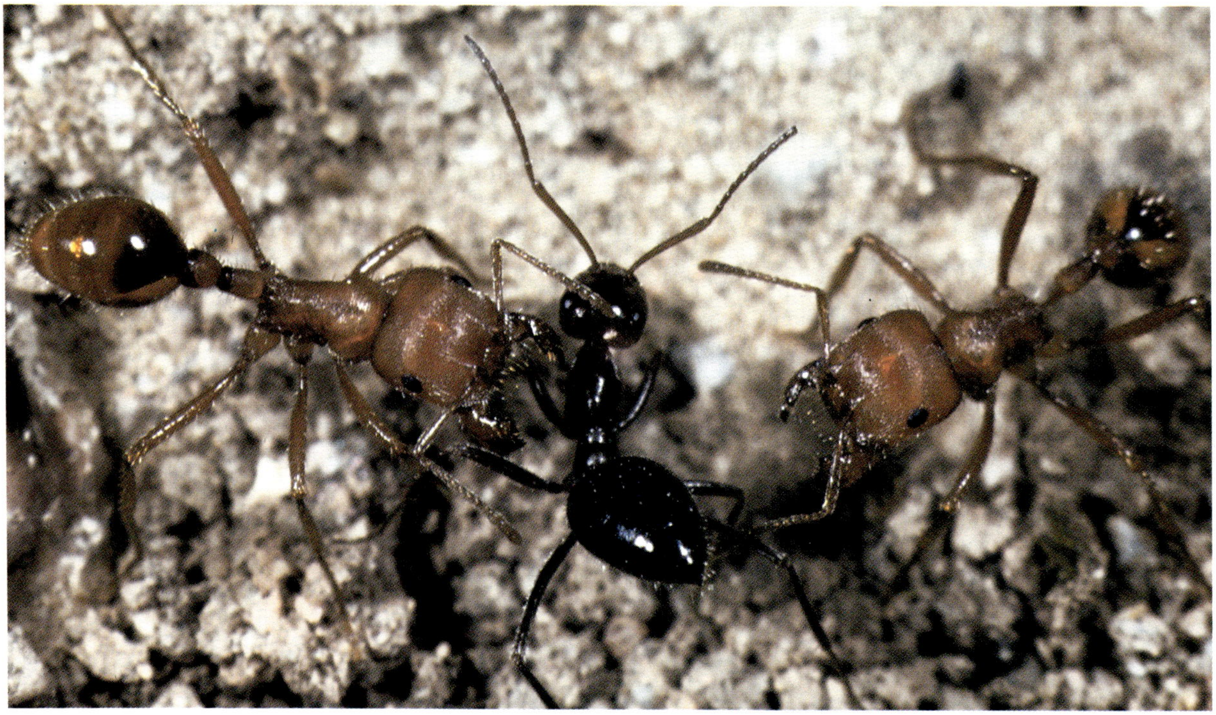

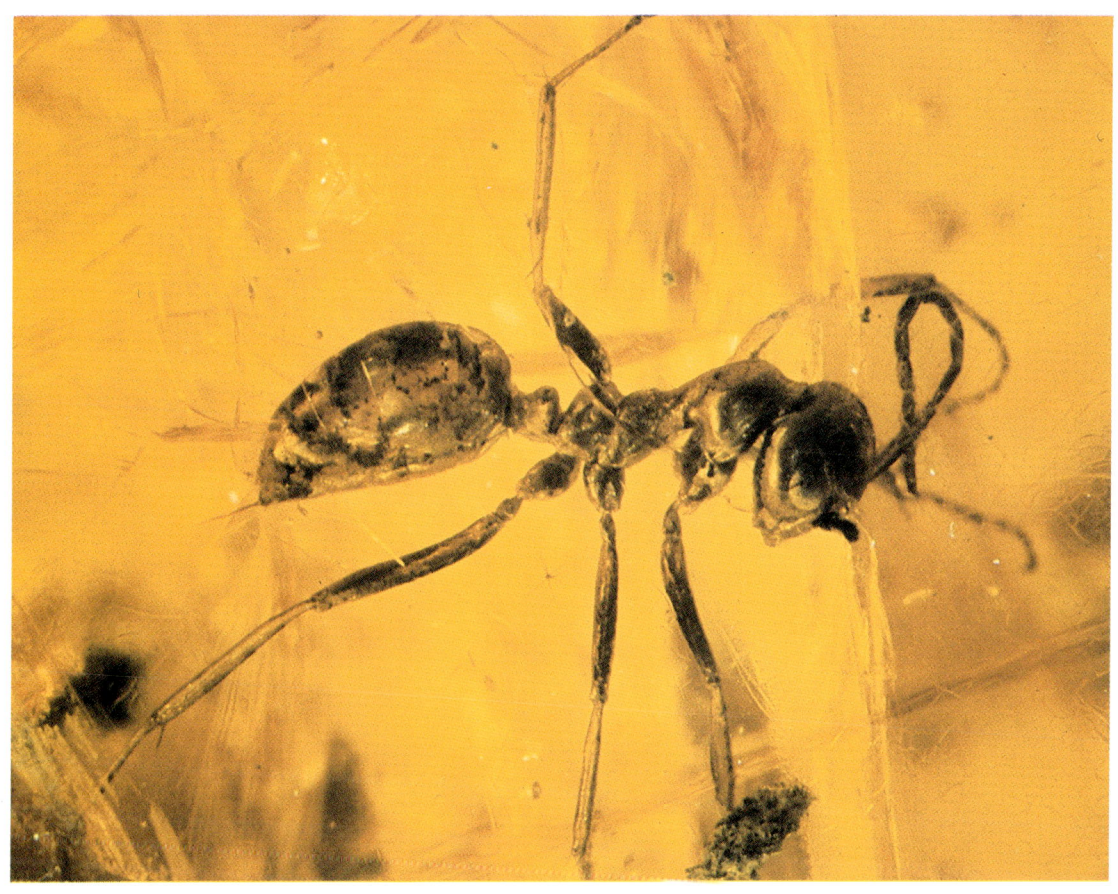

스페코미르미나이아과 Sphecomyrminae의 일개미로서 개미 가운데 가장 오래되고 원시적인 무리이다. 이 일개미는 이 아과 전체와 스페코미르마 프레이이의 표본으로서는 처음으로 기재되었으며 뉴저지 주의 세쿼이아나무의 호박에서 발견되었다. 백악기 상기층의 하부로 거슬러올라가며 약 8000만 년이 되었다(카펜터의 사진).

맞은편 쪽
도둑질 경쟁. **위**: 애리조나의 사막에서 꿀단지개미(미르메코키스투스 미미쿠스, 파란색으로 표시됨) 한 마리가 포고노미르멕스가 먹이로 잡은 흰개미를 훔치고 있다. 이런 일개미들은 흔히 포고노미르멕스의 집 입구 가까이에서 기다린다. **아래**: 꿀단지개미는 공격을 받으면 곧바로 도망쳤다가 돌아와서 입구 가까이에 다시 자리를 잡는다.

원시적인 오스트레일리아산 개미 노토미르메키아 마크롭스의 일부 군체로서, 앞쪽에 여왕이 보인다. 또한 일개미, 애벌레, 번데기의 고치, 날개 달린 수개미들도 보인다.

맞은편 쪽
위쪽은 노토미르메키아의 일종으로서 말벌을 잡아 집으로 가져가고 있다. 이 사진은 원시적 종인 이 개미의 유일한 산지인 오스트레일리아 남중부의 푸체라 근방에서 촬영한 것이다. 아래 사진은 노토미르메키아가 발견되었던 서식처를 보여 주고 있다.

노토미르메키아 마크롭스 이외에도 계통학적으로 원시적인 또 다른 두 가지 개미 종은 불도그 개미인 미르메키아 필로술라 *Myrmecia pilosula*(위)와 암블리오포네 아우스트랄리스 *Amblyopone australis*(아래)로서 모두 오스트레일리아산이다.

생각하였다. 애들레이드Adelaide를 지나 350마일을 갔을 때 자동차에 말썽이 생겨 어쩔 수 없이 정지하여, 작은 도시 푸치라Poochera 가까이서 야영을 해야만 했다. 그 곳은 남부 오스트레일리아의 준사막 지대 상당 부분을 덮고 있는 유칼립투스 관목으로 둘러싸인 곳이다. 그날 밤 기온이 약 섭씨 10도로 뚝 떨어져 곤충학자들은 곤충 채집을 할까 말까 하며 두꺼운 옷을 입고 한데 모여 있었다. 날아다니는 곤충은 말할 것도 없고 개미가 활동하기엔 너무 추운 것 같았다. 어쨌든 노토미르메키아 개미가 서쪽으로 1000마일을 달려 이 대륙의 반을 지나야만 있을 것으로 생각되었다.

언제나 무엇을 찾고 변덕스럽기도 한 과학자인 밥 테일러Bob Taylor는 개미 찾기에 좀이 쑤셔 그날 저녁을 넘길 수가 없었다. 그는 어떤 개미 종의 일개미이건 추워서 나다닐 가능성은 적지만 손전등으로 유칼립투스나무 사이를 헤쳐 가며 살펴보았다. 얼마 안 있어 그는 오스트레일리아의 전통적인 말투로 "여기 그 놈이 있어. 노토미르메키아 말야. 내가 그 놈을 잡았단 말야"라고 외치며 야영장으로 달려 왔다.

그는 원정대 트럭에서 단지 스무 발자국밖에 안 되는 곳에서 나무 위를 기어오르고 있는 노토미르메키아 마크롭스 일개미 한 마리를 발견한 것이다. 이 개미의 비밀은 드디어 이 만남으로 인해 폭로되었다. 노토미르메키아 개미가 국제자연보존연맹(IUCN)의 적색 자료집에 위기종으로 오를 만큼 아주 드물게 분포가 제한되어 있는 것이 사실이지만 실은 다른 개미들이 거의 모든 곤충학자들과 함께 집 안에서 따뜻이 지내는 사이 추운 기온에 활동하는 몇 안 되는 개미 종의 하나였던 것이다.

그 후 몇 해 동안 연구자들은 푸치라에 계속 내려가 이 작은 마을을 일약 국제적으로 유명하게 만들었다(적어도 곤충학자들에겐). 전 세계 개미 전문가의 상당수가 그 곳의 작은 호텔에 묵었다. 이미 노토미르메키아 개미속의 첫번째 종이 채집병 속에 투입된 지 60년이 지났지만 그 때의 그 표본이 속하던 발라도니아 개체군이 완전히 잊혀진 것은 아니었다. 그것을 다시 채집하려는 노력이 추운 날씨에도 계속되었지만 실패로 돌아갔다. 아마도 토머스 강 시험장의 넓은잎단풍나무 숲 속에 있는 자갈밭 유칼립투스 숲에서 다른 개체군들이 추가로 발견될 수 있을지 몰랐다. 그러는 사이 푸치라에서는 야외 연구가 상당히 자세하게 진행되었고 군체들이 실험실로 옮겨져 면밀히 연구되었다. 결국 이 종의 생활 주기와 일반 생물학에 관한 모든 사항이 관찰됨으로써 노토미르메키아 마크롭스는 이제 개미 가운데 가장 자세히 조사된 종 가운데 하나가 되었다.

우리가 이 종에 대해 배운 바를 요약한다면 이 종은 과연 기대한 대로 사회 조직이 매우 단순하다고 할 수 있다. 특히 여왕들은 외모상 일꾼들과 비슷하다. 일개미들 가운데 개미집 방어를 전담하는 병정개미 같은 일꾼 하위 카스트가 존재하지 않고 모든 일꾼들은 같은 임무를 수행하는 것 같다. 군체의 크기는 작아서 개체군 하나는 성체 100마리를 넘는 일이 없다. 여왕이 낳은 알들은, 고등한 개미류에서처럼 차곡차곡 높이 쌓이지 않고 개미집 바닥에 뿔뿔이 흩어져 있다. 일개미들은 말벌처럼 두 가지 먹이를 취하는데 하나는 자신들이 먹기 위한 단물이고 다른 하나는 애벌레에게 주기 위한 곤충이다.

노토미르메키아 개미의 성체들 사이에 신체적 접촉은 거의 일어나지 않는다. 그들은 고등한 개미류에서 그렇듯이 토해 낸 먹이를 서로 주고받지 않는다. 다른 개미 군체에서는 여왕들이 주의의 초점이 되는 것이 보통이지만, 여기에서는 대부분 무시된다. 일꾼들도 뿔뿔이 단독으로 먹이를 찾아 다니고 집 밖에서 먹이를 발견해도 혼자 집으로 운반해 올 뿐 집의 동료 개미들을 동원하지 않는다. 그들은 파리와 노린재, 기타 여러 가지 곤충을 먹이로 잡기 위해 침을 쏜다. 우리가 지금까지 알고 있는 한 이 개미의 일꾼들은 의사 소통으로 적이 발견되었을 때 쓰는 경보용과, 동료 개미와 외부의 노토미르메키아 개미를 공동의 체취 여부로 가려내는 데 쓰는 두 가지 화학적 방식만 갖고 있다.

이 고대 개미의 집은 흙을 파서 만든 간단한 방으로 되어 있고 방과 방 사이는 터널로 연결된다. 이들의 생활 주기 역시 일반적인 성질을 나타낸다. 처녀여왕은 교미를 위해 원래 집을 떠나서 자신의 집을 새로 파서 만든다. 그리고 말벌처럼 집에서 멀리 나가 먹이를 구한다. 몇 마리의 어린 노토미르메키아 여왕들은 종이말벌과 다른 원시 사회성 말벌처럼 협동적으로 집을 하나 파서, 첫배에 난 일꾼들을 키운다. 그러나 그 후 한 마리의 여왕이 다른 여왕들 몸 위에 자주 올라서서 군림하고 마침내 첫배로 나온 일꾼들이 이 지배당하는 여왕들을 끌어 내 집 밖으로 추방한다. 그래서 푸치라에서 발견된 군체들은 발굴되었을 당시 이미 완성된 군체들이지만 군체마다 언제나 어미여왕을 단 한 마리만 갖고 있었다. 이 개미의 일꾼들이 낮은 기온에 익숙해 있는 그 이상한 성질은, 오스트레일리아의 추운 지대 생활에 적응한 데 불과한 것 같다.

노토미르메키아 개미들의 군체 조직이 이처럼 한결같이 단순한 것으로 보아, 이들은 첫번째의 사회성 중생대 개미가 도달한 진화 수준을 나타낸다고 생각된다. 이들은 동료 개미들의 몸에 화장 행동을 해 주는 등 보다 고등한 개미 종들이 갖는 몇 가지 친밀한 습성을 나타낸다. 그러나 대체적으로 볼 때 이들의 행동은 단서성 말벌이 협동적 자매 관계를 발전시키고 해부적 구조를 약간 바꾼 다음 비로소 첫번째의 개미가 된 것에 가까운 어떤 종으로 볼 수 있지 않을까 생각된다. 추측컨대 개미의 사회는 오늘날의 많은 단서성 말벌이 그렇듯이, 흙 속에 집을 짓고 곤충을 잡아 애벌레에게 먹이는 중생대의 단서성 말벌의 집합체에서 기원된 것 같다. 이 과정에서 중요한 첫번째 단계는 어미가 애벌레들이 성체가 된 다음에도 그 곳에 함께 머무는 일이었다. 그 후 군체 생활의 완성을 위해 필요한 것은 딸들이 각자 생식을 하지 않고 누이동생들을 키우며 어미를 돕는 일이었다.

해부학적으로 원시성을 나타내는 두 종의 개미가 그와 비슷한 기본적인 사회적 습성을 갖고 있는 것으로 알려져 있다. 모양이 노토미르메키아와 비슷한 미르메키아속 *Myrmecia*의 오스트레일리아산의 불도그 개미와, 전 세계적으로 분포하나 오스트레일리아 대륙에 다양하게 존재하면서 진화적으로 특출한 암블리오포네속 *Amblyopone* 개미이다. 미르메키아 개미는 노토미르메키아가 재발견될 때까지 '원시적인' 사회조직 개미의 표본이었다. 그러나 이들의 행동은 이제 노토미르메키아의 경우보다 근본적으로 더 발전된 것으로 알려져 있다.

우리의 짐작으로는 스페코미르마가 오늘날까지 발견된 모든 개미 가운데 해부학적으로 가장 말벌과 같으며, 노토미르메키아나 기타 현생 원시개미들과 비슷한 행동을 나타냈을 것이라고 생각된다. 그러나 결코 장담할 수는 없다. 왜냐하면 단서성 개미로서 여왕개미의 기본적 해부 구조를 가지면서 일개미 없이 혼자 살거나 작은 그룹을 지어 사는 종류가 아직 발견되지 않았기 때문에 우리가 사회성 진화의 뿌리를 더 깊이 캐는 데 성공할 것 같지 않기 때문이다. 그러나 이러한 작은 놀라움을 고려하지 않는다면 과학은 언제나 가능성이기도 하므로 우리와 다른 곤충학자들이 이제까지 해 온 일을 종합한다면 지금 한 이야기가 1억 년보다 더 오래 전에 실제 일어났던 사실에 가까운 게 아닐까 생각된다.

갈등과 순위제

윌슨이 아직 앨라배마 대학교에 다니는 20세의 학생이었던 1950년, 그는 불개미를 공부하다가 중요한 문제에 직면하게 되었다. 이 도입종 개미는 남아메리카로부터 들어온 이후 미국의 최남단 전역에 퍼진 종이었는데 붉은색과 흑갈색의 두 가지 색상을 나타냈다. 현재에 와서는 이 두 가지가 실제로는 각각 완전한 종으로 파악되어 있다. 붉은 종은 불개미인 솔레노프시스 인빅타이고 흑갈색은 열마디개미의 일종인 솔레노프시스 리크테리 Solenopsis richteri이다(이 두 종 모두 불개미에 속하므로 통칭할 때엔 '불개미'라고 번역하기로 한다=역주). 이 두 종은 미국에서는 자유롭게 교배가 되지만 남아메리카에서는 일부만 그러하다. 각 종은 색깔이 다를 뿐 아니라 해부학적 구조와 생화학적 특성들의 독특한 조합에 의해서도 구분된다. 1950년의 이 연구 초기에 이러한 색깔의 차이는 유전자에 기인하는가 아니면 단지 서로 다른 생활 조건에 기인하는가를 결정하는 것이 중요한 문제였다.

불개미의 색깔 유전자를 찾고자 할 때, 이 개미는 초파리처럼 실험실에서 쉽게 사육되지 않는다. 교미에 필요한 조건이 너무나 까다롭고, 생활 주기는 길고 복잡하다. 그러나 윌슨은 유전자나 환경 중 어느 쪽의 영향을 받느냐를 시험하는 것은 우선 젊은 붉은색 여왕들을 갈색 일꾼과 함께 사육하거나 갈색 여왕들을 붉은색 일꾼과 함께 길러 그 다음 대에 나오는 개체의 색깔이 변해서 일개미와 같아지는지를 보는 간접적인 방법으로 가능할 것으로 추리했다. 만약 색깔의 변화가 일어나지 않고 또한 실험실 내의 개미집에 관한 다른 조건들이 대조 군체(여왕과 일꾼의 색깔이 같은 군체)와 같이 유지된다면 환경에 의한 영향설이 배제되고 유전적 가설이 지지될 것이다.

실제로 한 가지 색깔의 개미 종류가 다른 색깔의 개미를 받아들이는 일은 실현 가능하다는 것이 밝혀졌다. 윌슨은 우선 개미집에서 여왕을 다른 데로 옮긴 다음 이 불개미의 일꾼들에게 냉동 충격을 주어 움직

이지 못하게 한 다음 다른 색깔의 여왕을 들여 논다면 그 여왕을 받아들인다는 것을 알아냈다. 이 일개미들은 추위에서 풀려 다시 행동을 하게 되면 외부에서 들어온 여왕을 거부하지 않고 그대로 받아들이며 외부 여왕이 낳은 알을 돌보고 키우기까지 하는 것이었다.

이러한 실험 과정에서 색깔은 변함이 없이 같게 나타났고 그래서 유전자 가설이 지지되었다. 물론 이 방법으로 색깔 유전자의 존재를 증명하는 것은 불가능했지만 적어도 그 가능성이 강력하게 제시되었다. 그런데 이상한 일이 한 가지 생겼다. 윌슨은 이 양입養入기술을 써서 한 마리가 아닌 다섯 마리의 여왕을 들여 놓아 어떻게 되나 보기도 했다. 모든 게 잘 되는가 싶더니 그것은 잠시였다. 하루 이틀이 지나자 일꾼들이 과잉의 여왕들을 사지를 벌리거나 침으로 쏘아 죽이는 처형이 이뤄진 것이다. 나머지 한 마리만 남을 때까지 이러한 처치가 계속되었다. 살아 있는 승자로서의 마지막 여왕은 개미집의 어엿한 여왕으로서 일개미들의 급양을 받았다. 일꾼들은 결코 실수라고는 하는 일이 없었다. 나머지 한 마리 여왕까지 죽여서 전체로서의 군체가 최후를 맞게 하는 일은 한 번도 일어나지 않았던 것이다.

불개미를 재료로 한 이와 같은 양입 연구는 사회적 조직화를 고도로 나타내는 개미 종에서조차도, 개미 군체 내에는 평화와 조화만이 전부가 아니라는 사실을 지적하는 첫번째 연구의 하나가 되었다. 여러 마리의 여왕개미들이 함께 있으면 그들은 각기 일개미의 총애를 받으려 사활을 건 경쟁을 벌였다. 그 후 세월이 지나면서 개미 동료들간에는 갈등과 순위제가 널리 퍼져 있다는 증거가 더욱 쌓여 갔다. 더욱이 재미있는 것은, 자매간의 이러한 투쟁은 종종 단순한 다툼을 넘어선다는 사실이다. 많은 개미 종에서 이러한 경향은 진화 도중 강하게 의식화되어 군체의 생활 주기의 조절면에서 뚜렷한 구실을 하게 되었다.

이러한 관계를 두드러지게 나타내는 사례는 횔도블러와 그의 제자 바르츠Stephen Bartz가 미르메코키스투스 미미쿠스의 군체 정착 과정을 정밀하게 연구하면서 드러났다. 이 개미는 바로 휠도블러가 군체간 전쟁과 '외교'를 연구했던 재료종으로 애리조나와 뉴멕시코의 사막에 흔한 대형의 꿀단지개미 종이다. 매년 7월 여름 첫비가 내려 딱딱하고 마른 땅을 부드럽게 하면 여왕과 수컷들이 대량으로 나와 혼인 비행을 한다. 여왕은 교미로 정충을 받으면 땅으로 내려와 날개를 떨구고 땅을 파서 자신의 군체를 건설하기 시작한다. 휠도블러가 이러한 정착 초기의 개미집을 많이 파 보았는데——모종삽만 있으면 이 일을 쉽게 할 수 있다——군체마다 대개 한 마리 이상의 여왕이 들어 있음을 볼 수 있었다.

1970년대 말경에는 군체 건설 과정에 여러 마리의 여왕이 연대하는 것이 많은 종류의 개미에서 일어나는 일임이 알려졌다. 곤충학자들은 이 현상을 가리키는 특별한 용어로서 '다창시여왕제多創始女王制'라는 말을 만들기까지 하였다. 그러나 여왕들 사이의 이러한 연대는 단기간에 끝났고, 영구적으로나 적어도 장기간 오래된 군체들 내에서 여왕들이 연대하는 일군체 다여왕제polygyny로 이어지는 일은 거의 없었다. 불개미에서와 같이 일개미들이 과잉 여왕을 처치하거나, 여왕들간에 싸움이 벌어졌다. 이 때 가끔은 일개미들이 어느 한 여왕 편에서 싸움을 도와 주는 일도 있었다.

언뜻 보기에 이 모든 과정은 다위니즘적인 측면에서 볼 때 말이 안 되는 것 같다. 여왕이 죽임을 당할 확률이 크다면 무엇 때문에 협동에 참여한단 말인가. 이에 대한 대답은 1960년대와 70년대에 이뤄진 연구에서 드러난 대로 여러 마리의 여왕이 외톨이 여왕보다 단시간에 여러 마리의 일개미를 더 키울 수 있는 한 가지 이점 때문인 것 같다. 그래서 다수의 여왕에 의해 창립된 군체는 가장 필요할 때 즉시 동원될 수 있다. 이들은 적을 더 빨리 물리치고 또한 먹이를 찾아 원래의 어미 집을 떠난 직후에도 훨씬 능률적으로 터를 확보할 수 있다. 이 이점은 협동하는 여왕에겐 분명히 그 후 일찍 죽음을 당하는 위험을 갖고도 남을 만큼 큰 것이다.

　플로리다 주립 대학교의 연구원인 친컬 Walter Tschinkel은 불개미 군체들 사이에는 전쟁이 자주 격렬하게 일어나는데 역시 병력이 큰 쪽이 결정적으로 승리한다는 사실을 관찰하였다. 이웃 군체를 막지 못하는 어린 군체는 즉시 제거되고 만다. 바르츠와 횔도블러도 꿀단지개미에 대해 각각 따로 시행한 연구에서 불개미의 경우와 같은 현상이 일어남을 발견하였다. 이들의 일개미는 사막 바닥에 처음 나타나면 건설 초기에 있는 이웃의 군체를 발견하는 즉시 공격을 개시한다. 만약 이기면 진 쪽의 새끼와 알을 자기네 집으로 운반한다. 이렇게 첫 싸움부터 이기는 군체는 곧 대병력으로 성장하고, 승리 실적이 없는 다른 경쟁자 군체에 비해 매우 유리해진다. 결국 승리는 승리 위에 겹치고 겹쳐져 나중에는 부근의 모든 새끼들이 한 집에 모이게 된다. 이 과정에서 자기 어미를 버리고 승리한 쪽으로 붙는 일개미들이 자주 나타난다. 그야말로 개미판의 '죽느니 차라리 공산주의자가 되자'를 연출하게 된다. 이 두 과학자가 관찰한 실험실 군체들간의 23차례에 걸친 싸움 중, 이긴 쪽은 언제나 여왕이 여러 마리인 상태에서 군체 창립이 시작된 집단이었다. 그리고 19차례의 경우는 부근 군체에서 여왕의 수가 가장 많은 군체가 승리를 거뒀다.

　꿀단지개미의 군체가 일단 이웃에 대항하여 이기는 데 충분할 만큼 일개미 병력을 크게 확보하면 새로운 투쟁이 시작되는데, 이번엔 여왕들 사이에 암투가 일어난다. 전형적인 싸움을 보면 흔히 여왕 하나가 다른 여왕 몸 위로 올라서서 머리로 상대측을 향해 내려다 본다. 이 때 열위자는 웅크리고 꼼짝 않는다. 이렇게 굴복하는 여왕은 결국 일개미에 의해서 집에서 쫓겨나며, 심지어 그 일개미가 자기의 딸일 때라도 결과는 마찬가지다.

　나이가 들고 성숙한 군체에서는 여왕들 사이에 생식권生殖權을 둘러싸고 순위제 다툼이 일어나기도 한다. 뷔르츠부르크 대학교의 횔도블러의 동료 연구자인 하인츠Jürgen Heinze는 가슴개미속 Leptothorax에 드는 여러 종에서 그와 같은 현상을 발견하였다. 여왕들 사이에 일어나는 순위제 의식에 뒤이어 기능적인 단일 여왕제monogyny가 출현하는데 이는 사회적 위계의 정점에 있는 여왕만이 생식을 수행하는 것이다. 브라질의 곤충학자인 올리베이라Paulo Oliveira와 그의 공동 연구자들은 이러한 의식이 대형의 열대 아메리카산 사냥개미인 오돈토마쿠스 켈리페르 Odontomachus chelifer에서 흔히 있다는 것을 알았는데, 이 종에서는 보통 여러 마리의 산란 여왕이 가까이 함께 산다. 만약 열위의 여왕이 그보다 높은 위치의 여왕의 도전을 받으면 열위 여왕은 즉시 웅크리고 그의 길고 튼튼한 큰턱을 다물며 더듬이를 뒤로 젖힌다. 만약 이 여왕이 몸을 일으키려 하면 우위 여왕개미는 그의 머리를 붙잡는다. 열위 개미가 풀려나려고 버둥거리면 우위 개미는 상대의 몸을 지면으로부터 번쩍 들어올린다. 열위 개미는 이제 완전히 포기하고 다리를 몸 쪽으로 붙여 '번데기 자세'를 취함으로써 다른 개미들이 다른 장소로 옮겨 가게 버려 둔다.

어떤 개미 종의 여왕들은 이보다 더 정교한 통제 방법을 쓴다. 이들은 상대에게 싸움을 걸진 않지만 상대의 알더미에서 알들을 빼내 먹어치운다. 자연히 자기 알을 최소로 빼앗기면서 상대측 알을 최대로 해치우는 여왕이 적어도 다윈적 의미에서 우위를 차지하게 된다. 이에 따라 이 여왕 자신의 딸들이 다른 여왕의 딸들에 비해 일개미와 차세대 여왕들 사이에 더 많이 출현하게 된다.

다른 개미 종에서는 주±여왕이 되는 과정이 보다 복잡하다. 주여왕은 처녀여왕과 일개미들의 난소에서 알이 생산되는 것을 억제하는 화학 물질을 낸다. 만약 베짜기개미의 여왕이 개미집에서 제거되면 일개미 중 일부가 산란을 시작한다. 그러나 여왕이 죽고 그 시체가 집 안에 남아서 사후에도 여전히 억제 페로몬을 내면 일개미들은 계속 불임성으로 남아 있게 된다.

열대 아메리카산 약탈개미 오돈토마쿠스 켈리페르의 같은 집 여왕 사이에서 벌어지는 순위 행동. 위는 우위 여왕이 큰턱을 벌리며 위협 행동을 하고 있는 사이 다른 한쪽의 자매는 몸을 웅크려 굴복하는 자세를 취한다. 가운데는 우위자가 열위자의 머리를 꽉 쥐고 있고 또 밑에서는 열위자를 들어올림으로써 겨루기를 고조시키고 있다. 열위자는 이렇게 취급당하면 모든 다리를 마치 미성숙 번데기처럼 오므려 굴복을 나타낸다(브라운-윙의 그림).

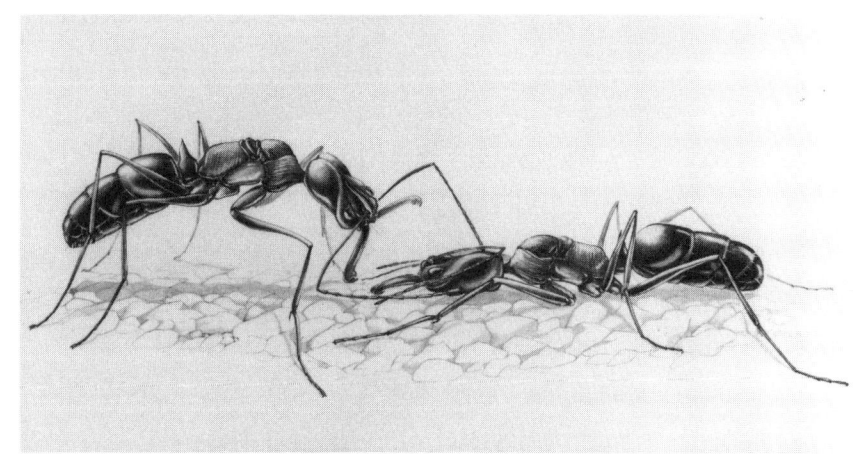

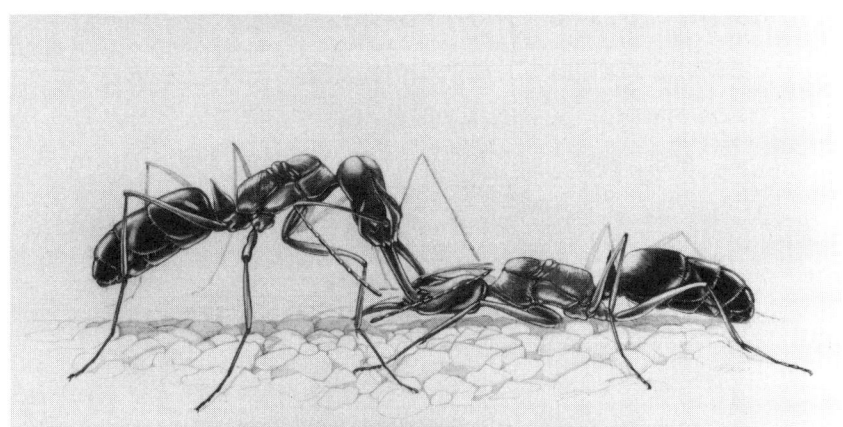

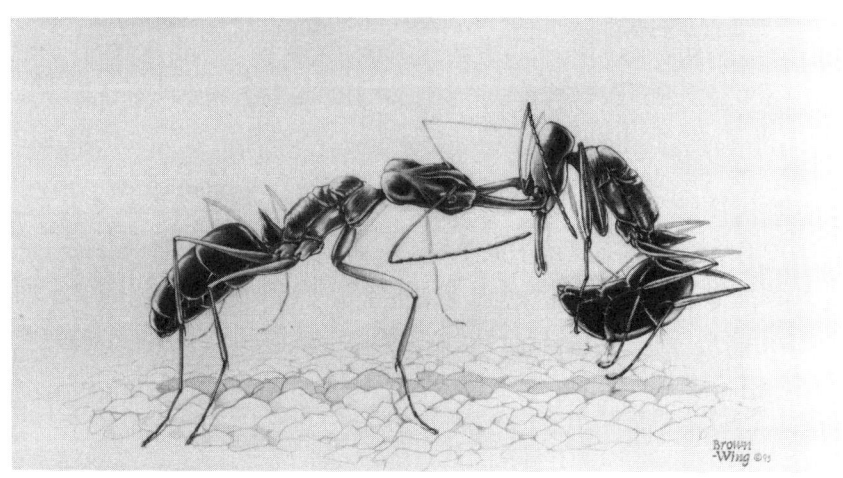

곤충학자들은 군체의 조직을 자세히 조사하면 할수록 그 속에서 일어나는 갈등이 더 광범위하고 복잡하다는 것을 알 수 있었다. 특정 개체들의 상호 관계에 주의를 기울여 보면 마치 겉으로는 평화롭게 보이는 도시라도 잠시만 그 곳에 살아 보면 실제로는 집안 싸움, 도적질, 노상 강도에다 살인까지 일어나고 있는 것을 알게 되는 것과 같다. 미국의 곤충학자인 콜 Blain Cole은 플로리다의 가슴개미인 렙토토락스 알라르디케이 *Leptothorax allardycei*에 개체마다 표시를 달리해서 추적할 수 있게 하여 이 현상을 처음으로 알아냈다. 그가 관찰한 바에 의하면 어미여왕을 제거했을 때 갈등은 최고조에 이른다. 그가 평가한 바로는 여왕이 없는 군체에서 가장 경쟁적인 일꾼들은 새끼 돌보기보다 서로 위협하고 마구 치는 데 시간을 더 보낸다. 가슴개미의 일꾼들은 자기 잇속을 매우 챙기는 편이어서 여왕이 있는 경우에도 가장 우위에 있는 개체들은 그 곳에 산란되는 알의 20퍼센트를 낳는다. 이러한 알은 모두 무정란이어서 살아 남는다 해도 수개미를 만들어 내게 된다. 한 고위층 일개미들은 먹이 공급을 계속 더 많이 받기 때문에 난소가 알로 가득 차게 되어 점점 커진다.

대개 멀리 떨어진 열대 오지에 살기 때문에 최근에서야 연구될 수 있었던 침개미아과 Ponerinae 소속의 사냥개미들 사이에는 갈등이 극도로 의식화되어 있다. 파리에서 일하고 있는 개미학자 페테 Christian Peeters는 침개미류의 생식에 영향을 미치는 의식 갈등과 기타 행동 연구에 그의 인생을 거의 모두 바쳤다. 그는 일본의 동물학자인 히가시 세이고와 함께 오스트레일리아산의 일종인 디아캄마 아우스트랄레 *Diacamma australe*에서 가장 놀라운 현상을 발견하였다. 이 몸집 크고 재빨리 달리는 개미에겐 여왕이 없는 것이다. 해부학적으로 일개미인 이 모든 암컷들은 모두 '제미 gemmae'라고 불리는 날개 흔적 싹 모양의 작은 돌기가 단채 고치에서 나온다. 그런데 알을 낳는 최우위 일개미는 동료 개미에게서 '제미'가 나타나는 대로 이것을 물어 뜯어 낸다. 이렇게 잘라 내면, 난소의 발생을 억제하여 '제미'가 잘린 일꾼들은 영원히 일개미 위치에 머물게 된다. 그래서 오직 우위 일개미만이 수컷과 교미하여 생식을 한다. 만약 실험실에서 이 우위 일개미에게서 제미를 수술하여 제거하면 이 우위 개미는 그만 겁쟁이가 되고 기능적인 일개미로 바뀐다.

이 디아캄마 개미의 순위제가 이상하게 보이긴 하지만 이것은 페테와 휠도블러가 최근 관찰한 인도산 침개미류인 하르페그나토스 살타토르 *Harpegnathos saltator*에 비하면 뒤떨어진다. 이 인도산 개미의 큰 군체들은 지위를 옮기는 묘술이 쓰이는 계급 사회이다. 군체의 구성원들 간에 나타나는 상호 작용은 언뜻 보기에 인간 사회에서 보는 정치 행태와 비슷하다.

하르페그나토스 개미의 새로운 군체는 분명히 인습대로 수정한 여왕들에 의해 건설된다. 그러나 군체가 성장함에 따라 여왕은 사라지고, 수정하여 생식 기능을 완전히 갖춘 일개미들—생식 일개미 또는 개머게이트 gamergate라고 부름—의 일단이 군체를 인수한다. 이제 군체의 역사는 3단계로 진행된다. 성장 초기에 있는 작은 군체들은 생식 기능을 갖는 여왕 한 마리와 불임성의 일개미 몇 마리로 이뤄진다. 중간 크기의 군체가 되면 한 마리의 여왕은 아직 있으나, 여기에 교미했거나 하지 못한 일개미들이 추가된다. 끝으로 300마리 정도의 성체 개미를 갖는 대형 군체가 되면 여왕은 없고, 대신 교미한 일꾼과 교미하지 않은 일꾼들로 모두 채워진다.

큰 하르페그나토스 군체의 구성원은 이러한 생활 주기의 결과로 세 가지 사회 계급으로 조직된다. 맨 위에는 우위자들이 있는데, 완숙한 난소를 갖고 있어서 모든 알을 낳는다. 맨 아래쪽에는 처녀 열위자 계급이 있는데 그 중 일부는 최상위 계급으로 올라가게 되어 있다. 즉, 계층이 올라갈 즈음 그들을 찾아오는 수컷들과 교미하여 생식 개체가 되기 때문이다. 그러나 나머지는 최하급 계층에 남아 일생 동안 양육

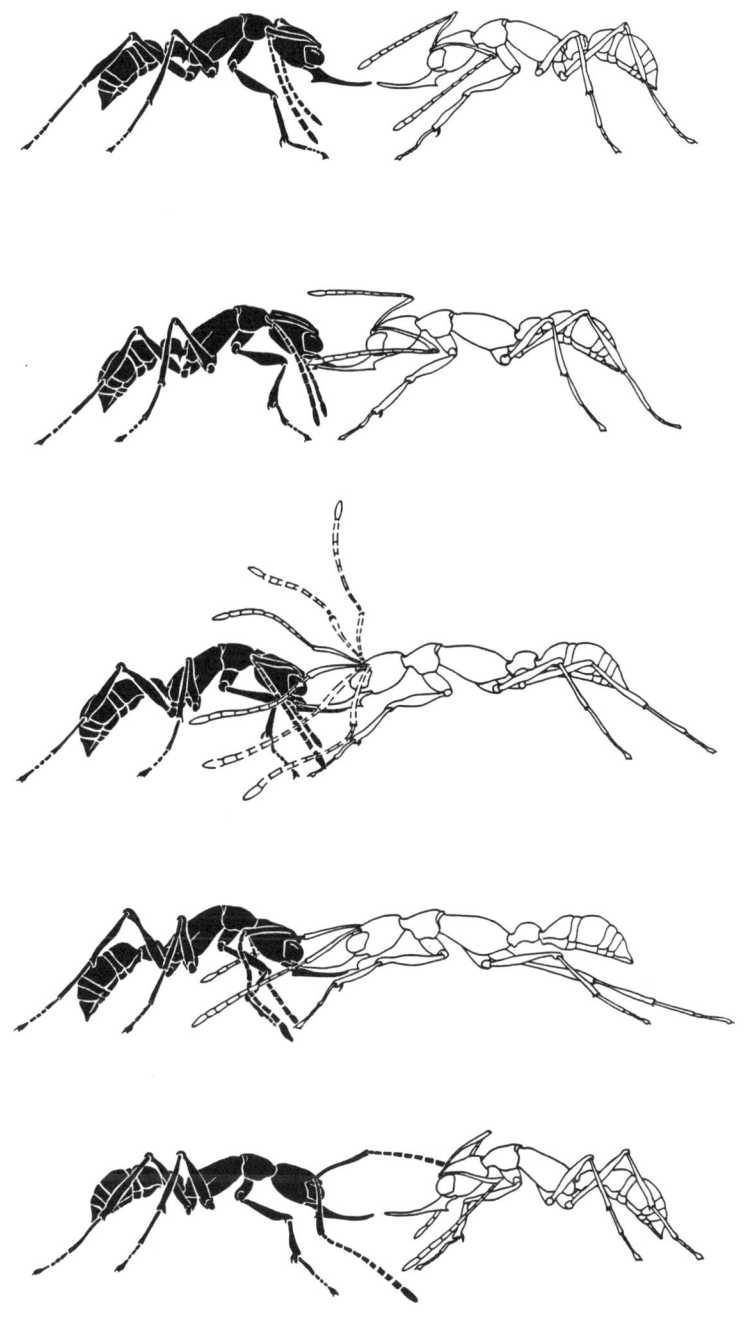

아시아산 개미 하르페그나토스 살타토르의 같은 집 동료 사이에서 벌어지는 의식적儀式的 결투. 이 그림은 전형적인 싸움 순서로서, 전진하는 일개미가 후진하는 자매 개미를 더듬이로 후려친다. 두 마리가 이런 동작으로 몸길이만큼 이동한 다음엔 역할이 바뀌고 이번엔 맞았던 자가 때리는 자가 된다(오버메이어 Malu Obermayer의 그림).

갈등과 순위제

자, 개미집 건축자 그리고 먹이 조달자 노릇을 한다. 끝으로 세 번째 계급은 교미한 열위자들로 이뤄진다. 이들은 다시 두 종류로 나뉜다. 우선 신분 상승도 없이 그저 가까스로 교미한 일꾼들이 그 하나이고, 나머지 하나는 전의 우위 생식 일개미들로서 그들보다 경쟁력이 큰 동료 개미에게 자녀를 내주고 아래쪽 계층으로 밀려난 자들이다. 이 세 번째 계급 구성원들의 운명은 각기 그들의 경쟁 상대자들이 장차 어떤 건강과 행동을 나타내느냐에 달려 있다.

이와 같이 복잡한 계급 시스템의 상태는 의식화된 결투의 형태에 의해 안정되는데 이 때 일개미들은 더듬이를 채찍처럼 휘두른다. 서로의 공방은 한쪽 개미가 다른 쪽을 내리치고 다른 쪽의 몸을 떠밀어 뒷걸음질치게 만드는 것으로 시작된다. 첫번째 개미가 상대방을 계속 밀어 그 한 쌍이 어느 한쪽으로 몸의 길이만큼 옮겨지면, 전체 과정이 뒤바뀐다. 이젠 반대쪽 개미가 첫번째 개미를 밀어젖혀 물러서게 한다. 침략자가 공격해 오면 더듬이의 긴 첫째 마디를 뒤쪽으로 돌려 자기의 머리 양 옆에 기대고 난 후 더듬이의 신축성 있는 바깥쪽 마디들을 상대방 쪽으로 뻗친다. 상대편 몸을 후려치는 힘은 상당히 강해서 더듬이의 바깥쪽 마디들이 그 충돌시 되돌아와 휘어질 정도다.

이 두 전사는 이렇게 괴이한 2인무를 24회 반복한 다음 그저 서로 반대쪽으로 걸어간다. 분명한 승자도 없고, 전체 연출은 사회적 동등을 재확인하는 데 불과한 듯이 보인다. 그러나 인도침개미 하르페그나토스는 때때로 제2의 전투 형태를 사용하기도 하는데, 좀더 결정적이다. 한쪽 개미가 다른 쪽 개미의 더듬이를 양 옆으로 후려치면서 상대방 개미에게 접근하는 것이다. 이러한 행동은 흔히 열위자가 우위자인 같은 집 동료 개미에게 이겨 보려고 할 때 자주 쓰인다. 흔히 도전을 받은 개미는 이러한 접근을 무시하고 하던 일을 계속한다. 그 대신 전진 후퇴 전투 양식을 개시할 때도 있다. 또는 긴 큰턱으로 상대방을 붙잡아 아래쪽으로 세게 밀어치는 전면 공격으로 발전할 때도 있다.

이 인도침개미 하르페그나토스의 같은 집 동료들간에는 흔히 서로 싸우더라도 절제와 겸손을 발휘하는 식으로 순하게 이뤄질 때가 많다. 우위자가 접근하면 열위자는 간단히 자기 몸을 낮추고 더듬이를 뒤쪽으로 젖힌다. 그러면 우위자는 동료 개미의 몸을 살짝 물면서 그 몸 위를 딛고 올라서는 반응을 보인다. 그러고 나서 둘은 평화로이 서로 떨어져 나간다.

인도침개미의 군체 생활에 언제나 갈등만 있는 것은 아니다. 겉보기에는 매우 조용한 시기도 있는데 이 때엔 순위제에 관련된 상호 작용이 관찰되지 않는다. 그러나 하층 계급에서 위로 올라가고 있는 일개미가 상층 개미 한 마리에게 도전하기로 작정하면 평화는 깨진다. 이러한 그의 작전에 우위 일개미들 사이에는 의식적 전투가 촉진되는데 그 서두르는 것이 마치 상층 동료들간에 그들 자신의 높은 지위를 다지려는 것 같기도 하다. 이와 동시에 이 일개미들은 하층에서 감히 도전해 오는 어떤 개미에게도 공격을 서슴지 않는다. 이러한 분투 과정에서 언제나 상층 개미들이 승리하는 것은 아니다. 일부는 중간 계급으로 떨어지고 그 빈 자리에는 이전의 열위자가 들어선다. 그래서 사회는 겉보기에는 항상 같지만 속으로는 영원히 변하고 있어, 헤라클레이토스의 변화 무쌍의 철학을 따라 움직여 나가는 것이다.

협동의 기원

생물학에 관한 질문은 대개 그것이 어떻게 작동하느냐와 그리고 어째서 그렇게 작동하느냐의 두 가지로 귀착된다. 바꿔 말하면, 한 과정이 어떤 해부학적 및 분자적 행위에 의해 수행되는가와 진화 도중에 그 과정이 어째서 다름 아닌 그런 식으로 출현하게 되었느냐를 묻는 것이다. 생물학자들은 기본적으로 개미 사회가 어떻게 움직여 나가고 있는지, 또한 이들이 1억 년 내지 1억 2000만 년 전에 출현한 것을 알고 있다고 생각한다. 이제 왜 이렇게 중요한 사건이 일어났는지 물을 때가 되었다. 도대체 말벌 조상이 사회 생활의 어떤 이점(?)을 받아들여 마침내 개미가 되었을까?

개미 사회의 유일하면서도 가장 중요한 성질은 바로 일꾼 카스트가 있다는 점이다. 이 카스트는 어미의 필요에 도움을 주는 암컷들로 구성되며, 또한 자신의 생식 기능을 포기하면서 자매와 형제를 키운다. 바로 그 본능이 이 일꾼 카스트로 하여금 자신의 자식 갖기를 포기하게 할 뿐 아니라 군체를 위해서는 생명까지 거는 모험을 하게 만든다. 단지 먹이를 찾아 집을 떠나는 일만 해도 안전보다 위험을 선택하는 행위다. 연구 결과 미국 서부 수확개미의 일종인 포고노미르맥스 칼리포르니쿠스 *Pogonomyrmex californicus*는 먹이를 찾아 활동할 때에는 이웃 군체들과 싸우느라 시간당 6퍼센트의 사망률을 감수한다. 이 밖에 포식자의 공격을 받거나 길을 잃어 죽는 개미도 있다. 이런 사상률은 매우 높지만 그렇다고 이들만에게 있는 현상은 아니다. 진짜 자살은 북아프리카의 사막에서 죽은 곤충과 기타 절지동물을 먹는 카타글리피스 비콜로르 *Cataglyphis bicolor*의 일꾼들의 운명이기도 하다. 스위스의 곤충학자 슈미트헴펠 Paul Schmid-Hempel과 베너는 일개미의 약 15퍼센트가 집을 떠나 멀고 위험한 먹이 탐색 활동에 나서는데, 이 때 거미와 파리매에게 많이 잡아먹힌다는 사실을 발견하였다. 이러한 먹이 탐색에 일개미가 평균적으로 보내는 시간은 약 1주일인데 이 짧은 기간에 이 개미가 거둬들이는 먹이는 자기 체중의 15~20배가 된다.

그러면 생물학에서의 두 번째 질문으로 되돌아가서, 개미는 왜 그렇게 이타적으로 행동하는가? 우선 어떤 종류의 사회 행동이건 그 기원이라고 하는 보다 큰 물음에 대해 생각해 보자. 도대체 집단 속에서 산다는 것의 다위니즘적인 이점은 무엇인가? 이에 대한 올바른 답은 역시 가장 분명한 답이기도 하다. 만약 어떤 동물이 일생을 살아가는 데 있어 집단의 구성원으로 살 때 한결같이 살아 남고 자식을 더 많이 낳는다면, 그것은 곧 외톨이로 사는 것보다 협동하여 사는 편이 낫다는 말이 된다. 실제 증거를 보면 자연에서 그것이 일반적으로 사실임을 알 수 있다. 예를 들면 떼를 지은 새와 코끼리는 각자 따로 살 때보다 더 오래 살고 자식을 더 많이 갖게 된다. 집단이 갖는 힘 때문에 먹이를 더 빨리 찾고 적을 방어할 때도 성공할 가능성이 크다.

이렇게 수적으로 우세하면 강해진다는 이론은 집단 구성원들이 서로 협동하면서 각자 이익을 추구하는 단순한 동물 사회의 경우엔 잘 통한다. 그러나 일개미들의 놀라운 희생적 성질을 설명하기에는 충분하지 않다. 이 헌신적인 암컷들은 젊어서 죽고, 자식을 남기는 일도 거의 없는 것이다.

개미의 이타주의利他主義에 관한 이러한 수수께끼는 동물의 행동을 연구하는 데 있어 역사적인 구실을 수행하였다. 그간 생물학자들은 여러 세대에 걸쳐 이러한 현상을 다윈의 자연 선택에 의한 진화론에 맞춰 보려고 애썼다. 그리고 그런 과정에서 설명이 복잡해지는 경우가 많았다. 그러나 현재 이에 대한 지배적인 이론은 혈연 선택 kin selection에 의한 진화로서, 이것은 다윈이 처음으로 생각한 자연 선택을 약간 변형한 것이다. 혈연 선택이란 근연자들이 갖고 있는 유전자 중 어떤 것에 대해 한 개체가 취하는 행동이 선호 또는 기피로 나타나는 것을 말한다. 예를 들어 가족 중 한 구성원이 미혼을 선택하고 아이를 갖지 않으면서 자신의 누이동생들을 위해 헌신한다고 하자. 만약에 이러한 희생적 봉사가 이 자매들로 하여금 희생적으로 헌신하지 않을 경우보다 자식을 더 많이 낳고 기르게 유도한다면, 이 미혼 개미와 그의 자매들이 함께 갖는 유전자들은 자연 선택에 의해 선호되고 집단 내에 더 급속히 전파될 것이다. 보통 동물(과 인간)의 자매들은 평균적으로 그들의 공통 혈통이 갖고 있는 유전자의 절반을 함께 갖는다. 바꿔 말하면, 그들이 갖는 유전자의 절반은 그들이 같은 양친에게서 태어난 덕택에 동일하다. 이제 이타자가 해야 할 일은 그의 자매 하나가 기르는 아이의 수를 두 배 이상으로 늘려서, 자신이 스스로 자식을 갖지 않음으로써 미래 세대에서 잃을 유전자를 보충하는 일이다. 이 점이 바로 혈연 선택의 핵심이다. 게다가 이런 식으로 퍼지는 유전자가 개체들로 하여금 이타적 행동을 하도록 촉진하는 성향을 나타낸다면 이 특성은 그 종의 일반적 특징이 될 수 있다.

다윈은 이 생각을 그의 저서 《종의 기원》에서 유전자의 수를 일일이 계산하지 않고 매우 일반적인 형태로 서술하였다. 다윈은 개미와 다른 사회성 곤충에 큰 흥미를 갖고 있었다. 그는 런던에서 가까운 다운스Downs에 있는 시골 집 근처에서 개미들을 관찰하고 영국 자연사 박물관의 곤충학자 스미스Frederick Smith에게서 여러 가지를 더 배우려고 그 박물관을 방문하였다. 그는 말하기를 "개미에게서 한 가지 특별한 어려움을 발견하였는데, 언뜻 보기에 풀 수 없는 문제 같았고 그래서 그것은 나의 학설 전체에 치명적인 타격을 줄 것으로 보였다"고 했다. 이 위대한 자연 연구가는 곤충 사회에서는 일꾼 카스트들이 생식 불능이라 자식을 낳지 못하는데도 어떻게 진화가 되었을까 하고 자문해 보았다.

다윈은 그의 이론을 살리기 위해 자연 선택이 한 개체에 작용하는 것이 아니라 가족 전체 수준으로 작용한다는 생각을 도입하였다. 그는 추리하기를 만약 가족의 일부 구성원들이 불임성이지만 곤충 군체에서처럼 임성 근연자들의 복지를 위해 중요한 구실을 한다면 가족 수준에서의 선택은 가능할 정도가 아니라 불가피해진다. 가족 전체가 다른 가족을 상대로 생존과 번식의 경합을 벌인다는 의미에서 이타적인 근연자를 창출하는 능력이 선택의 단위로 이바지한다면, 불임성이지만 유전적 진화 과정에서 선호될 것이다. 다윈은 그의 책에서 이렇게 썼다. "향내가 좋은 채소는 요리되고, 그 개체는 죽는다. 그러나 원예가는 그와 같은 종류의 씨를 뿌려 거의 같은 품종이 나올 것으로 기대한다. 소 사육가들은 고기와 기름이 대리석 무늬처럼 잘 섞인 것을 좋아한다. 그래서 그 소는 도살되지만 사육가는 이 소와 같은 가족에 대해 더 신뢰를 갖는다." 결국 불임성 일꾼 카스트도 나무에서 따낸 사과 하나나 한 떼의 소 중에 선택되어 도살된 송아지처럼 개미 군체들로부터 나오고 희생될 수 있는 것이다. 그래도 그들의 유전자는 살아 남은 근연자들에 의해 퍼져 나간다. 다윈은 이어서 개미 군체의 병정과 작은 일꾼들에 관해 다음과 같이 말하였다. "이러한 사실을 두고 볼 때 나는 자연 선택이 임성의 양친에게 작용함으로써, 몸이 크면서 큰턱을 한가지 모양으로 갖고 있는 것이나, 몸이 작으면서 큰턱이 매우 다른 모양을 한 것 또는 마지막으로 이것이 우리의 가장 큰 골칫거리지만, 한가지 크기와 구조를 한 한조의 일꾼과 이와 함께 이와도 다른 크기와 구조를 가진 또 다른 일꾼조를 이루는 불임형 neuters들을 규칙적으로 낳는 종을 만들어 낼 수 있다고 생각한다."

　다윈은 어떻게 해서 자기 희생이 자연 선택을 통해 나올 수 있는가를 설명하기 위해 혈연 선택의 원리를 기초 수준에서 정의하였다. 더 적절하게 말한다면, 그는 어떻게 일개미들이 그의 학설에 대한 장애 요인으로서 제거될 수 있는가를 보여 줌으로써 바로 이 중요한 문제를 잠재운 것이다. 그 후 100년간 곤충학자들은 이 불임성 카스트가 어떤 심각한 이론적 문제도 제기하지 않는다는 생각으로 안이하게 지냈다. 곤충 사회는 왜 출현했는가? 곤충학자들은 단지 그 이유를 집단 생활의 이점 때문이라고 생각했고 불임성 카스트는 그 과정에서 나온 논리적 연장에 불과한 것으로 보았다. 그 이상은 전혀 문제삼을 필요가 없을 것 같았다.

그 후 1963년에 영국의 곤충학자이면서 유전학자인 해밀턴 William Hamilton이 특별한 묘안을 생각해 냈고 이로 말미암아 이 문제는 놀랍게 재등장하였다. 간단히 말하자면 그의 말은 벌, 말벌 그리고 개미로 이뤄지는 벌목 곤충은 성을 유전하는 그들 나름의 방식으로 말미암아 이미 유전적으로 사회성이 될 소질을 타고났다는 것이다. 혈연 선택은 다윈이 말한 것처럼 잘 들어맞고 있다. 그러나 벌목 곤충에서 보는 이상한 성결정 방식으로 말미암아 그것은 새로운 추진력이 되었다. 이 힘이 어떻게 작용하는지 보기 위해 우선 해밀턴이 확립한 혈연 선택의 일반 수량적 원리를 생각해 보자. 해밀턴이 말한 바에 의하면 이타적 특성이 진화되기 위해서는 근연자에게 돌아가는 이익이 공여자와 근연자 사이의 근연도의 역수를 능가해야 한다. 우선 한 근연자를 돕기 위해 한 공여자가 생명을 바치거나 적어도 자신의 아기를 갖지 않는 경우를 생각해 보자. 한 개체는 보통 자신이 갖는 유전자의 2분의 1을 형제 또는 자매와 공유하므로 2분의 1의 역수는 2이고, 따라서 만약 이타 유전자가 그 집단 내에 증가하기 위해서는 자기 희생의 대가가 형제 또는 자매의 자손을 두 배 이상 늘리는 것이 되어야 한다. 또한 이타자 역시 그가 갖는 유전자의 4분의 1을 삼촌과 공유한다. 이타자의 희생이 이런 방식으로 쓰인다면 이타자는 삼촌 쪽의 번식을 여덟 배 이상 늘려야 갖고 있는 유전자를 확산시킬 수 있다. 계속해서 그는 첫번째 사촌과 유전자를 8분의 1을 나눠 갖는다. 그 유전자를 확산시키려면 사촌의 번식을 여덟 배 이상 늘려야 한다. 유전자 전파는 이런 식으로 이뤄진다. 이 희생으로 얻어지는 이익은 이런 식으로 많은 근연자들에게 누적될 수 있다. 그러나 직접적인 공통 자식이나 사촌으로 경계 지어지는 가까운 근연자 테두리 밖에서는 근연도가 급격히 감소되어 알아보기조차 어렵게 된다. 따라서 반대 급부를 기대하지 않는 본능적 관용과 희생 같은 진정한 이타주의는 직계 가족의 구성원 사이에만 존재할 가능성이 크다. 요컨대 유전적 이타주의는 그 범위가 좁다고 할 수 있다.

이제 해밀턴이 벌목에서 발견한 묘수로 돌아가 보자. 개미, 벌, 말벌로 이뤄지는 벌목 곤충의 구성원들은 성을 반수 전수半數全數/haplodiploidy적으로 유전받는다. 이 말은 기술적인 용어의 냄새를 풍기지만 이에 관계되는 과정은 알려진 대로 매우 간단하다. 즉, 복상復相(두 벌의 염색체를 갖는)으로 이뤄지는 수정란은 암컷이 되고, 단상單相(한 벌의 염색체)인 미수정란은 수컷이 되는 것이다. 해밀턴은 암벌이 부모를 모두 갖고, 부모 각자가 같은 수의 유전자를 제공하므로 어미들은 갖고 있는 유전자의 반을 딸들과 공유한다고 설명했다. 이것은 동물에서 보통 볼 수 있는 상황이다. 그러나 자매들은 갖고 있는 유전자의 '4분의 3'을 서로 공유한다. 이와 같이 예외적으로 가까운 이들의 관계는 그들의 아버지가 미수정란에서 나왔다는 데서 기인한다. 따라서 아버지는 보통 상황에서처럼 양친의 것이 섞인 상태의 유전자를 갖지 않고 그의 어머니에게서 받은 한 벌의 유전자만 갖는다. 결국 말벌이나 개미 또는 그 어떤 벌목 곤충이라도 딸에게 주는 정자는 모두 동일하다. 따라서 자매들은 다른 동물의 경우와는 달리 서로간에 유전적으로 더 가깝게 된다. 그들이 갖는 유전자들은 2분의 1이 아닌 4분의 3이 같기 때문이다.

그 결과를 알아보려면 독자는 스스로 근연자들에게 둘러싸인 한 마리의 말벌이 되어 보기 바란다. 당신은 자신의 유전자 중 절반에 의해서 당신의 어머니와 연결되고, 딸과도 같은 정도에 의해 연결되어 있다. 그러니 그들에게는 보통 정도의 걱정을 베푸는 것으로 충분하다. 그러나 당신은 당신의 자매들과는 유전자의 4분의 3에 의해 연결되어 있다. 이제 괴상한 새 안배가 최적 상태임을 보게 된다. 즉, 당신의 유전자와 똑같은 유전자들을 다음 대에 물려 주기 위해서는 당신은 딸을 키우는 것보다 자매를 키우는 것이 더 이익이 되는 것이다. 당신의 세계는 바야흐로 아래위가 바뀐 셈이다. 이렇게 되면 당신의 유전자를 가장 잘 번식시키는 방법은 무엇일까? 답은 바로 한 군체의 구성원이 되는 것이다. 딸들을 포기하고 당신의 어머니를 잘 봉양해서 가능한 한 여동생을 많이 낳도록 도우라. 그래서 결국 말벌에게 줄 수 있는 가장 간결한 조언은 바로 다름 아닌 개미가 되라는 것이다.

그런데 당신의 형제에 대한 관계 역시 이상하게 되어 있다. 형제들은 아버지가 같지 않을 뿐 아니라 사실은 아버지가 아예 없다. 그 결과 그들은 갖고 있는 유전자의 단지 4분의 1에 의해서만 당신과 연결되어 있다. 이런 경우 최상의 방법은 꼭 필요한 양의 형제만을 키우는 것이고 또한 젊은 여왕을 수정시키기 위해 필요할 때만 키우는 것이며, 그런 식으로 하여 당신의 유전자를 퍼뜨리는 것이다. 당신이 만약 한 마리의 수컷 형제 중 한 개체라면 이에 개의치 않는 것이 상책이다. 그래도 당신은 하나의 새로운 군체 전체를 창시할 기회를 갖고 있다. 누이들을 기르는 데 시간을 보내 봤자 돌아올 보상도 없고, 먹이 사냥을 하다가 공연히 목숨을 잃는 위험을 감수할 필요도 없다. 군체에 신세 지면서 사는 것이 낫고 또한 몸과 행동을 암컷을 수정시키는 데만 전념토록 하는 것이 좋다. 요컨대 당신이 만약 벌목 곤충 군체의 수컷이라면 하나의 건달drone이 되라.

해밀턴의 개념은 우리가 늘 빤히 보고 있으면서도 대개 무시했던 개미, 벌 그리고 말벌의 사회에 대한 여러 가지 특이한 사실들을 설명하는 것 같았다. 그 특이한 사실 중 하나가 군체 생활의 계통 발생적 패턴이었다. 벌목 내에서의 단서성 및 군체성 종류는 알려진 곤충 종의 13퍼센트에 불과하지만, 발달된 사회 생활의 출현은 벌목 내에서 상호 독립적으로 12여 회나 일어났다. 그 외에서는 중생대 초기에 바퀴를 닮은 조상에서 유래한 흰개미에서만 볼 수 있다. 아직 설명되지 못하고 있는 또 한 가지 수수께끼는 곤충 사회에서의 성性/gender의 역할이다. 벌목 곤충의 수컷은 언제나 건달이 되고 일꾼은 반드시 암컷인데,

이 점은 성 결정이 보통 방식을 따르고 우리가 보통 기대하듯이 수컷 일꾼과 암컷 일꾼을 모두 만드는 흰개미와는 대조적이다. 해밀턴의 원래 생각은 개미와 다른 벌목 곤충 사회들이 갖는 여러 가지 특이 현상들을 설명해 줄 열쇠가 될 것처럼 여겨졌다.

그러나 이야기는 여기서 끝나지 않는다. 바로 묘수 속에 묘수가 있는 것이다. 미국의 사회 생물학자인 트리버스Robert Trivers는 해밀턴의 주장이 개미 일꾼들이 군체에 대한 투자를 수컷 생산에 하는 것보다 새 군체를 창시하도록 되어 있는 암컷인 새로운 여왕의 생산에 세 배 이상 투입할 때만 맞는다는 것을 알아냈다. 그 이유는 다음과 같은 간단한 기초 대수학적 관계 때문이다(이 모든 중요한 생각들은 편지 봉투 뒷면에 단 수분 동안 끄적여 나타낼 수도 있는 것이다). 만약 새로운 여왕과 수컷이 같은 수로 만들어졌다면 일꾼과 이들 생식 동료들reproductive siblings의 전체적 유전적 근연 관계는 2분의 1이어서 마치 성 결정이 반수 전수적이 아니라 일반 방식에 의해 결정되었을 때와 같다. 즉, 다음과 같이 계산된다. 3/4(자매간 근연도)×1/2(여왕과 수컷으로 이뤄지는 왕실 가족 중 여왕, 즉 자매의 비율)+1/4(형제간의 근연도)×1/2(왕실 가족 중 수컷, 즉 형제들의 비율)=1/2, 즉 (3/4×1/2)+(1/4×1/2)=1/2. 따라서 일꾼들이 그들의 유전자 증식을 도모하는 유일한 방법은 자매의 비율을 늘리는 것이므로 그 비율이 3/4이면 최고 수율收率이 나온 것이다. 즉, (3/4×3/4)+(1/4×1/4)=5/8가 된다. 3대 1의 비율은 진화상 평행을 이루는데 그것은 수컷들의 생식 성공 기대치가 그램당으로 보았을 때 여왕들의 생식 기대치의 세 배가 되기 때문이다.

그러나 일꾼들은 새로운 수컷보다는 새로운 여왕에게 세 배를 투자함으로써 그들의 이익이 최대로 보장된다는 것을 실제로 '알 수 있는' 것일까? 지금까지 축적된 데이터에 의하면 그들은 이러한 조절을 어떻게든 하고 있는 것으로 나타났다. 그리고 이런 비율을 관리하는 데 있어 일꾼들은 어미들의 최대 이익을 방해하고 있다. 왜냐하면 어미들의 최대 이익은 성비가 3대 1이 아닌 1대 1일 경우 유전자 증식을 최대화하기 때문이다. 어미가 1대 1 비율을 선호하는 이유는 어미가 아들 및 딸과 모두 같은 정도로 근연도를 맺고 있어서 그 비율을 깨면 투자상 손실을 초래하기 때문이다. 결국 개미 군체에서 연출자는 일꾼들인 것 같다는 말이 된다. 게다가 그들은 자기 몸을 희생할 준비가 되어 있으므로, 그들 유전자의 이기적 이익의 방향으로 행동하는 셈이다. 다윈은 이에 관해 기본 개념에서는 옳았다. 그러나 그는 혈연 선택에 관한 처음 생각이 결국 이와 같이 신비롭고 고난으로 얼룩진 역정에 의해 지지되리라곤 결코 예견하지 못했을 것이다.

그러나 이 생각은 실제로 응용해 보면 흠이 없지 않다. 이 개념은 예를 들어 군체의 모든 구성원들이 동일한 아버지를 가질 때 가장 잘 들어맞는다. 그러나 실제 우리는 개미 종의 상당수에서 여왕은 두 마리나 그 이상의 수컷과 교미함으로써 일꾼들이 서로 덜 가까워지게 한다는 것을 알고 있다. 그런데도 아직 실험으로 입증된 것은 아니지만 양육 일꾼들이 그들에게 가장 가까운 여왕과 수컷을 키우는 데 치우치리라는 것은 꽤 가능한 일이다.

자연 선택에 의한 진화의 산물로서의 곤충 사회에 뒤따르는 또 다른 결과들이 있다. 이기적 유전자의 개념은 개미 군체와 다른 조밀한 동물 사회를 이해하는 데 기본이 되는데, 근연자들간은 서로 알아보는 반면 외부자는 차별하는 능력이 있음을 전제로 한다. 그런데 개미는 이러한 능력을 극단적으로 갖고 있음을 알게 되었다. 그들은 이들간의 차이를 냄새로 알아낸다. 군체 냄새를 과연 어떻게 식별하는지 알고 싶으면 집과 먹이 사이를 왔다갔다하는 일개미들의 행렬을 살펴보라. 개미들은 머리를 서로 맞대고 잠시도 쉬지 않고 눈 깜짝할 사이에 상대를 살펴본다. 이 동작을 저속 영화로 찍어 보면 일꾼들은 각각 자기 더듬이를 상대 개미 몸의 일부에 대고 훑는 것을 볼 수 있다. 그 순간 더듬이에 있는 후각 기관은 상대 개미가 같은 편인지 적인지를 말해 준다. 만약 같은 편이면 지체 없이 계속 달리고, 다른 군체에 속하는 적이면 도망치거나 더 가까이 가서 세밀하게 살핀다. 그러고 나서 공격을 하기도 한다.

만약 어떤 군체에 속하는 일개미가 머뭇거리다가 실수로 다른 군체의 집으로 들어가면 거주 개미는 이 외부자를 즉시 알아본다. 이 때 나타내는 반응은 실로 다양하다. 반응이 양호한 경우엔 거주 개미가 외부 개미를 그대로 용납하지만 몸에 이 군체 냄새가 밸 때까지 먹이를 조금밖에 안 준다. 반대로 극단적인 경우엔 외부자를 격렬히 공격하는데 큰턱으로 몸과 사지를 꼭 잡고 침으로 찌르거나 독액을 분사한다.

군체의 냄새는 각 개미의 몸 표면 전체에 퍼져 있는 것 같다. 그 냄새가 탄화수소의 독특한 혼합체라는 일부 증거가 있다. 이 물질들은 탄소와 수소가 연결 고리에 꿰어 있는 식으로, 구조적으로 볼 때 유기 화합물 중 가장 간단하다. 그 중 제일 기본적이고 잘 알려진 예는 메탄과 옥탄이다. 그러나 탄화수소 분자들은 탄소 고리를 연장하거나 곁사슬을 달거나 탄소 원자들 사이에 보통의 단일 결합 대신 이중 결합 또는 삼중 결합을 끼워 넣음으로써 거의 무한정 다양화될 수 있다. 게다가 여러 가지 다른 탄화수소를 섞거나 서로의 비율을 달리하면 더 다양화될 수 있고, 실제로 여러 가지 독특한 냄새를 창출할 수 있다. 이러한 혼합체는 우리 사람의 코에는 자동차 정비 공장 냄새를 방불케 하나 개미에게는 우의와 안전의 미묘한 분위기를 전해 준다. 탄화수소는 게다가 순전히 물리적인 이점을 나타내는데 그것은 이들이 개미와 기타 곤충의 표면을 덮는 왁스막의 상외피上外皮/epicuticle에 쉽게 녹는다는 점이다. 이 책을 쓰고 있는 지금도 이러한 탄화수소 가설은 결정적으로 증명되지 못한 상태지만 이 물질들이 적어도 지지적인 구실을 한다는 증거는 확보되고 있다.

그 정확한 화학적 구성이 어떻든 간에, 도대체 군체 냄새라는 것은 어디서 만들어지는 것일까? 만약 일꾼마다 각자 자신의 냄새를 만들어 내다면 개미집은 온통 갖가지 냄새의 수라장이 될 것이고 따라서 철저한 사회 조직의 달성이 어렵거나 불가능해질 것이다. 그러나 군체들은 한 가지의 공통된 그러면서 독특한 화합물의 혼합체를 갖출 만큼 능률적으로 기능한다. 곤충학자들은 그간 개미들이 군체 냄새를 만들었을 성싶은 몇 가지 방법을 시사해 왔다. 첫번째이자 가장 그럼직한 것은, 마치 연기가 자욱한 식당에서 손님의 옷에 배어 드는 냄새와 같이 냄새가 주위 환경으로부터 들어온다는 것이다. 같은 개미 군체에 속하는 구성원들은 정기적으로 서로 몸을 맞대고 비비거나 몸 표면을 핥는다. 대개의 종에서는 앞이 키틴질로 싸인 위장 속에 저장해 놓은 액체먹이를 토해 낸다. 이런 식으로 군체 특유의 냄새가 만들어질 뿐 아니라 개미집 내 전체 집단은 여러 가지 물질을 전반적으로 나눠 갖기 때문에 단일한 군체 냄새가 창출될 수 있다. 그러나 이것은 하나의 이론이다.

공동의 냄새를 얻게 되는 또 다른 가능한 근원을 든다면 체내의 특수샘에서 분비되는 유전적 물질일 것 같다. 이 물질들은(만약 존재한다면) 개미에서 개미에게로 화장 행동과 토해 내기에 의해 전달될 수 있다.

군체의 냄새를 주위 환경에서 얻건 또는 체내에서 생산되는 유전적 물질에서 얻건, 이렇게 물질을 시시각각 섞는다는 것은 그 군체가 오로지 그 군체에서만 나오는 특수한 공동의 냄새인 후각적 형태 Gestalt를 갖도록 보장한다. 이 후각적 형태는 그 군체의 환경이나 유전적 조성에 변동이 생김에 따라 함께 달라질 수 있다. 그러나 시간이 지남에 따라 냄새 신호가 달라진다고 해서 큰 문제가 생기는 것은 아니다. 실험에 의하면 성체 개미는 새로운 군체 냄새를 쉽게 학습할 수 있고 또 아직 어릴 때엔 특히 그렇다는 것이 밝혀졌기 때문이다.

군체 냄새가 만들어질 수 있는 또 하나의 방법이 있는데, 그것은 가장 간단하고도 안전한 방식이다. 여왕이 이 식별 화학 물질을 만들어

낸 다음, 일개미들이 화장 행동과 토해 내기로 모두에게 전파하도록 그들에게 맡겨 두는 것이다. 이러한 방식은 실제로 존재한다. 바로 휠도블러와 그의 젊은 공동 연구자인 칼린 Norman Carlin이 왕개미속의 왕개미에게서 발견한 현상이다. 이 두 사람은 실험실에서 키우고 있는 군체들 사이에서 여왕과 일꾼을 이리저리 옮겨 주는 복잡한 실험을 한 결과, 왕개미는 여왕 냄새뿐 아니라 두 가지 다른 가능한 냄새 출처를 사용하는데 그것도 계층적 서얼에 따른다는 사실을 발견하였다. 특히 어미여왕에게서 나오는 냄새 자극은 일꾼들이 같은 군체 동료를 알아보는 데 가장 중요하고, 그 다음은 일꾼들에게서 나오는 것, 그리고 그 다음이 주위 환경에서 얻는 냄새 순이다.

개미의 냄새 세계는 이 곤충들이 마치 화성에서 온 식민 이주자나 되듯이 생소하고 복잡하다. 냄새에 의존하는 궁극적 징표가 무엇이든 간에 그들은 어떤 다른 죽음의 징후에 대해서는 알지 못하면서, 심지어 시체를 알아보고 처리하는 데까지 소수의 화학 물질을 쓴다. 개미가 집 안에서 죽을 때면 개미는 그저 쓰러지고 흔히 다리를 몸 밑으로 구겨 넣는다. 처음엔 그의 동료들이 이 일을 알아차리지 못하는데 그것은 이 시체가 아직 살아 있는 일꾼의 냄새와 거의 같은 냄새를 풍기고 있기 때문이다. 그러나 하루나 이틀이 지나 분해가 시작되면 다른 일개미들이 이것을 들어올려 개미집 밖으로 운반해 쓰레기 더미 위에 버린다. 고대 그리스와 로마의 저술가 일부가 개미에게는 공동 묘지가 있다고 썼고 그 신화가 오늘날까지 전해오고 있으나, 사실은 그와 달리 공동 묘지는 없다. 개미들은 시체를 그저 군체의 쓰레기장에 갖다 버리거나 집 밖의 맨 땅바닥에 버린다. 때때로 다른 종에 속하는 도둑개미가 시체를 가져가 제 집에서 먹이로 쓰는 경우가 있다.

윌슨은 1958년에 다른 두 사람의 연구자와 함께 개미들이 시체를 알아보는 데 쓰는 부패 화합물의 종류를 결정하는 작업에 착수하였다. 이를 위한 공동 작업은 이 곤충의 후각 암호를 해독해서 알아내려는

카린과 휠도블러가 플로리다 왕개미의 일개미들 사이에서 일어나는 공격성을 연구하는 도중 발견한 공격의 세 단계. 즉, 위에서부터 단순한 과시, 부속물(여기에서는 더듬이)을 잡고 당기기, 그리고 전면 공격을 나타내는데 보통 어느 한쪽이나 양쪽 모두가 죽음으로써 끝난다.

플로리다 왕개미의 일개미들이 여왕을 둘러싸고 여왕의 몸을 거의 계속해서 핥는다. 이렇게 하여 이들은 군체의 냄새를 이루는 중요한 요소를 구성하는 화학적인 여왕의 표지 성분을 얻어 내는 게 분명하다.

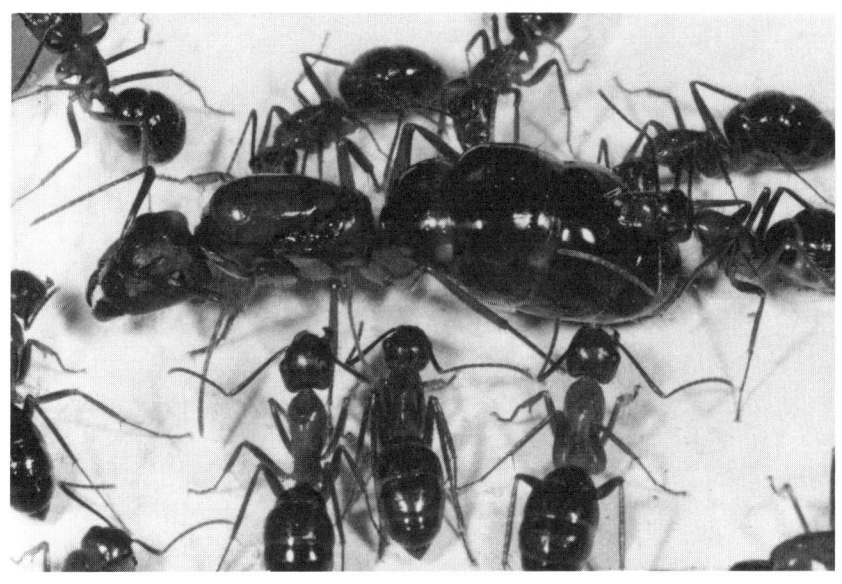

첫번째 노력 중 하나였으며, 이에 사용된 방법은 지극히 직접적이었다. 우리는 우선 곤충의 시체에 축적되는 것으로 알려진 일련의 화합물들을 순수 합성 형태로 얻었다. 다행히도 이미 다른 과학자들이 이 비밀스런 화학적 주제에 대해 조심스레 연구한 바가 있었다. 우리는 이 물질들을 네모진 종이 조각에 소량 묻혀서 그것을 실험실 내에 사육 중이던 수확개미와 불개미집에 넣어 주었다. 그리고 개미들이 어떤 종이 조각을 쓰레기장에 갖다 버리는지 살펴보았다. 실험실은 여러 주 동안 사람의 시체에서 나오는 것 같은 고약한 냄새를 풍겼는데 그 냄새 속에는 지방산류, 아민류, 인돌류, 유황 메르캅탄류의 불쾌한 물질들이 들어 있었다. 놀랍게도 이 물질들은 모두 우리 인간, 즉 연구자들에겐 효과를 발휘했으나 개미에게는 단 한 가지의 작은 화학 물질 그룹만이 작용했다. 사슬이 긴 지방산만이, 특히 올레산이나 그것의 에스테르들만이거나 아니면 이 두 가지의 혼합물이 시체 제거 반응을 완전히 나타냈다. 그러나 진짜 시체를 솔벤트로 철저히 씻어서 올레산을 제거해 주었더니 그들은 시체를 개미집에서 꺼내기조차 하지 않았다. 즉, 꼼짝않는 부동 자세만으로는 적어도 개미의 감각으로 볼 때는 시체가 되지 못함을 증명한 것이다.

일개미들에게 있어서 시체란 올레산이나 이와 아주 비슷한 물질을 몸에 묻히고 있는 것이면 무엇이건 다 해당된다. 이 문제에 관해 개미는 소견이 매우 좁다고 할 수 있다. 개미들이 시체로 분류하는 대상의 범위에는 바로 그 냄새를 지시하는 물질을 갖고 있으면 살아 있는 동료 개미도 포함된다. 우리가 살아 있는 일개미에게 소량의 올레산을 발라 주었더니 다른 일개미가 와서 꼼짝않는 이 개미를 들어올려 쓰레기장에 갖다 버렸다. 그 후 버려진 개미는 스스로 몸을 씻은 후에야 집으로 되돌아올 수 있었다. 만약 충분히 씻지 않으면 다시 운반되어 쓰레기장에 버려졌다.

곤충학자들이 이 개미에 관해 야외와 실험실에서 시행한 여러 가지 연구 결과 배운 것은, 첫째로 다른 개체를 신속하고 정확히 분류하는 능력은 사회 생활에서 결정적으로 중요하다는 사실이다. 둘째로 이러한 작업은 소금 알갱이만하거나 그보다 작은 뇌가 냄새와 맛에 관한 다량의 정보를 처리해야 하는 부담 때문에 개미들은 일종의 단순하고 엄격한 규칙을 따라야 한다는 것이다. 그 결과 그들은 인간의 관점에서는 당연하게 보이는, 많은 자극들을 무시하고 이미 결정된 화학 물질에만 거의 자동적으로 반응한다. 이런 결과를 진화가 만들어 냈을 것 같지는 않으나 사실상 훌륭히 만들어져 왔다.

초개체

모든 개미는 맨눈에는 서로 같아 보인다. 그러나 이것은 새들을 1마일 밖에서 볼 때 여러 가지 새를 구별하기 힘든 것과 같다. 만약 확대경으로 예를 들어 2인치 거리에서 본다면 약 9500종으로 알려진 개미들은 마치 코끼리, 호랑이와 생쥐가 다른 것만큼이나 서로 다르게 보인다. 크기만 해도 엄청나게 서로 다르다. 예를 들어 가장 작은 남아메리카산의 브라키미르멕스 *Brachymyrmex* 개미나 아시아산의 올리고미르멕스 *Oligomyrmex*는 거대한 보르네오산 왕개미의 일종인 대왕개미 *Camponotus gigas*의 머리통 속에 편안히 들어앉을 정도로 작다.

개미 종을 통틀어 볼 때 뇌의 크기에서도 100배만큼의 차이가 날 만큼 변이가 크다. 그러나 과연 이것이 머리가 가장 큰 종류는 지능이 더 낮거나 적어도 더 복잡한 본능에 의해 움직인다는 것을 의미할까? 대답은 (지능에 대한 측정 자료는 없으므로) 본능 문제에 대해서만 말한다면 그렇다고 할 수 있으나, 차이는 아주 적다. 화장 행동, 알 돌보기, 냄새 길 놓기 등 여러 가지 행동을 이루는 행동의 수는 조사 대상이 된 많은 종류에서 보면 20~42가지가 된다. 그러나 몸이 가장 큰 개미는 최소 크기의 개미보다 약 50퍼센트만을 더 갖고 있다. 이러한 변이 정도는 여러 시간에 걸친 신중한 관찰 기록을 통해서만 비로소 알 수 있다.

개미 각각의 뇌 용량은 이젠 진화 과정에서 한계에 다다른 것 같다. 베짜기개미와 기타 고도로 진화된 종의 놀라운 묘기는 개미 군체 중 어떤 구성원이 발휘하는 복잡한 행동 능력이 아니라 함께 일하는 한 집의 많은 동료 개미들의 일치된 행동에서 오는 것이다. 군체에서 떨어져 나온 개미 한 마리를 따로 관찰하면 그것은 기껏해야 들에 홀로 있는 암컷 사냥꾼이나 땅에 구멍을 파는 작은 개미 한 마리의 일상적인 행동을 보는 것이 고작이다. 외톨이 개미 한 마리란 그야말로 하나의 실망스런 존재이고 전혀 진짜 개미라고 할 수 없다.

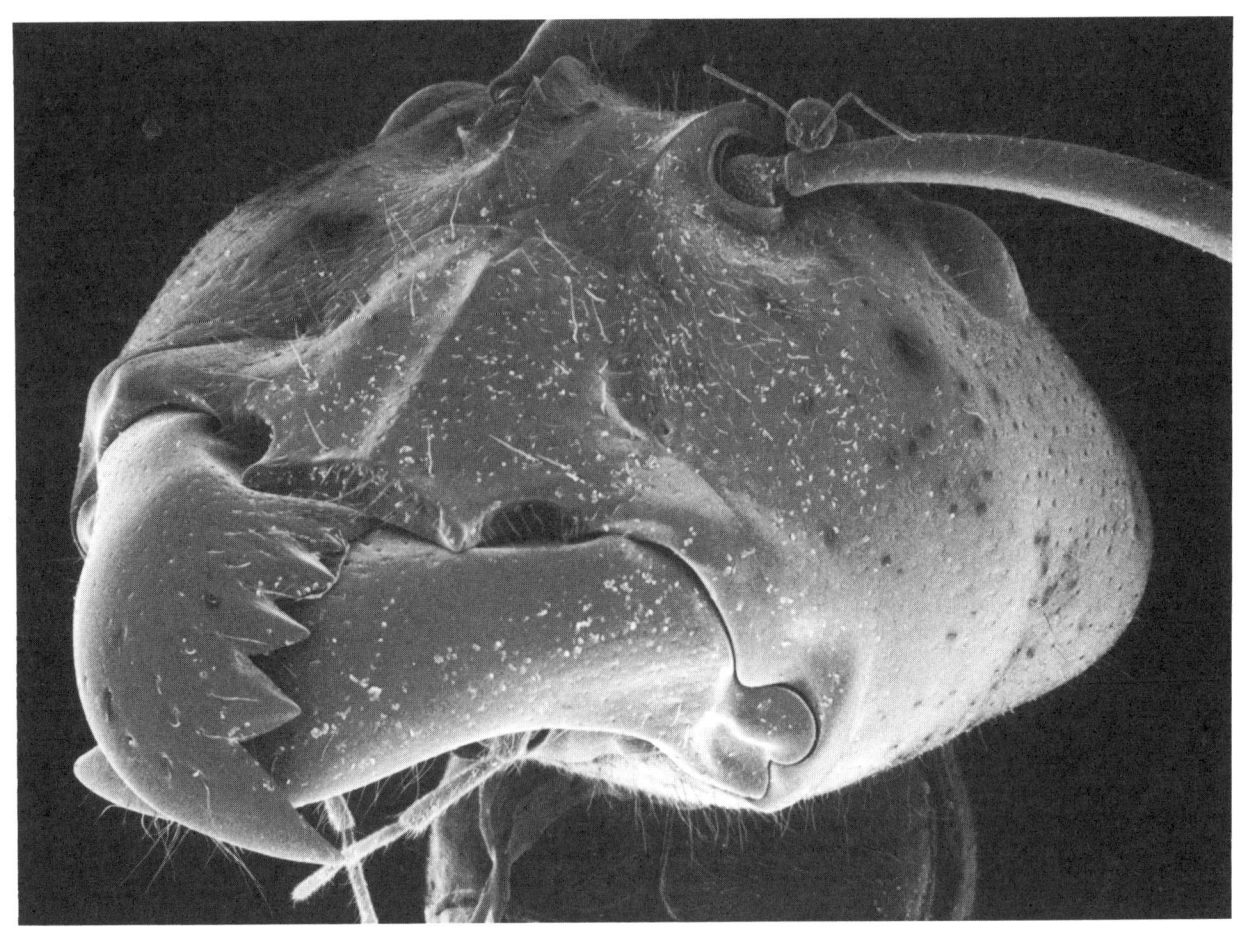

개미들의 크기와 개미가 만드는 군체, 즉 초개체의 크기는 매우 다양하다. 남아메리카산의 브라키미르멕스(이 종의 일개미가 보르네오산 대왕개미의 더듬이 뒤쪽에서 살짝 내다보고 있다)는 그의 군체 전체가 이 대왕개미의 머리 부피와 비슷할 정도이다(셸링의 주사 전자 현미경 사진).

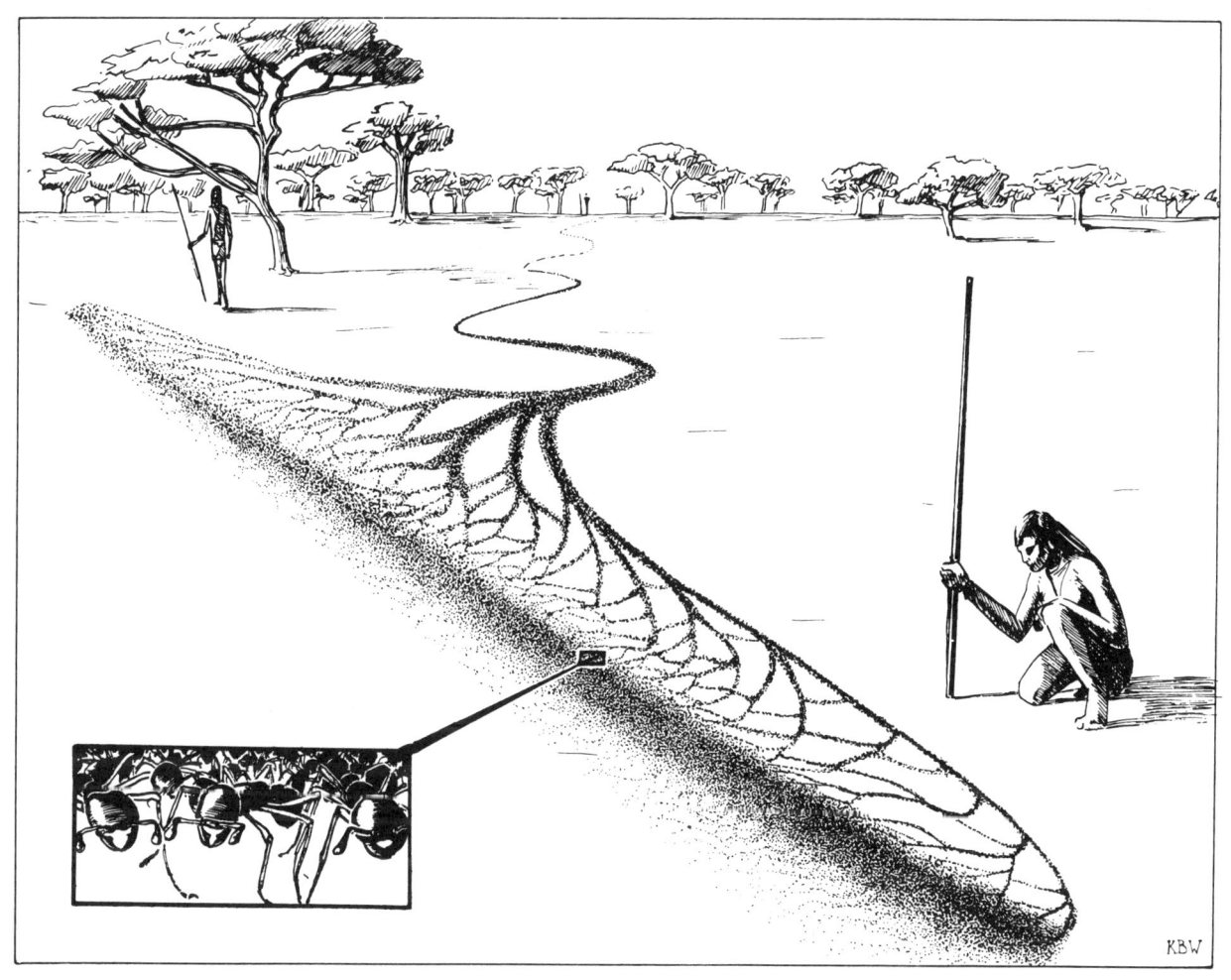

장님개미의 초개체: 동아프리카산 장님개미 도릴루스 *Dorylus*의 먹이 탐색 떼(브라운-윙의 그림).

군체란 군체의 종의 생물학을 이해하기 위해서 조사되어야 할 단위로서의, 한 생물 개체에 해당한다. 모든 곤충 사회들 가운데 가장 하나의 생물 개체처럼 보이는 아프리카 장님개미 driver ants의 거대한 군체들을 생각해 보라. 이 개미 군체의 행렬을 떨어진 거리에서 초점을 조금 흐리게 하여 보면, 영락없이 하나의 단일 생물체로 보인다. 그것은 마치 지면 위 100야드에 걸쳐 퍼진 거대한 한 마리 아메바의 허족과 같다. 그러나 가까이 보면 땅 속에 퍼진 불규칙한 터널과 방으로 된 지하 개미집에서 일개미 수백만 마리가 나와 달리기 동작을 일치되게 하고 있다는 것을 알게 된다. 이 행렬이 처음 나타날 때엔 점점 확대되는 돛대처럼 보이며 그 다음엔 하나의 나무 모양으로 바뀐다. 그 모양에서 줄기는 개미집으로부터 자라 나오고, 한 작은 집의 폭만한 크기의 수관부가 전방으로 뻗어나가면서 많은 가지들이 합쳐 줄기와 수관부를 연결하는 것이다. 이 개미떼에는 지도자가 없다. 일개미들은 최일선 가까이에서 초당 4센티미터의 평균 속도로 전후방을 왔다갔다한다. 선두에 있는 개미들은 앞쪽으로 약간 밀고 나가다가 돌아서서 후방의 덩어리 속으로 빨려들어가 다른 전진 주자들에게 자리를 물려 준다. 지면을 따라 놓인 굵고 검은 로프를 닮은 먹이 조달 개미의 행렬은 사실상 오가는 개미들의 분노에 찬 강들이라 할 수 있다. 최일선의 개미떼는 시간당 20미터를 전진하면서 도중에 만나는 키 작고 땅에 깔린 모든 식생을 먹어치우며 거의 모든 곤충과 뱀 그리고 기어서 달아날 수 없는 큰 동물까지도 잡아들여 죽인다(희생물 중에는 돌보는 사람 없이 내버려둔 어린아기가 있을 때도 간혹 있다). 이 개미떼의 흐름 방향은 수시간 후엔 반대로 바뀌고 행렬은 뒤쪽이 사그라지면서 개미집 속으로 들어가 버린다.

장님개미나 다른 사회성 곤충의 군체를 단순히 개체들의 밀집 이상으로 본다면 그것은 곧 하나의 초개체 超個體/superorganism를 말하는 것이며 이 때 자연히 사회와 보통 생물 개체 사이의 차이를 자세히 비교하게 된다. 하나의 꿈 같기도 한 이 초개체 개념은 금세기 초엔 매우 인기가 있었다. 휠러는 당대의 많은 사람들과 마찬가지로 그의 저술에서 이 말을 되풀이했다. 그는 1911년에 낸 그의 유명한 글 〈하나의 생물로서의 개미 군체 The Ant Colony as an Organism〉에서 동물 군체는 진실로 하나의 생물이며 결코 단순한 생물 개체의 유사체가 아니라고 하였다. 그것은 하나의 단위로서 행동한다는 것이다. 군체는 크기, 행동, 조직화에 있어 독특한 성질을 나타내며 이러한 성질들은 군체에서 군체로 그리고 세대에서 세대로 전파된다. 여왕은 생식 기관이고 일개미들은 여왕을 지지하는 뇌, 심장, 소화관 및 기타 조직들이다. 군체 구성원들간에 이뤄지는 액체 먹이의 교환은 생물에서의 혈액과 림프의 순환에 해당한다.

당시 휠러와 다른 이론가들은 자기들이 무언가 중요한 문제에 접하고 있음을 감지하였다. 그들의 말은 또한 과학계의 정상 테두리에서 이루어졌고 또 마테를링크 Maurice Maeterlinck의 '개미집의 정신 spirit of the hive', 즉 곤충의 무리에서 어떻게든 나오는 어떤 초월적 힘이나 어떤 안내자와 충동의 신화에 굴복하는 사람은 거의 없었다. 대개는 생물과 군체 사이를 물리적으로 명백하게 비유하는 수준에서 벗어나지 않았다.

이러한 시론試論은 그것이 아무리 정교하고 영감적인 것이라 하더라도 끝내 그 가능성을 모두 소진하고 말았다. 주로 그러한 비유에 근거하였던 접근 방식에 한계가 있다는 사실은 그 후 생물학자들이 군체 조직 내에 핵심적으로 내재하는 의사 소통과 카스트 형성의 세부 사항들을 더 밝히면서 더욱 분명해졌다. 1960년에 와서는 '초개체'라는 표현이 과학자들이 쓰는 어휘집에서 거의 사라졌다.

그러나 옛날에 과학에 존재했던 발상은 결코 완전히 사라지지 않는다. 신화 속의 거인 안타이오스Antaeos 불사신처럼 단지 그의 어머니인 땅에 내려왔다가 힘을 얻고 다시 일어서는 것이다. 이제 30여 년 전보다 개체와 군체에 관한 지식이 더 증대된 가운데, 이 두 가지 생물학적 조직화 수준은 더 깊이 있고 정밀하게 비교되었다. 이제 새로운 시도는 비유라는 지능적 쾌락보다 더 큰 목표를 설정하고 있다. 발생 생물학에서 나온 정보를 동물 사회 연구에서 얻어진 정보와 짜 맞추어, 생물학적 조직화에 관한 일반적이고 정확한 원리를 들춰 내는 것을 목표로 삼은 것이다. 개체 수준에서 열쇠가 되는 과정은 결국 세포들이 형태와 화학 반응을 바꾸고 집단으로 이동하여 개체를 구축해 나가는 형태 형성morphogenesis이다. 그 다음의 상위 수준에서 관건이 되는 것은 사회 형성sociogenesis으로서 이는 개체가 소속 카스트와 행동에서 변화하며 사회를 건설하는 일련의 단계들이다. 이제 생물학에서 일반적으로 제기되는 흥미로운 질문은 형태 형성과 사회 형성 사이의 공동 규칙과 연산법으로 표현되는 유사성에 관한 것이다. 이에 관한 보통 원리들이 얼마나 분명히 정의될 수 있는가에 따라, 오랫동안 추구해 온 일반 생물학적 법칙으로 인정받을 수 있을 것이다.

결국 개미 군체는 과학자들에겐 예사로운 관심거리 이상의 무엇이다. 초개체 진화의 극단적인 가능성은 장님개미가 아니라 역시 비슷한 정도로 장관을 이루는 가위개미속의 가위개미에서 가장 훌륭히 표현되고 있는 것 같다. 이 속은 15종이 알려져 있는데 모두 루이지애나와 텍사스 남부에서 그리고 아르헨티나에 이르는 신세계에 그 분포가 국한되어 있다. 이와 가까운 근연 관계의 아크로미르멕스속*Acromyrmex* (역시 신세계에서만 알려져 있으며 24종)은 가위개미속의 종과 함께 개미집 속에 싱싱한 상태로 들여온 식물질 위에 곰팡이를 키우는 능력을 갖는 점에서 독특하다. 이들은 진짜 농경가다. 이들이 거두는 수확물은 그들에겐 '버섯'이라 할 수 있지만 사실은 빵곰팡이 비슷한 팡이실 덩이다. 그럴 것 같지 않지만 군체는 이 물질을 먹으면서 엄청난 크기로 자라서 성숙기에는 일개미 수가 수백만에 이른다. 군체 하나는 매일 암소 한 마리에 해당하는 식물을 먹어치운다. 고약하기로 이름난 가위개미 아타 케팔로테스 *Atta cephalotes*와 아타 섹스덴스 *Atta sexdens*를 포함해서 몇 종은 중남미에서 매년 수십억 달러의 농작물 피해를 끼치는 주요 해충이 되고 있다. 그러나 이들이 생태계에서 중요한 요소의 하나임도 사실이다. 그들은 수풀과 초지의 흙 상당량을 뒤엎고 공기를 소통시키며 그 곳에 사는 다른 많은 생물에게 필수적인 영양소를 공급하고 순환시킨다.

　이 가위개미들은 지하의 방에서 기적에 가까운 소규모의 정교한 작업을 하면서 농업을 꾸려 나간다. 이들은 모두 이 농업 기술을 대대로 물려 주는 방식으로 같은 생활 주기를 되풀이하는 것 같다. 작업은 혼인 비행으로 시작된다. 가위개미 아타 섹스덴스와 같은 일부 종은 오후에 혼인 비행을 하는가 하면 미국 남서부의 또 다른 가위개미 아타 텍사나 *Atta texana* 등은 캄캄한 밤중에 한다. 몸이 무거운 처녀여왕은 날개를 격렬하게 내리치면서 공중으로 솟구쳐 올라가 다섯 마리 또는 그 이상의 수컷과 연속으로 교미한다. 이렇게 공중에 떠 있는 동안 여왕은 각각 2억 마리 이상의 정자를 수컷들로부터 받아 몸 속의 수정낭에 저장한다. 그러나 교미한 수컷들은 하루나 이틀 사이에 모두 죽는다. 수정낭 속의 정자들은 여왕들의 최대 수명인 14년까지도 살아 있는 상태로 잠잔다. 그러나 알이 수란관에서 하나씩 미끄러져 나와 밖으로 나갈 때마다 정자도 한 마리씩 나와 알을 수정시킨다.

　가위개미는 긴 일생 동안 1억 5000만 마리의 딸을 생산할 수 있으며 그 절대 다수가 일개미가 된다. 그러나 여왕의 군체가 성숙해짐에 따라 일부 암컷은 자라서 일꾼이 되지 않고 여왕이 되어 각자 자신의 군체를 새로 창설할 수 있다. 낳은 자식의 일부는 미수정란에서 나와 단명하는 수컷이 된다. 이제 거대한 농경 작업은 새로 수정한 여왕이 개미집을 축조하기 시작하고 첫번째 일개미 새끼들을 키울 때 개시된다. 여왕은 땅으로 내려와 네 날개의 밑둥을 잘라냄으로써 날지 못하고 영원히 지상에만 얽매이는 신세가 된다. 그 후 여왕은 흙 속에 직경 가위개미속의 여왕이 갓 수정한 후 흙 속에 수직 터널을 파면서 새 집을 짓기 시작한다(A). 그 다음 항문샘에서 나오는 액체 방울을 팡이실에 묻혀 첫 곰팡이 농사를 시작한다(B). 농장 성장의 세 단계와, 한배의 일개미들이 묘사되어 있다(포사이스의 그림).

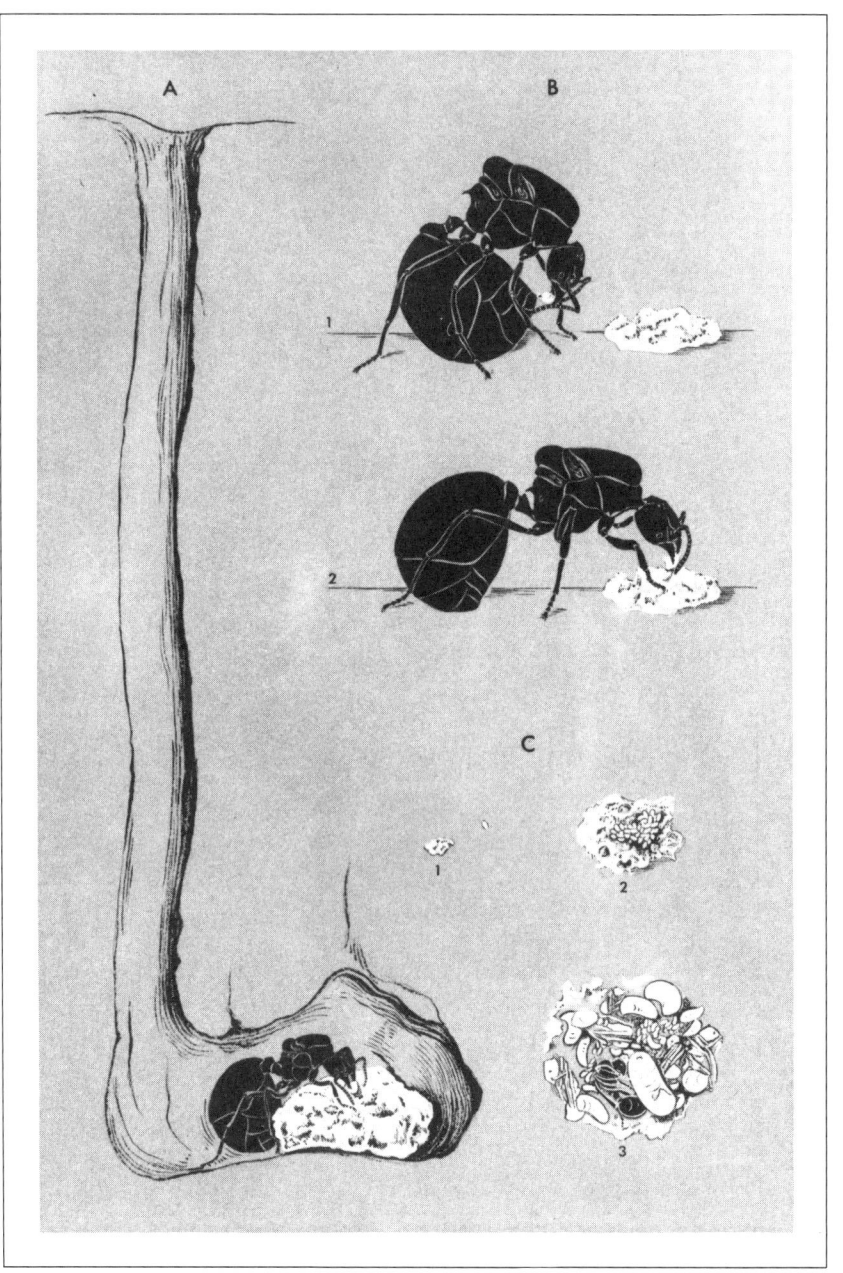

12~15밀리미터의 수직굴을 판다. 깊이 약 30센티미터에 이르면 여왕은 방을 다시 직경 6센티미터로 넓히고, 마지막으로 이렇게 만들어진 방에 앉아 곰팡이밭을 새로 일구고 새끼들을 키운다.

그러나 잠깐! 여왕이 공생 곰팡이를 어미집에 두고 왔다면 농사를 어떻게 시작할 수 있을까? 그러나 문제는 없다. 뒤에 두고 온 게 아니기 때문이다. 여왕은 혼인 비행을 떠나기 직전에 곰팡이의 팡이실 덩이를 입 안 작은 주머니 속에 챙겨 놓았기 때문이다. 이제 여왕은 입 안의 것을 방바닥에 뱉어 내고 또한 농사가 시작되면 얼마 안 있어 세 개에서 여섯 개의 알을 낳기까지 한다.

처음에 알과 작은 곰팡이밭은 서로 떨어져 있으나 2주 후쯤 알이 20개 이상 쌓이고 곰팡이 뭉치도 원래 크기의 열 배로 자라면 여왕은 이 두 가지를 한데 모아 놓는다. 이렇게 한 달이 지나면 알과 애벌레 그리고 번데기가 함께 있게 되고 이들은 번식하는 곰팡이 한가운데 묻히게 된다. 이제 첫번째로 산란되었던 알들이 나온 지 40~60일 후면 처음으로 일벌 성체들이 나타난다. 이러는 동안 여왕은 내내 곰팡이밭을 혼자 가꾼다. 여왕은 한두 시간 간격으로 곰팡이밭의 일부 조각을 뜯어 낸 후 자신의 복부를 다리 사이를 통해 앞 쪽으로 구부린 다음 복부 끝에 이 뜯어 낸 곰팡이밭 조각을 갖다 대어 항문에서 나오는 노란 또는 갈색의 맑은 배설 액체 방울이 스며들게 한다. 그러고는 이 조각을 곰팡이밭으로 도로 갖다 놓는다. 여왕은 자신의 알들을 곰팡이 배양에 써서 희생시키지는 않지만 그 자신이 알의 90퍼센트를 먹어치운다. 그리고 애벌레가 처음 부화되면 자신이 낳은 알을 애벌레 입 속에 직접 넣어 준다.

이 모든 기간 동안 가위개미 여왕은 전적으로 날개 근육과 자신의 몸 속에 있는 지방의 분해와 대사로부터 얻어지는 에너지에 의해서만 살아 간다. 여왕은 굶주림에다 자신의 수명을 연장시키는 데 적합한 일개미의 세력을 키우는 작업을 하느라 날이 갈수록 체중이 줄어든다.

그러다가 처음 일개미들이 나오면 이들은 곰팡이를 먹기 시작하고 1주일 후엔 길을 파 올라가 수직통로의 막힌 입구를 뚫고 나와 개미집 부근에서 먹이를 찾아 다니기 시작한다. 이들은 잎사귀 조각을 들여와 씹어서 펄프를 만들고 반죽을 하여 곰팡이밭에 가져온다. 이 때쯤 되면 여왕은 새끼 돌보기와 곰팡이밭 가꾸기를 중단한다. 여왕은 이제 진짜 산란 기계로 변한다. 그리고 이런 상태로 여생을 보내게 된다.

이제 군체의 경제는 외부 물질을 얼마나 거둬 들이느냐에 달렸을 뿐, 자급 자족 상태다. 처음엔 번성하는 속도가 느리다. 그 후 둘째 해와 셋째 해에 들어서면 성장 속도가 갑자기 빨라진다. 끝에 가서는 군체가 혼인 비행 동안에 공중으로 날아가서 군체 노동에 아무런 기여도 하지 않는 날개 달린 여왕과 수컷을 생산하기 시작함에 따라 군체는 천천히 수축된다.

가위개미의 군체가 성숙했을 때 나타내는 최대 크기는 엄청나다. 가위개미속의 아타 섹스덴스의 한 군체가 500만~800만 마리로 이뤄졌다는 기록이 최고인 것 같다. 브라질에서 발굴된 한 개미집에는 사람의 주먹 크기에서 축구공 크기의 갖가지 방들이 1000여 개 이상 있었는데 그 중 390개에는 곰팡이밭과 개미들이 들어 있었다. 이 개미들이 파올린 흙더미는 측정 결과 22.7제곱미터(800세제곱피트)에 이르고 약 4만킬로그램(44톤)이나 되었다. 이런 규모의 집을 짓는 일을 인간의 작업으로 치면 중국의 만리장성 축성에 해당된다. 그것은 자기 몸의 다섯 배나 되는 짐을 나르는 일개미가 약 10억 마리 동원되어 운반한 양이 된다. 게다가 개미마다 그 짐은 인간으로 치면 지하 1킬로미터에서 끌어올린 것과 같다.

가위개미의 일상 생활은 신세계 열대 지방에서 보는 위대한 장관 중의 하나이다. 야외 생물학자는 모두 비록 등장하는 배우들의 몸집은 작으나 그 규모의 장대함에 매혹된다. 윌슨은 그가 처음으로 브라질 아마존의 마나우스 부근 다우림에 갔을 때, 가위개미 아타 케팔로테스가 먹이 찾기 출정을 나온 것을 보고 넋을 잃은 적이 있었다. 첫날 저녁, 캠프를 친 후 해가 져서 모두들 땅 위의 작은 것이 무엇인지 알아보기 힘들 정도가 되었을 때, 부근 숲에서 일단의 전초병 개미들이 열심히 달려나오고 있었다. 그들은 모두 벽돌색류의 붉은빛에다 길이가 약 6밀리미터에 이르고 짧고 날카로운 가시들을 곤두세웠다. 이들은 단 몇 분만에 캠프장 안에 수백 마리로 늘어났고 불규칙하게 두 개 종대를 지어 생물학자들의 거처 양쪽을 거의 일직선으로 지나갔다. 그들은 캠프장을 가로지르며 각기 한쌍의 더듬이로 좌우를 훑었는데 마치 캠프장 반대쪽 먼 곳에 어떤 방향 지시 광선이 있어 그에 끌려 가는 듯했다. 이 실개천 모양의 개미 행렬은 그 후 단 한 시간 내에 열 개 종대

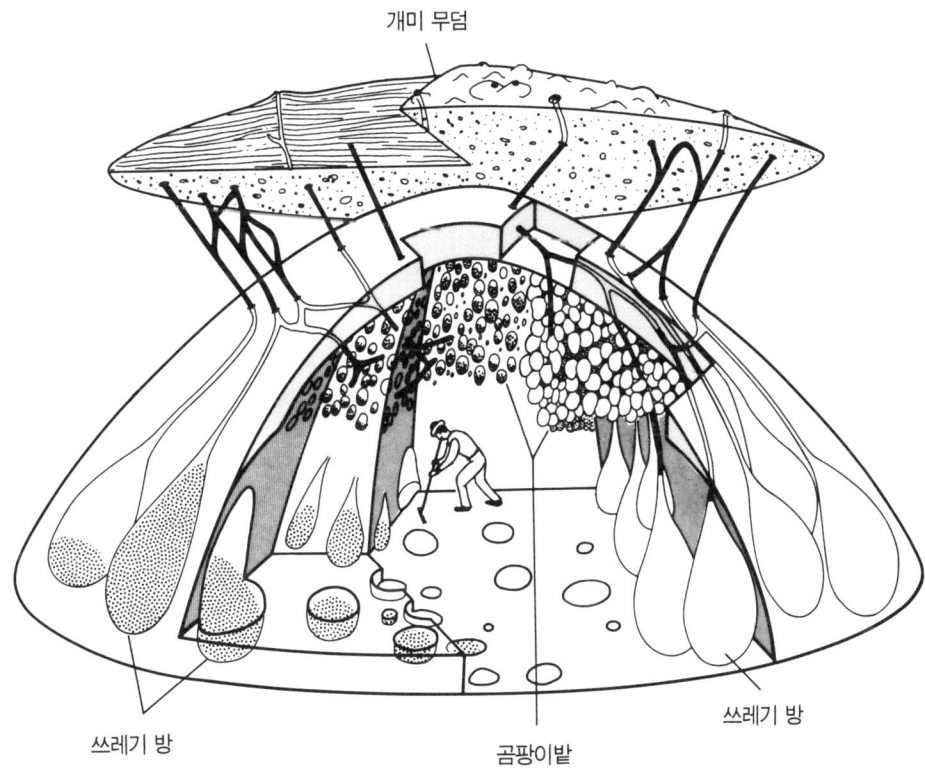

파라과이산 가위개미 아타 볼렌와이데리 *Atta vollenweideri*의 성숙한 집의 건축 구조. 원예실에는 곰팡이 덩이들이 자라고 있고 개미들은 이것을 먹는다. 쓰레기통들은 곰팡이가 자라는 데 쓰였던 식물의 쭉정이들로 차 있다[바트라 L. A. Batra가 편집한 《곤충과 균류의 공생: 상호 공생과 편리 공생》(1979년, Montclair, N. J., Allanheld and Osman)속에서 존크만 J. C. M. Jonkman이 그린 것을 웨버 N. A. Weber가 변경하였음].

로 달아나는 수만 마리의 개미떼가 되어 두 개의 강으로 확산되었다. 그러나 이 개미 행렬의 기원지가 어디인가는 플래시 불빛으로 쉽게 찾을 수 있었다. 이들은 캠프에서 약 100미터 떨어진 거대한 흙집에서 시작하여 큰 언덕을 넘어 캠프장을 가로 질러 숲속으로 간 후 다시 사라졌다. 윌슨과 그의 일행은 서로 엉클어진 관목들을 타고 올라가 본 결과, 수관부 높이에 흰꽃이 피어 있는 키 큰 나무 한 그루가 이 개미들의 주목표물의 하나인 것을 탐지해 낼 수 있었다. 개미들은 물결을 이뤄 이 나무 줄기를 타고 올라갔고 이빨이 달린 날카로운 큰턱으로 나뭇잎과 잎턱을 조각조각 잘라 냈다. 그리고 자른 조각을 마치 양산처럼 머리 위에 쓰고 집으로 운반하였다. 일부 일개미들은 자른 잎사귀 조각을 땅에 떨어뜨렸는데 그 다음 따라오는 새로운 동료들이 주워 올리는 것으로 보아 일부러 그러는 것 같았다. 자정이 조금 지난 후의 최대 활동 시간에, 개미들 서로가 까딱까딱거리며 소란스럽게 누비고 지나가는 개미들의 행렬은 그 모양이 마치 작은 기계 장난감들의 행렬을 보는 것 같았다.

숲속을 방문하는 많은 사람에게는 비록 경험 많은 자연 연구가에게조차 개미의 먹이 찾기 원정을 발견하는 일은 매우 중요하다. 그리고 가위개미 한 마리 한 마리는 무의미한 일을 하고 있는 하찮은 붉은 점으로 보일 뿐이지만 이들을 가까이 보면 차원이 달라진다. 이들의 작전을 인간의 척도로 확대해 본다면, 개미의 6밀리미터 길이는 1미터 반이 되고, 개미의 달리기는 약 시속 26킬로미터로 15킬로미터를 달리는 셈이다. 그래서 연속되는 1마일마다(영미인의 스포츠 거리로 환산하면) 3분 45초로 주파하는 셈이며 이것은 현재 인간의 세계 기록에 해당한다. 먹이탐색 개미는 300킬로그램 이상 나가는 짐을 들어 시간당 24킬로미터(따라서 마일당 4분으로)로 집을 향해 달린다. 이렇게 빠른 마라톤이 밤중에 그리고 많은 곳에서는 종일토록 반복되고 있다.

윌슨은 이 과정을 좀더 잘 알아보고 가위개미 초개체를 훨씬 자세히 분석하기 위하여 개미 군체들을 플라스틱 방에 넣어 기르되 방끼리 연결되도록 나란히 배열하여 깊숙이 있는 곰팡이밭을 들여다 볼 수 있게 하였다. 그 결과 그는 이 원예 농사는 복잡한 조립 라인으로 이뤄져 잎사귀들이 처리되고 곰팡이가 재배되는 것이 단계적으로 이뤄짐을 알아냈다.

개미들은 각 단계마다 다른 카스트가 작업을 맡아 하였다. 짐을 진 개미는 외부에서 집으로 들어오는 길이 다 끝나는 곳에 가져온 잎사귀 조각들을 방바닥에 부린다. 그러면 조금 더 작은 일개미가 이것을 들어올려 1밀리미터 조각으로 다시 자른다. 수분 내에 더 작은 개미가 나타나 이 조각을 인수하고 그것을 짓이겨서 축축한 알갱이로 만들어 이미 알갱이들이 쌓인 곳에 갖다 조심스럽게 얹는다. 밭이기도 한 이 덩어리에는 통로가 수없이 많이 나 있어, 회색 목욕용 해면 모양을 하고 있으며 매우 푸석하고 연약해서 손에 올려 놓으면 쉽게 부서진다. 꼬불꼬불 나 있는 통로와 언덕의 표면에는 공생 곰팡이가 자라는데 잎사귀에서 나오는 즙과 함께 이 개미의 유일한 영양원이 된다. 이 곰팡이는 마치 빵곰팡이처럼 반죽된 식물질의 풀을 가로질러 퍼지고 그 팡이실들은 이 풀 속에 들어가 그 속에 일부 용해되어 있는 풍부한 섬유소와 단백질을 소화시킨다.

원예 재배 사이클은 계속된다. 방금 말한 개미보다 더 작은 일개미들이 곰팡이가 성글게 난 곳에서 실을 뽑아 새로 만들어진 식물질 풀 덩이에다 얹어 놓는다. 끝으로 가장 작고 수가 많은 일개미들이 곰팡이밭을 순찰하며 더듬이로 교묘하게 점검하고 그 표면을 핥고 외부 곰팡이 종의 홀씨와 팡이실이 있으면 뽑아 낸다. 이렇게 작업하는 꼬마들은 농장 깊숙이 나 있는 가장 좁은 통로로도 다닐 수 있다. 이들은 때때로 엉성하게 난 곰팡이 다발을 뽑아 몸집이 더 큰 동료 개미에게 갖다 먹인다.

가위개미의 경제는 이렇듯 몸 크기에 따른 분업으로 조직되어 있다.

먹이 탐색 일개미들은 집파리만한데 잎사귀를 자를 수는 있으나 이렇게 잘린 조각은 거의 현미경적으로나 볼 수 있는 작은 곰팡이 실을 재배하기엔 너무나 덩지가 크다. 작은 원예 일꾼은 영문자의 대문자 'I' 보다 약간 작은데 곰팡이를 기를 수는 있으나 잎사귀를 자르기엔 너무 약하다. 그래서 개미들은 야외에서 잎사귀 조각을 주워 오는 것부터 잎사귀 풀을 만들고 이것으로 개미집 깊숙이 먹이용 곰팡이를 재배하는 일까지 단계별로 차례로 더 작은 개미들이 맡아 일할 조립 라인을 이루고 있다.

군체의 방어 역시 몸 크기에 따라 조직되어 있다. 열심히 달리고 있는 일개미들 가운데는 원예 개미보다 300배 무겁고 머리가 6밀리미터나 되는 병정개미가 몇 마리 보인다. 우리가 앞에서 말한 혹개미의 병정개미처럼 이 거인개미는 적이 되는 곤충을 조각조각 내는 데 날카로운 큰턱을 사용한다. 이들은 가죽도 자를 수 있고 사람의 피부도 쉽게 벨 수 있다. 곤충학자들이 조심성 없이 개미집을 파헤치다간 손이 마치 가시덤불에서 빼낸 것처럼 온통 벤 자국을 남기게 된다. 우리는 때때로 이 개미에게 단 한 번 물린 것으로 잠시 멈춰 서서 지혈을 시켜야 했는데 우리 몸의 100만 분의 1밖에 안 되는 벌레가 턱으로 우리를 공격하여 이렇게 멈추게 할 수 있다는 데 감동할 뿐이었다.

가위개미의 군체는 거대 병정에서 떼지어 나오는 작은 원예사에 이르기까지 정확히 통제된 여러 가지 생활 단계들에 의해 막강한 힘을 발휘한다. 여왕이 키운 첫번째 배의 성체 일꾼들 속에는 병정이나 대형의 먹이 탐색 일꾼이 없다. 단지 최소형의 일꾼에다 식물질을 처리하고 곰팡이를 키울 작은 일꾼들만 있다. 그러나 군체가 번성하고 집단이 커짐에 따라 일개미의 크기 범위는 더 큰 종류까지 포함할 만큼 확대된다. 끝으로 집단의 구성원 수가 약 10만이 되면 몸이 최대로 큰 병정개미가 처음으로 나타난다.

윌슨은 가위개미 군체의 생장에서 보는 규칙성에서 초개체의 개념

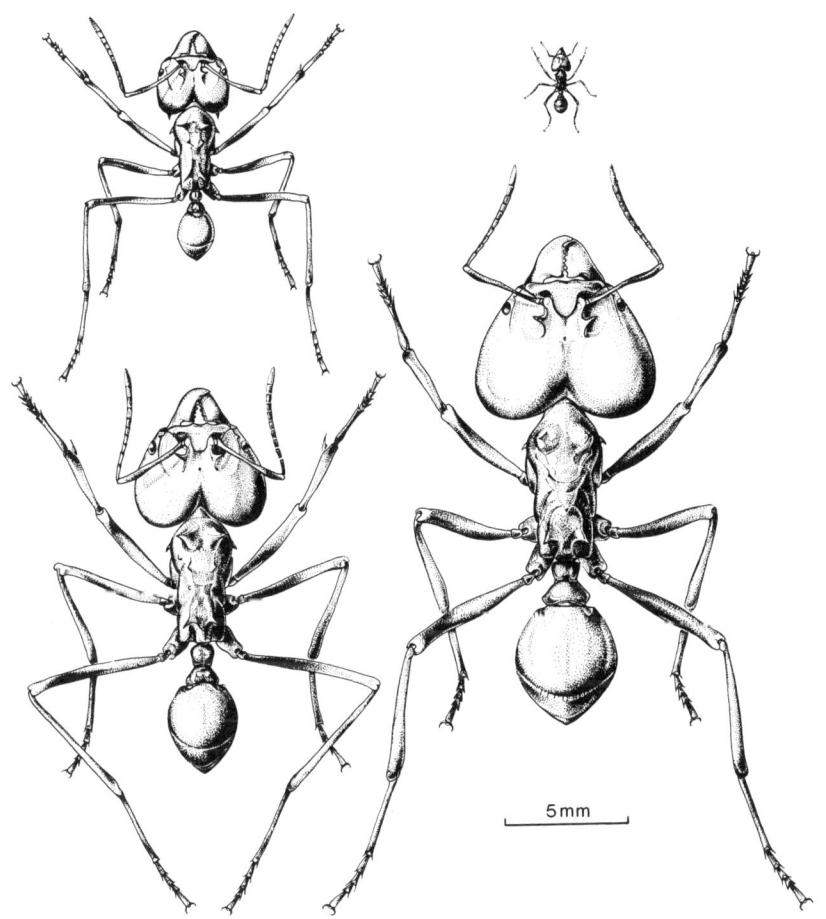

사회성 곤충 가운데 가장 복잡한 가위개미의 카스트제. 매우 작은 원예사에서 거대 병정에 이르는 여러 가지 일개미들이 이 그림에 나와 있는데 모두 아타 라에비가타 *Atta laevigata* 가위개미의 한 군체의 구성원들이다(포사이스의 그림).

을 시험할 방법을 알아냈다. 그의 관심은 특히 창시 여왕이 겪을 어려움에 있었다. 이 큰 개미는 그 자신의 몸 지방과 날개 근육을 에너지로 전환시켜 자신을 지탱하고 또한 자신이 낳은 첫배의 일꾼들을 키운다. 자신이 갖고 있는 자원이 몇 주 동안 급격히 감소하고 있는 상황에서 여왕은 첫번 시도에서 완벽하게 균형을 이룬 노동력을 창출하지 않으면 안 된다. 즉, 시행 착오할 여지가 없는 것이다. 첫번째로 나오는 일꾼들이 전체 농경 작업을 떠맡고 탈진된 여왕에게 먹이를 주려면 일꾼들 속에는 여러 가지 소형의 곰팡이 원예사들과 잎사귀 풀밭을 일굴 중간형 몇 가지가 나와야 하고 또한 집 밖에 나가 먹이를 구하고 잎사귀를 잘라 올 대형 일꾼 몇 마리가 있어야 한다.

만약 여왕이 자기의 일꾼들 가운데 이러한 매우 중요한 크기의 일꾼을 키워 내지 못하면 이 작은 군체는 죽어 버린다. 만약 여왕이 한 마리의 병정이나 그보다 몸이 큰 먹이 탐색 일꾼을 키우면 자신의 자원이 고갈되어 소형의 카스트들 모두가 먹이를 얻지 못하게 되고 그렇게 되면 이 군체 역시 죽어 버린다. 윌슨은 성공적으로 먹이 탐색을 해낼 수 있는 최소의 개미(보통 두께의 잎새를 자를 수 있는)는 머리폭이 1.6밀리미터이고, 그보다 더 큰 군체에서는 먹이 탐색 개미 중 다수가 그보다 두 배나 큰 머리를 갖고 있어 절대적으로 필요한 정도보다 몇 배나 무겁다는(그래서 만들어 내기도 비용이 많이 드는) 사실을 알아냈다. 원예사들은 폭이 최소한 0.8밀리미터인 머리 크기를 갖고 있다.

결국 창시 여왕이 해야 할 일은 분명한데, 그것은 자신의 첫배 새끼들에게서 두폭이 0.8~1.6밀리미터인 일개미들을 키워 내는 것으로서 이 범위에 드는 일개미들의 두폭이 다소 골고루 나오도록 키우는 것이다. 여왕은 이 두폭 중 어느 한 종류도 빠뜨려서는 안 되고 1.6밀리미터를 넘기지 않도록 주의해야 한다. 그런데 여왕은 이런 어려운 일을 모두 정확히 해낸다. 이제 갓 시작된 군체들은 들에서 채집한 것이건 실험실에서 사육되고 있는 것이건 (적어도 윌슨이 연구한 군체에서는)

일개미들은 보통 순위 행동이나 갈등 행동을 나타내지 않는다. 그들은 여기 신열대 침개미의 일종인 엑타톰마 루이둠에서 보는 바와 같이 그들의 여왕개미가 낳은 새끼들을 돌보는 데 협동한다. 그러나 여왕이 없어지고 일개미들이 임성을 회복하면 개미집 동료 일개미간에 싸움이 벌어지기도 한다.

이 사진 위쪽에서 나바호 꿀단지개미 *Myrmecocystus navajo* 의 두 여왕 사이에 순위 과시가 행해지고 있다. 우위 개체가 열위 개체의 등을 발로 딛고 있는데 이 때 열위자는 몸을 엎드리고 큰턱을 벌리는 태도로 굴복을 나타낸다. 대개의 경우 한쪽 여왕만이 성숙 군체의 어미가 되는 데 성공한다. 아래 사진은 멕시코 꿀단지개미 *Myrmecocystus mexicanus* 로서, 새로운 군체 건설에 성공한 여왕이 자신이 처음으로 낳은 애벌레, 번데기, 어린 성체 일개미들과 함께 있다.

하르페그나토스 살타토르 *Harpegnathos saltator* 군체의 집. 이 사진은 흔하지 않은 개미 군체들을 꽤 자주 볼 수 있는 인도의 조그 폭포 근처에서 촬영한 것이다.

맞은편 쪽

하르페그나토스 살타토르의 각 개체의 행동을 자세히 조사하기 위해 군체 전체를 실험실로 가져와 각 개체마다 다르게 색깔을 칠해 구분해 놓았다. 위 사진은 먹이를 놓고 몇 마리가 다투는 모습이고 아래 사진에서는 가운데의 두 마리가 순위 싸움을 벌이고 있다. 이 때 이들은 머리를 앞으로 내밀고 더듬이로 상대를 교대로 친다.

흔히 수확개미 포고노미르멕스 바르바투스의 서로 이웃한 군체의 일개미들 사이엔 터 싸움이 심하게 일어난다(오른쪽 위).
사진에서처럼 이 종의 먹이 탐색개미 한 마리에게 머리가 잘린 적측의 한 놈이 아직도 그 턱으로 이 탐색 개미의 허리를 물고 있을 정도로 싸움은 죽음으로까지 이어진다(오른쪽 아래).

개미의 사회 생활에서 진정 보편적인 현상은 새끼 돌보기다. 이 사진에서 플라나투스 왕개미 *Camponotus planatus* 의 일개미들이 자기 군체의 애벌레와 번데기에게 화장 행동을 가하고 음식을 먹이며 보호하고 있다.

맞은편 쪽
상호 화장(위)과 먹이를 토해 나눠 먹는 사회적 행동(아래)은 개미 사회에서 거의 보편적으로 볼 수 있는 이타적 행동이다. 여기에선 남아메리카의 포식성 침독개미 다케톤 아르미게룸 *Daceton armigerum* 의 일개미가 그런 행동을 보여 주고 있다.

개미 종에는 번데기 고치에서 성체가 나올 때 스스로 나오지 못하는 종류가 많다. 이 사진은 왕개미의 일개미가 한 번데기의 고치 탈출을 돕고 있는 모습이다.

같은 배의 일꾼들 속에 두폭이 0.8~1.6밀리미터 사이에 고르게 분포되어 있었다. 간혹 여왕이 1.8밀리미터의 일꾼을 한 마리 키우는 일이 생기는데 군체 생존에 위험은 되지만 결코 치명적이진 않다. 그리고 연구 재료 중에서 그보다 더 큰 일꾼이 나타난 적은 없었다.

그러면 이 초개체의 조절의 본질은 무엇인가? 여왕과 군체의 나이에서 오는가 아니면 군체 집단의 크기에서 오는 것인가? 윌슨은 이 점을 알아내기 위해 실험실 내의 가위개미 네 군체를 3, 4년간 길러 보았는데 이 때쯤 개미의 수는 군체당 약 1만 마리에 이르렀다. 여기엔 큰 먹이 탐색꾼들과 몇 마리의 소형 병정들도 나타났다. 다음 그는 이 군체들을 각 머리 크기 계급별로 상대적 수가 매우 젊은 군체에서처럼 동일하도록 조정하면서, 군체의 크기를 일꾼 200마리 정도로 줄여 보았다. 이렇게 되면 여왕과 군체 구성원들은 시간적으로는 늙었으나 초개체로서는 크기와 카스트 구성에서 젊어진 셈이 된다. 즉, '다시 태어난' 것이다. 그러면 이러한 조정 결과 다음에 태어날 같은 배의 일꾼들은 어떤 구성을 할까? 일꾼들의 크기는 소형 군체의 경우와 같을까 아니면 이렇게 솎아 내기 전의 큰 군체 때와 여전히 같을까?

답은 바로 그 다음 나온 일꾼들의 조성이 바로 소형 군체의 그것이었다는 것이다. 바꿔 말하면 군체의 나이가 아니라 크기가 카스트 분포를 결정하는 것이다. 이 실험적인 군체들은 어떤 의미에서 진정 다시 태어난 것이지만 철저히 통제된 성장과 분화의 경로를 따라 새로 출발한 것이다. 만약 그렇게 따르지 않았다면 생존해 남지도 못했을 것이다. 이처럼 괄목할 만한 조절 뒤에 숨은 피드백 기작은 앞으로 연구되어야 할 중요한 과제가 되어 있다.

가위개미 군체의 젊어짐은 다른 연구자들이 기타 종으로 실험한 결과와 함께 초개체의 개념을 더욱 건실하게 만들어 주었다. 그들은 개미 군체를 부분을 초월하는 하나의 전체로서 철저히 통제된 단위로 보는 생각에 합당성을 부여한 것이다. 그리고 이번엔 반대로 초개체가 새로운 연구 형태를 촉발하였다. 우선 생물학적 조직화를 연구하는 데는 개미 군체가 보통 생물체에 비해 유리하다. 보통 생물과 달리 군체는 나이와 크기가 다른 소그룹들로 분해될 수 있기 때문이다. 그 조각 조각들이 격리 상태에서 따로 연구될 수 있고 아무런 손상 없이 다시 모아 원래의 전체로 복귀시킬 수도 있는 것이다. 그 다음 날엔 이 똑같은 군체를 다른 식으로 생체 해부했다가 또다시 원상 복귀시킬 수 있다. 이런 식의 조작 과정은 엄청난 이점을 제공한다. 즉, 이 방법은 무엇보다도 보통 생물에게 그런 식으로 시도할 경우보다 훨씬 빠르고 기술적으로 용이하다. 게다가 이 방법은 그 자신을 멋진 실험적 대조구對照區로 제공해 준다. 즉, 같은 군체를 되풀이해 사용함으로써 연구자는 유전적 차이나 지난 번의 경험에서 오는 변이를 배제할 수 있는 것이다.

군체를 분해했다가 재구성하는 일을 되풀이할 수 있는 일의 이점은 마치 사람에게서 이상적인 해부학적 배열을 발견하기 위하여 사람의 몸을 아무 고통이나 불편을 주지 않으면서 생체 해부했다가 복원하는 일이나 마찬가지다. 좀더 자세히 말하면 이러한 과정은 사람이 지니고 있는 다섯 손가락이 과연 최상의 배열인지 아닌지를 알아내는 데 쓰일 수 있다. 하루는 어떤 사람의 엄지손가락을 (고통 없이) 자르고 그 사람에게 글씨 쓰기나 병따기 같은 손 작업을 하도록 한 다음 일이 끝나면 엄지손가락을 다시 붙여 원래 기능을 회복하도록 하는 것이다. 그 다음 날엔 새끼 손가락을 자르고 또 그 다음 날엔 손가락을 여벌로 더 붙이는 등 여러 가지 배열을 해 보는 것이다.

윌슨은 가위개미의 카스트들이 마치 손가락인 것처럼 생각되었다. 그는 집을 떠나 잎사귀와 꽃을 구해 오는 가장 흔한 그룹의 두폭이 2.0~2.4밀리미터짜리임을 알아냈다. 과연 이 그룹이 최소 에너지 소모로 식물을 최대한 수집해 오는 작업을 하기에 가장 적합한 카스트인가? 윌슨은 이 가설을 시험했는데 이 때 카스트제는 자연 선택에 의해 진화되었다는 것을 전제하고 군체를 다음 식으로 해부하였다. 먹이 탐색 개미와 그 시종 개미들은 실험실 내의 개미집을 떠나 신선한 잎사귀들이 들어 있는, 벽으로 둘러싸인 공간으로 향했다. 열성적인 일개미들의 행렬이 출구를 빠져 나올때 그는 두폭이 1.2, 1.4 또는 2.8밀리미터로 거의 특수하거나 당시 무작위적으로 선택한 두폭의 개미들을 제거하였다. 결국 이 군체는 초개체를 모의적으로 돌연변이시킨 하나의 의돌연변이체擬突然變異體/pseudomutant로 바뀐 것이며, 따라서 이 군체는 제한되고 매우 특이한 먹이 탐색꾼만을 내보낸다는 점을 빼고는 모든 점에서 먹이 채집 개미를 선별하지 않았을 때의 군체 자신과 동일한 '정상 군체'이다. 그래서 우리는 각 의돌연변이체가 가져온 잎사귀들의 무게를 달고, 먹이를 거둬 들이는 활동을 하고 있는 개미의 산소 소모량을 측정해 보았다. 이런 기준을 적용하여 가장 능률적인 그룹은 두폭이 2.0~2.2밀리미터인 일꾼이라는 사실을 밝혀냈고 이 크기 계급은 실제로 군체가 먹이 탐색 작업 임무를 맡기는 그룹임을 알게 되었다. 간단히 말해 가위개미들은 생존을 위해 제대로 정확하게 일을 하고 있는 것이다. 초개체는 바로 본능의 인도에 따라 환경에 적응적으로 반응하고 있는 것이다.

개미의 가장 위대한 강점은 그 작은 뇌를 가지고 개체들 사이에 단단한 유대와 복잡한 사회적 구조를 창출하는 능력에 있다. 그들이 이렇게 할 수 있는 것은 행동을 제한된 범위의 매우 특이한 자극들에만 맞추어 나타내기 때문이다. 어떤 테르펜류는 냄새 길을 만들어 주는 물질이 되고 구기口器의 아래쪽을 건드리면 먹이를 달라는 것이 되며 또한 어떤 지방산의 존재는 곧 죽은 시체가 있음을 알려 주는 등 여러 가지가 있는데 이러한 신호 몇 십 개면 개미 한 마리로 하여금 일상적인 사회 생활을 영위할 수 있게 하는 것이다.

개미 군체가 세운 초구조적超構造的 조직의 구축은 자못 인상적이다. 그 힘의 기초는 단순 신호 자극들 사이의 연결이지만 이것 또한 주요 약점이 되고 있다. 즉, 개미들은 쉽게 속는다. 왜냐하면 다른 생물들이 개미의 암호를 해독해서 한 가지 또는 몇 가지 주요 신호를 간단히 복제함으로써 개미들의 사회적 유대를 이용하기 때문이다. 이러한 기술을 발휘하는 사회성 기생자들은 마치 경보 장치를 차단하기 위해 네다섯 개의 숫자를 알아 맞춰 집 안에 쥐도 새도 모르게 침입하는 강도와 같다.

인간은 서로 얼굴을 맞대고 속이기는 매우 힘들다. 사람은 키, 자세, 얼굴 모습, 목소리 억양, 친지간의 일상 어투를 포함해 방대한 수의 미묘한 신호를 보고 친구나 가족들을 알아본다. 개미는 단지 냄새로만 가족, 즉 동료 개미를 인식하는데, 이 냄새는 몸 표면에 있는 약간의 탄화수소로 이루어진 혼합물일 뿐이다. 모양과 크기가 매우 각양 각색인 대부분의 사회적 기생성의 딱정벌레와 기타 곤충들은 개미 군체의 냄새나 개미 애벌레의 유혹적인 냄새를 만들어 내는 기술을 획득했다. 이들은 다른 어떤 인지에 관한 테스트에도 통과할 수 없는데도 불구하고 개미 집단에겐 쉽게 수용되어, 개미는 이들을 먹이고 씻어 주고 몸을 들어올려 이곳 저곳으로 옮겨 주기까지 한다. 휠러의 말을 빌면 그것은 인간 가족이 마치 왕새우나 꼬마남생이 또는 비슷한 괴물을 만찬

사회적 기생자 : 암호 해독자

극단적 사회성 기생자인 텔레우토미르멕스 스크네이데리 개미가 숙주인 주름개미 테트라모리움 카에스피툼에 붙어 있다. 왼쪽에는 숙주여왕 한 마리의 가슴 위에 텔레우토미르멕스의 여왕 두 마리가 앉아 있는데, 난소가 아직 발달되지 않아 배가 홀쭉하다. 한 마리는 아직 날개가 달린 것으로 보아 처녀임이 분명하다. 이 숙주개미의 배 위에 타고 있는 또 한 마리의 텔레우토미르멕스의 여왕은 난소가 매우 발달하여 배가 부풀어 있다. 숙주 일개미 한 마리가 그림 앞쪽에 보인다(린센마이어 Walter Linsenmaire의 그림).

에 차려 놓고는 이들간의 차이를 전혀 알아내지 못하는 것과 같다.

가장 정교한 사회성 기생자 가운데 다른 개미 종류의 희생으로만 살아가는 개미가 있다. 그 좋은 예가 스위스의 유명한 개미학자 쿠터가 발견한 희귀종 텔레우토미르멕스 스크네이데리 *Teleutomyrmex schneideri* 이다. 이 비상한 기생자는 알프스의 다른 개미종 테트라모리움 카에스피툼 *Tetramorium caespitum*의 손님으로서만 살아간다. '텔레우토미르멕스'의 그리스 어원은 적절하게도 '마지막 개미'를 뜻한다. 이 종에는 일꾼 카스트가 없는데 이는 그들을 돌봐 주는 숙주 일개미가 있어 그에 의존하기 때문이다. 여왕은 대부분의 개미에 비해 작아서 길이가 평균 2.5밀리미터이며, 숙주 군체의 경제에 어떤 식으로든 생산적 기여를 하지 않는다. 그들은 그저 기생성인 게 아니라 특히 외부 기생성이라는 점에서 모든 알려진 사회성 곤충 가운데서도 독특하다. 즉, 대개의 시간을 숙주 개미의 등에 업혀 지내는 것이다. 이 괴상한 습관은 텔레우토미르멕스 개미의 작은 몸뿐 아니라 몸 형태 때문에도 가능하다. 복부의 아래쪽 표면(몸의 큰 끝부분)은 매우 움푹 들어가서 이 기생자가 몸을 숙주의 몸에 꽉 붙일 수 있다. 이들의 발에 나 있는 발판과 발톱은 비교적 커서 다른 개미의 매끈한 키틴질의 몸 표면을 단단히 붙잡을 수 있다. 여왕들은 어떤 물체, 특히 숙주 군체의 어미여왕을 선호하여 여왕을 본능적으로 강하게 붙잡는 경향이 있다. 단 한 마리의 숙주 여왕 위에 여덟 마리가 올라타서 여왕의 다리를 붙잡고 몸을 덮어 버려 여왕이 움직이지 못하는 장면이 관찰된 적도 있다.

이 극단적인 기생자는 주름개미 *Tetramorium* 사회의 모든 구석에 침투해 있다. 이들은 숙주 일꾼들이 토하는 것을 직접 받아 먹는다. 또한 숙주 여왕에게 가는 액체 먹이를 중간에서 가로챌 수 있게 허용된다. 그래서 텔레우토미르멕스의 여왕들은 귀엽게 자란 어린 아이처럼 떠받들 듯이 섬겨져서 생식력이 엄청나게 왕성한 상태가 된다. 나이 든 여왕은 배가 난소덩이에 의해 부풀어 올라 매 분 평균 두 개의 알을 낳을 정도다.

숙주 개미의 일꾼들의 집단은 기생 개미 집단이 주는 부담으로 인해 줄어든다. 그런데도 그들은 텔레우토미르멕스 기생자들의 시중을 하나하나 들고 새끼를 많이 낳게 하여 가까운 이웃 군체들을 감염시키기도 한다. 텔레우토미르멕스는 알부터 성체가 되기까지 생활 주기의 모든 단계마다 대개 화학적 성질의 신호를 써서 그들의 숙주가 그들을 같은 군체 구성원으로 받아들이게 유도한다.

그러나 이 기생자 개미는 진화 도중 그 고집스런 기생의 대가를 치뤄왔다. 그 기생자적 표시를 텔레우토미르멕스에서 보면, 그들의 몸은 연약하고 퇴화되어 있다. 게다가 그들에겐 다른 개미가 애벌레에게 줄 먹이를 생산하고 박테리아로부터 보호하는 데 쓰는 샘 중 일부가 없어졌다. 그들의 외골격은 얇고 색소가 희박하며 침과 독샘은 작게 퇴화되었고 큰턱은 액체 먹이를 다루는 일밖에는 아무것도 할 수 없을 정도로 작고 연약하다. 뇌와 중앙신경색은 작고 단순화되었으며 성체라고 해야 겨우 교미만 할 뿐 날아가는 거리도 짧고 숙주에 매달려서 구걸할 뿐이다. 이들을 숙주로부터 떼어 놓으면 며칠 이상 살지도 못한다.

유럽산 공생 개미의 놀라운 예인 텔레우토미르멕스 스크네이데르는 세계에서 가장 드문 개미의 일종이다. 개미들 중 모든 면을 숙주에게 완전히 의존하는 다른 극단적 기생자 개미들도 희귀하기는 마찬가지다. 이 점에는 결코 예외가 없다. 사실상 그것이 신종이거나 과거의 수집 표본에서 이미 알려졌던 것이거나 간에 어떤 숙주 군체에 붙어 있는 기생자를 새로 발견한다는 것은 개미학자에겐 대단한 사건이다. 그들은 이렇게 발견한 사실을 짧은 논문으로 쓰거나 적어도 그 분야의 새로운 화제 뉴스로 삼는다. 사회적 기생자 발견의 선수로 의문의 여지가 없는 인물로는 독일의 부싱거Alfred Buschinger가 있다. 그는 제자와 공동 연구자를 데리고 전 세계를 누비고 다니며 기생 개미들의 은밀한 비밀을 많이 들춰 냈다.

부싱거와 다른 학자들이 이미 결론 내린 바이지만, 기생 종들이 명이 짧고 다른 어떤 종의 자선만 바라는 신세가 된 후엔 곧 절멸된다는 말은 아직 증명된 바 없다. 그러나 그들은 점점 드물어지고 있고 또한 흔히 지리적인 분포에서 한정되어 절멸 위기에 놓여 있는 것이 사실이다. 인간에서와 마찬가지로 무뢰한들의 수는 바보들의 수보다 반드시 적어야 한다. 그러지 않으면 바보들은 생계를 박탈당하고 말기 때문이다.

잘 알려진 개미 기생의 또 한 가지는 다른 개미 종류를 노예화시키는 것이다. 이들은 노예들의 강제된 노동에 크게 의존하지만 해부와 행동에서 퇴화된 정도는 앞의 경우보다 훨씬 덜하다. 앞에서 우리는 꿀단지개미 군체가 자기보다 약한 군체를 얼마나 자주 공격해서 여왕을 죽이고 어린 일꾼들과 꿀단지개미의 카스트 구성원들을 잡아가는

지 설명하였다. 잡혀간 개미들은 정복자의 집에서 살고 일하게 된다. 이것은 같은 종의 구성원들을 굴복시켜 강제 노동을 시킨다는 점에서 진정한 노예 제도의 엄격한 정의에 부합한다. 이보다 더 흔히 볼 수 있는 것은 다른 종류의 개미를 노예화시키는 일이다. 여기서 노예제와 노예화는 느슨한 뜻으로 쓰이고 있다. 그 활동 모습은 인간이 개와 소를 붙잡아서 길들이는 것과 흡사하다. 그러나 '노예제'라는 용어는 이미 확립된 말이고 노예 사용자들의 행동은 곤충학자들에겐 매우 놀랍고 잘 알려져 있으므로 여기에서 그 말을 계속 쓰기로 한다. 개미 행동 전문가들조차 종과 종 사이에 일어나는 노예화를 소개하는데 곤충학 잡지에 가끔 튀어나오는 기술적 용어인 '노예공서dulosis'보다 오히려 노예제라는 말을 즐겨 쓰고 있다.

개미 세상에서 소위 아마존개미라는 폴리에르구스속 *Polyergus* 개미의 노예 공략보다 더 놀라운 구경거리는 없을 것이다. 아마존개미는 반짝이는 붉은색이나 진흑색을 나타내며 몸이 큰데다 전쟁에서 용감하고 저돌적인데, 노예 부리기에도 단연 으뜸이다. 공격은 모양이 비슷하고 군체가 많은 불개미속에 대해 이뤄진다. 유럽산의 폴리에르구스 종은 뷔르츠부르크 부근의 마인 강을 따라 석회암 지대에 매우 흔하게 서식하고 있다. 횔도블러는 고등학교 학생이던 15세 무렵 이 아마존개미의 공격 행동을 많이 보았으며 이 약탈자와 노예개미들의 행동을 자세히 기록하였다. 그 후 그는 자신이 발견한 사실 대부분이 이미 1810년에 스위스의 곤충학자 위버 Pierre Huber에 의해 발견되었고, 또한 스위스의 위대한 신경 해부학자이며 전신 요법학자이자 개미학자인 포렐 Auguste Forel에 의해 그의 주저인 《개미의 사회 세계 *Le monde social des fourmis*》에서 보고되었다는 사실을 알았다.

아마존개미 폴리에르구스는 진짜 기생자이다. 이들의 싸움이야말로 휠러가 다음과 같이 서술한 것처럼 이 개미가 잘 하는 유일한 재주이다. "일개미는 지극히 호전적인데, 큰 이빨이 나 있지는 않으나 잔니

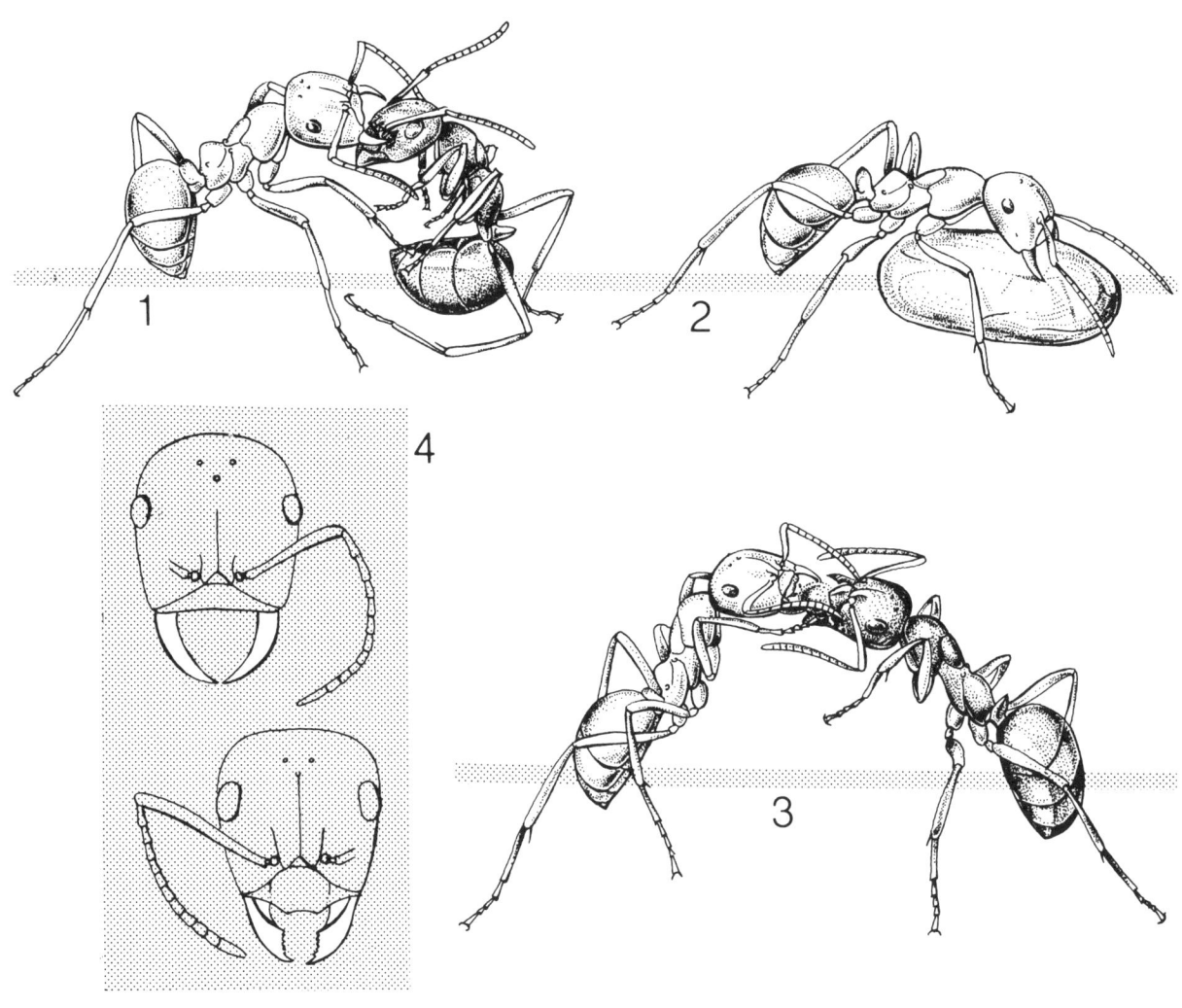

유럽 아마존개미 폴리에르구스 루페스켄스 *Polyergus rufescens*의 일상 생활의 모습들. (1) 폴리에르구스 일개미 한 마리가 노예잡이 공격 중에 불개미의 일종인 포르미카 푸스카의 일개미를 공격하고 있다. (2) 불개미의 번데기(고치 속에 들어 있음) 하나를 물고 집으로 돌아오고 있다. (3) 잡혀온 번데기에서 나왔던 불개미 노예가 아마존개미 폴리에르구스 일개미 한 마리에게 먹이를 주고 있다. (4) 낫 모양으로 생긴 폴리에르구스 개미의 큰턱(위)이 불개미류인 포르미카 수빈테그라의 보통 모양의 넓은 큰턱 모습과 대조를 이룬다. 이 불개미는 상대를 굴복시킬 때 찌르기보다 화학적 분사 방법을 쓴다. 175페이지의 그림을 볼 것(포사이스의 그림).

사회적 기생자

가 많고 낫 모양의 큰턱을 갖고 있어서 금방 알아볼 수 있다. 이런 큰턱은 땅 속을 파거나 살갗이 얇은 애벌레나 번데기를 다루면서 이들을 좁은 개미집 방들로 이리저리 옮기기엔 적합치 않은 점이 있다. 그러나 성체 개미의 갑옷을 찌르는 데는 경탄할 만큼 알맞다. 따라서 아마존개미는 단단한 집을 파거나 어린 새끼 돌보기를 하지 않는다. 이들은 짧은 혀에 물이나 액체 먹이가 우연히 닿기라도 하면 핥아 올리지만, 스스로 먹이를 얻지는 못한다. 이들은 심지어는 먹이, 주거, 교육 같은 중요 사항에 대해서도 그들이 외부 군체에서 탈취한 일꾼 번데기에서 나온 노예들에게 전적으로 의존한다. 이들은 노예와 떨어져서는 살 수 없으며, 이들의 집도 항상 노예 종이 건축한 집에서 여러 가지 군체가 혼합된 상태로 발견된다. 결국 아마존개미는 두 가지 대조적인 본능을 나타낸다. 집 안에서는 멍청하게 빈둥빈둥 지내거나 몇 시간이고 노예에게 먹이를 구걸하고 또는 노예를 씻어 주고 노예의 붉은 갑옷을 닦아 주는 데 장시간을 보내는 것이다. 그러나 집 밖에 나오면 발휘하는 용감성과 일사불란의 행동은 실로 놀랍다"(《개미들: 그들의 구조, 발생 그리고 행동 Ants: Their Structure, Development, and Behavior》, New York, Columbia University Press, 1910).

이 아마존개미가 공격을 감행할 때의 협동적인 행동은 실로 장관이다. 일꾼들이 집에서 쏟아져 나와 초당 3센티미터를 달리며 밀집된 기둥 행렬을 이루는데 이것은 인간의 군대가 시간당 26킬로미터(16마일)로 달리는 것에 해당한다. 이들은 흔히 자신들의 목표물인 10미터 밖에 떨어져 있는 불개미의 집에 이르면, 거침없이 문을 통해 들어가서 고치로 덮인 번데기를 물고 집으로 서둘러 돌아온다. 이들은 대항해 오는 어떤 개미 종류도 공격하고 죽이는데, 상대의 머리와 목을 칼 모양으로 생긴 큰턱으로 찌른다. 일단 집에 돌아오면 번데기를 성체 기생자에게 넘겨 주어 보살피게 하고, 자신의 게으른 일상적 생활로 되돌아간다.

기생자 개미인 폴리에르구스 일꾼들이 희생 대상으로서의 군체를 향해 곧장 달려갈 수 있는 수단은 과연 무엇일까라는 점은 개미학자들에겐 해묵은 고전적 질문이 되어 왔다. 톨벗Mary Talbot은 1966년에 아마존개미들의 집을 관찰하는 동안, 공격이 일어나기 전에 정탐개미 몇 마리가 공격받을 특정한 불개미집 부근을 우선 탐색한다는 것을 알아냈다. 한 마리의 척후개미가 표적이 되는 개미집 쪽에서 돌아오면 이것이 바로 신호가 되어 공격이 시작되었다. 아마존개미의 공격은 지도자 개미들의 안내를 받는 것 같지 않았다. 톨벗은 이 척후개미가 표적 개미집에서 돌아올 때 집에까지 냄새 길을 놓는다고 보는 것이 논리적이라고 생각했다. 마치 척후개미가 "저기에 개미집이 있으니 그저 냄새 길을 따라가 보시오"라고 말하는 것같이 말이다. 그러면 우리는 이러한 가설을 어떻게 시험할 수 있을까? 톨벗은 아마존개미 공격자들에게 자신의 지시를 직접 내려 보기로 하였다. 그녀는 공격이 보통 일어나는 낮 시간에 미술 작업 때 쓰는 붓을 써서 폴리에르구스 몸에서 추출한 디클로로 메탄dichloromethane으로 아마존개미집에서 바깥쪽을 향해 인공길을 놓아 나갔다. 그 결과 이 시도는 놀라우리만큼 성공적이었다. 폴리에르구스 일개미들이 집에서 쏟아져 나와 새로 낸 그 길을 따라 끝까지 가는 것이 아닌가? 톨벗은 이런 식으로 공격 개미군을 그의 마음대로 활동하게 하고 그녀가 선택하는 표적으로 인도할 수 있었다. 끝으로 그녀는 불개미 군체를 한 개의 상자 속에 넣되 폴리에르구스 군체로부터 2미터 거리에 둔 다음 상자 가장자리까지 인공 아마존개미 길을 놓음으로써 완전하게 공격을 유도해 낼 수 있었다.

　　톨벗은 척후개미들이 선두에 서서 동료 일개미들을 표적 개미집으로 인도하는 것이 아니라고 믿었다. 그러나 이것은 전혀 맞는 생각이 아닐 수도 있다. 물론 그녀가 미시간산 종에서 흥분한 일꾼들이 안내자 없이 냄새 길을 따라갈 수 있음을 증명한 것으로 보아 비록 그것이 사실이라 할지라도, 필경 어떤 다른 신호가 쓰였을 것으로 생각된다.

미국 자연사 박물관의 곤충학자인 토포프Howard Topoff는 애리조나에서도 아마존개미의 또 다른 종이 훨씬 복잡한 방식을 쓰고 있음을 발견하였다. 바로 자연적으로 이뤄지는 공격에서 척후개미들이 언제나 동료들을 선도하고 있음을 본 것이다. 그는 이 개미의 환경에서 관목과 돌 같은 두드러진 것들을 옮겨 보고 이들 시각적인 자극 신호들이 화학 냄새 길보다 안내자들에겐 더 중요하다는 것을 증명한 것이다. 그러나 일꾼들은 공격 후 집으로 돌아올 때 지표물들에 시각적으로 고정하여 방향도 잡고 또한 안내자들이 놓은 화학 냄새 길도 따라오는 등 두 가지 방법 모두를 쓰고 있었다.

아마존 투사들은 싸움이 일어나면 전투에 투신하여 다른 종의 어린 새끼들을 훔치는데 이 과정에서 치명적인 무기를 사용하여 만나는 개미마다 모조리 죽인다. 이런 방법은 그런 목적을 위해서는 가장 직선적이고 효과적인 방법이 될 것이다. 그러나 노예를 납치하는 데 더욱 교묘한 방법을 쓰기도 한다. 윌슨은 퍼듀 대학교의 레니에Fred Regnier와 공동으로 연구하는 동안 미국산의 또 다른 노예 공격자인 포르미카 수빈테그라Formica subintegra가 폴리에르구스 전사에서 볼 수 있는 전투적 열정 없이도 매우 성공적으로 임무를 수행함을 알아냈다. 이 일개미들은 아마존개미들이 특징으로 갖고 있는 굽은 칼 모양의 무기 대신 보통 모양의 큰턱을 갖고 있지만 노예를 잡는 데는 마찬가지로 능률적인 것 같았다. 이들 역시 아마존개미처럼 불개미류의 또 다른 종을 좋아한다. 윌슨과 레니에는 이들이 그처럼 성공적으로 임무를 수행하는 비결이 무엇인가를 찾다가 이 일개미들의 각기 복부의 거의 절반을 차지할 만큼 엄청나게 부푼 두푸르샘Dufour's gland을 갖고 있음을 알아냈다. 공격자들이 공격할 때 이들은 이 샘에서 '선전 물질propaganda substances'을 방어자와 그 부근에 분사한다. 이 물질은 데실decyl, 도데실dodecyl 및 테트라데실tetradecyl로 이루어진 초산염의 혼합체로서 수빈테그라 공격자들을 유인하는 한편 방어자들에게 경보를 울려

뿔뿔이 흩어지게 한다. 이 세 가지 초산염은 불개미 희생종들이 사용하는 진짜 경고 페로몬을 모방한 것이다. 따라서 이것들은 사실상 초경보 허위 페로몬인 셈으로, 이 물질은 상대측 희생자들에게 재빨리 탐지되며, 그 냄새는 보통 경보 물질(운데칸undecane 따위) 같으면 탐지될 수 없을 정도로 증발될 훨씬 후까지도 계속 남아 있다.

 사람들이 이 포획된 일개미들을 볼 때에는 노예같이 보지만 노예 당사자들은 자유스러운 것처럼 행동한다. 그들은 마치 노예 공격 개미의 자매인 것처럼 그리고 마치 자기 군체의 개미집에서 행동하듯 자연스럽게 똑같이 임무를 수행한다. 그러나 이러한 충실성은 놀라울 것이 없다. 자유 생활을 하는 개미들은 진화에 의해 주변 상황에 관계없이 행동하도록 프로그램되어 왔기 때문이다. 그리고 노예 공격자도 그들 나름대로 특별히 프로그램되어 있어 바로 그 본능적 고정성을 이용한 것이다. 윌슨은 와이오밍 주에서 노예 착취자의 일종인 포르미카 휠레리 *Formica wheeleri*를 발견하였는데 이 개미는 프로그램이 약간씩 다르게 되어 있는 1종 이상의 노예를 부리고 있었다. 그 결과 하나의 카스트 시스템에서처럼 노동의 분업화가 나타났다. 이들 노예개미의 일종인 포르미카 네오루피바르비스 *Formica neorufibarbis*는 공격적이고 흥분을 잘 한다. 이 개미의 일개미들은 윌슨이 관찰한 한 공격 상황에서 그들의 숙주인 포르미카 휠레리의 여주인 근위병 노릇을 하였다. 그리고 여러 종이 뒤섞인 그들의 집이 파헤쳐지자 포르미카 휠레리가 노출 부분을 방어하는 일을 돕기까지 하였다. 또 다른 종인 포르미카 푸스카 *Formica fusca*의 한 놈은 집이 파헤쳐질 때 집의 아랫부분에 남아 도망가거나 숨으려고 애썼다. 그들의 복부는 액체 먹이가 들어 있어 팽배되어 있었고 그것으로 보아 포르미카 휠레리 애벌레들의 양육 담당인 것 같았다.

 전 세계적으로 수백 종의 개미가 다른 개미의 사회적 기생자인 것으로 알려져 있다. 그리고 짐작건대 이 밖에 또 수백 종이 진화적으로 기

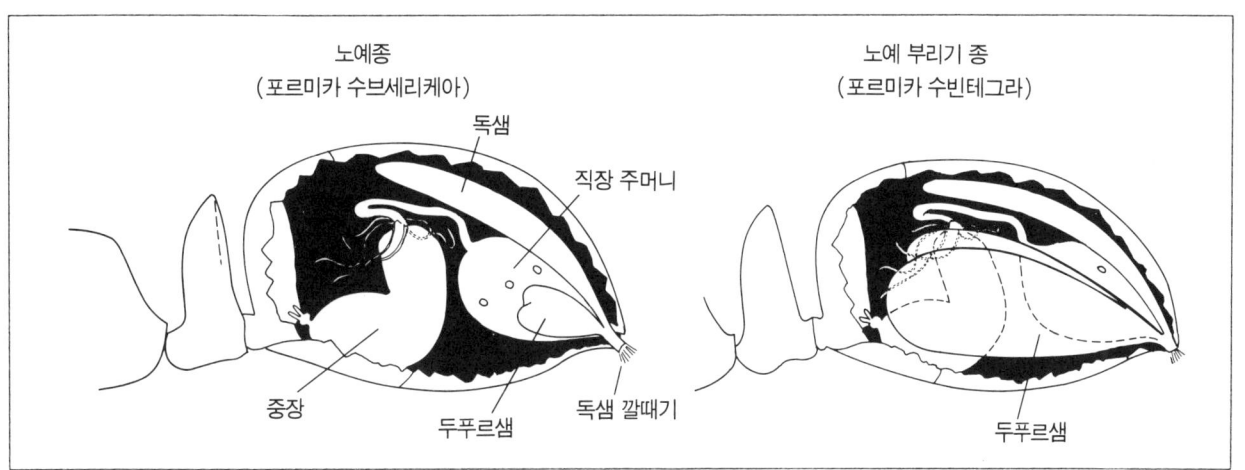

생 생활을 향하고 있을 가능성이 있다. 그러나 수천 종의 응애, 좀, 노래기, 파리, 딱정벌레, 말벌과 기타 작은 동물들도 이미 그런 기생 생활을 발전시켰다. 개미 군체는 의사 소통 암호의 단순함으로 인해 그러한 뻔뻔스런 책략가들에게 허술한 공격 대상이 된다. 더욱이 손님 입장에서 볼 때 개미 군체는 영양소를 잔뜩 갖춰 놓고 착취당하기를 기다리는 생태적 보물섬이나 다름없다. 비로 군체와 개미집은 포식자와 공생자가 들어갈 수 있는 여러 가지 생태적 지위를 제공하고 있는 것이다. 착취자들은 개미의 먹이 탐색 냄새 길이나 집의 바깥쪽 방들, 또는 방어집, 저장실, 여왕실, 양육실 가운데—양육실은 번데기실, 애벌레실 그리고 알실로 나뉜다—어떤 것이든 선택할 수 있다.

이 밖에 흔히 있는 일이지만 이보다 더 뻔뻔스런 손님도 있어 아예 개미의 몸 위에 붙어서 살기도 한다. 극단적인 경향을 일부 응애에서 볼 수 있는데 바로 미국의 열대 지방 삼림에 사는 군대개미의 몸 위에 올라타고 다니는 것이다. 매우 작고 언뜻 거미같이 생긴 이 응애 종들은 일개미의 머리 위에 붙어 일개미 입에서 먹이를 직접 가로채 먹는다. 어떤 종들은 개미의 몸에서 나오는 기름 성분의 분비물을 핥아 먹

미국산 노예부리기개미 포르미카 수빈테그라는 크게 팽배된 두푸르샘에서 대량으로 만들어지는 '선전 물질'을 사용한다. 이 물질은 경보 페로몬과 비슷해서 방어자들을 혼란시키고 흐트러지게 한다. 이 개미의 두푸르샘은 노예부리기개미가 아닌 포르미카 수브세리케아 *Formica subsericea*에서 보이는 보통 크기의 두푸르 샘과는 대조가 된다(F. E. Regnier and E. O. Wilson, *Science*, 172, pp. 267~269, 1971).

사회적 기생자

거나 피를 빨기도 한다. 먹이 선택은 차치하고 침입종들 중에는 숙주의 몸 부분을 차지하는 것이 매우 별난 경우도 있다. 어떤 종은 대부분의 시간을 개미의 큰턱에 올라앉아 있거나 어떤 종은 머리 위에, 또 다른 종은 가슴 또는 배 위에 각각 붙어 사는 등 실로 다양하다. 더욱이 콕세퀘소미다에과 Coxequesomidae에 속하는 응애는 어떤 종이건 모두 개미의 더듬이에 꼭 붙어 살거나, 다리의 맨 위쪽 마디인 기절基節에 붙어 산다. 그런 불청객을 견뎌 낸다는 것은 마치 우리 귀에 박쥐가 매달려 있거나 뱀이 마치 버선 대님처럼 넓적다리 위쪽을 감고 있는 것을 참는 것과 같을 것이다.

    그러나 우리 판단에 무엇보다 비범한 적응을 보이는 경우가 응애의 일종인 마크로켈레스 레텐메이에리 Macrocheles rettenmeyeri라고 생각되는데 그것은 이 응애가 일생 동안 군대개미의 일종인 에키톤 둘키우스 Eciton dulcius의 병정 카스트의 뒷다리에서 피를 빨아 먹으며 살기 때문이다. 이 응애는 거의 개미의 다리 전체 마디만큼이나 크다. 이것은 해부학적으로 우리 사람의 발바닥에 슬리퍼만한 거머리가 붙어 있는 것과 같다. 그러나 응애는 몸집이 그렇게 큰데도 결코 숙주를 절뚝발이로 만들지 않는다. 오히려 자기 몸 전체를 병정개미가 마치 자신의 발의 한 연장 부분인 것처럼 쓰도록 허용하는 것이다. 그렇다고 응애를 딛고 다니는 개미도 어떤 불편을 느끼는 것 같지 않다. 뿐만 아니라, 이 종을 발견한 미국의 곤충학자 레텐마이어 Carl Rettenmeyer가 관찰한 바와 같이 군대개미들은 쉬고 있을 동안 자기 발톱을 다른 일개미의 다리나 몸의 일부에 얽은 채 무리를 짓고 있다. 그런데 마크로켈레스 응애가 한 병정개미의 다리에 붙어 있을 때엔 개미들 사이의 연결에 응애가 자기의 뒷다리를 대신 쓰게 하는 것이다. 그러기 위해서 응애는 다리를 적당히 구부리고 있다가 이 병정개미가 다른 개미에 다리를 걸치려 할 때 재빨리 그 자리에 대신 갖다 놓는 것이다. 레텐마이어는 이런 식으로 자기 발톱에 매달려 있는 개미나, 기생자의 뒷다리에 얽

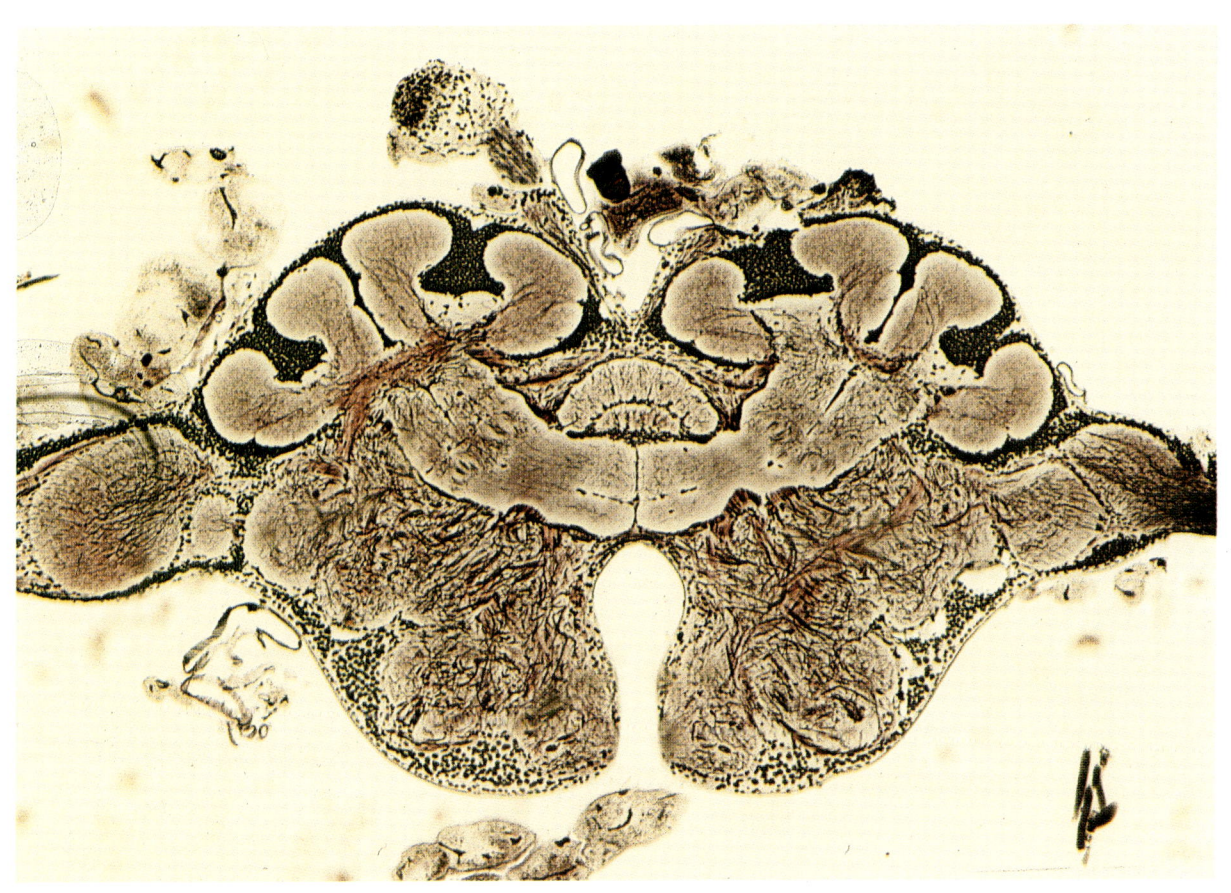

개미의 뇌는 크기가 매우 작은 기관치고는 지극히 복잡하다. 한 왕개미 여왕의 뇌의 단면을 보면 위쪽에 정교한 '버섯체 mushroom bodies'들이 특이하게 쌍을 이룬 구조를 볼 수 있고 여기에는 신경 세포들이 밀집하여 정보를 처리하고 통합한다. 이 뇌는 개미로 하여금 군체 냄새와 집 밖의 여러 곳에 관한 간단한 정보를 학습하기에 충분할 만큼 정교한 구조를 나타내고 있다(오버메이어가 조직 표본을 제작하고 사진 촬영).

가위개미 아타 섹스덴스의 중형 일개미 한 마리가 곰팡이밭을 만드는 첫 단계로 집 밖의 나뭇잎에서 한 조각을 잘라 내고 있다.

중형 카스트에 속하는 가위개미 한 마리가 갓 잘라 낸 잎 조각을 집으로 운반하고 있다. 때때로 소형 카스트 개미가 이 잎사귀 조각에 올라탈 때도 있다(아래). 이 소형 일개미들의 주요 임무는 운반 역할을 하는 개미에게 기생성 벼룩 파리가 붙지 못하게 보호하는 일 같다.

두 마리의 중형 가위개미가 협동해서 나뭇가지를 자르고 있다. 이렇게 잘린 나뭇가지는 집으로 운반되어 곰팡이밭에 첨가된다.

가위개미집 속에서는 일개미들이 잘려진 식물질을 곰팡이밭에서 처리하여 솜처럼 부푼 흰색의 곰팡이를 키운다. 이 곰팡이 종은 개미집에서만 볼 수 있다.

가위개미의 밭을 만들고 재배하는 각 단계는 특수화된 한 일개미 카스트에 의해 수행되는데 이 일개미는 크기와 여러 가지 해부학적 특징에서 차이를 나타낸다(도슨의 그림. 미국 지리학회 허락으로 게재).

가위개미 군체의 여왕 한 마리가 곰팡이밭 위에 있는데 몸집이 그의 딸들인 일개미에 비해 거대하다.

가위개미의 군체가 어떤 크기로 자라면 대형 일개미 (병정개미라고도 함)가 사육된다. 위 사진에서 중형 자매 일개미에 둘러싸인 병정개미 번데기 하나를 볼 수 있다. 번데기 단계에서도 눈이 크고 커다란 큰턱의 모양을 뚜렷이 볼 수 있다. 아래 사진에서는 성체 병정개미를 볼 수 있다. 병정개미들은 거의 전적으로 방어용으로 특수화되어 있다. 부푼 머릿속에 꽉 찬 근육의 힘을 빌어 그들의 날카로운 큰턱들은 가죽까지 자를 수 있다.

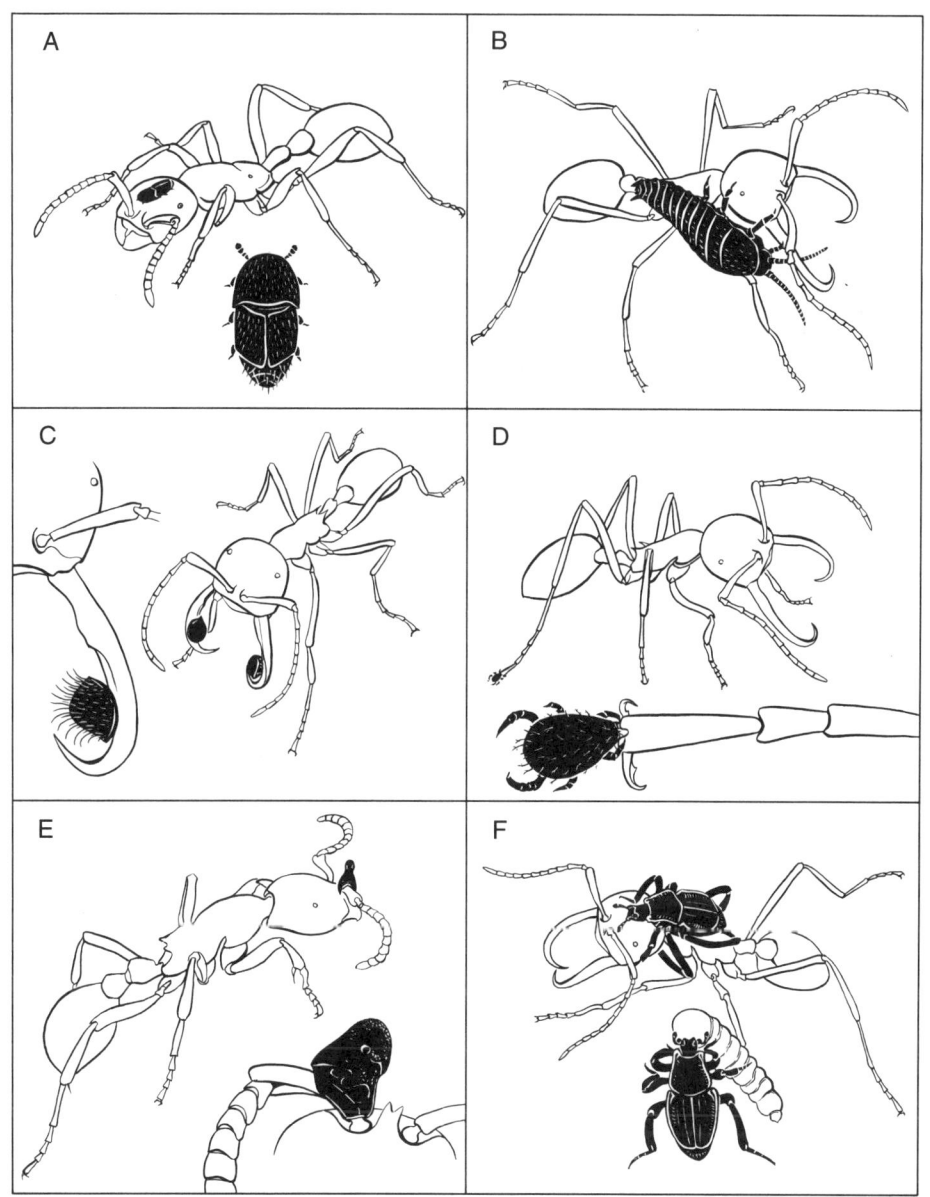

군대개미를 찾아 온 여섯 가지 절지동물 손님(검은색)들로, 이 숙주들과의 여러 가지 공생 적응 관계 중 몇 가지를 보여 주고 있다. (A) 투구게딱정벌레과 Limulodid 소속인 파랄리물로데스 *Paralimulodes*는 대부분의 시간을 숙주 일개미 네이바미르멕스 니그레스켄스의 몸 위에 올라간 상태로 보낸다. (B) 좀 가운데 니콜레티드과 nicoletiid의 일종인 트리카텔루라 만니 *Trichatelura manni*는 숙주(에키톤 개미 종) 일개미로부터 나오는 분비물을 긁어 핥아 먹으며 개미가 잡아온 먹이도 함께 먹는다. (C) 키르코킬리바속 *Circocylliba*의 이 응애는 군대개미 에키톤의 대형 일꾼의 큰턱 안쪽 면에 붙어 살도록 특수화되어 있다. (D) 또 다른 응애인 마크로켈레스 레텐메이에리는 보통 그림에 나와 있는 대로 붙어 지내며 에키톤 둘키우스 군대개미 일꾼의 여분의 '다리'로 쓰인다. (E) 안텐네우에소마 *Antenneuesoma* 응애는 군대개미 더듬이의 첫 마디에 붙어 살도록 특수화되어 있다. (F) 에욱세니스테르 카롤리 *Euxenister caroli* 딱정벌레가 에키톤 부르켈리 군대개미의 성체에 화장 행동을 하고 있고 이 개미의 애벌레를 잡아먹고 있다(포사이스의 그림).

혀 있는 개미의 행동에서 아무런 차이를 볼 수 없었다.

곤충과 기타 절지 동물이 개미를 속이고 도둑질하는 수단은 매우 여러 가지다. 횔도블러가 독일에서 연구한 바 있는 한 극단적인 전략은 유럽산 쇠점박이 딱정벌레 *Amphotis marginata*가 쓰는 방식이다. 작고 납작하게 눌린 거북이 모양으로 생긴 이 교활한 곤충은 가히 그 지역 개미 세계에서 '노상 강도'라 할 만하다. 이 딱정벌레는 한낮에는 검은색으로 반짝이는 풀개미 *Lasius fuliginosus*의 먹이 탐색 길가에 숨어 있다. 그러다 밤이 되면 이 개미 길을 왔다갔다 순찰하다가 때때로 멈춰 서서 집으로 달려 가는 일개미를 만나면 먹이를 구걸한다. 이 때 위 속에 액체 먹이를 가득 담고 있는 개미들이 잘 속는다. 딱정벌레들은 개미의 머리 위에 나 있는 짧고 곤봉같이 생긴 더듬이와 아랫입술 표면을 툭툭 쳐서 개미가 갖고 있는 액체 먹이 방울을 스스로 토해 내게 유도하는데 이것은 바로 개미들 사이에 일개미들이 사용하는 기술이다. 그러나 개미는 이 딱정벌레가 액체 먹이를 먹기 시작한 지 얼마 안 되어 속았다는 것을 알고 그 놈을 공격한다. 그러나 딱정벌레는 아무런 위험도 받지 않는다. 왜냐하면 다리와 더듬이를 자신의 널찍한 배갑背甲 밑에 웅크려 넣고 땅에 찰싹 붙은 채 다리에 나 있는 특수한 털로 지면을 단단히 붙들기 때문이다. 개미들은 이 딱정벌레를 들어올리거나 뒤집을 수 없다. 이 작은 노상 강도는 그저 개미가 떠나기를 기다렸다가 떠나고 나면 다시 도둑감을 찾아 어슬렁어슬렁 기어간다.

이 밖에 개미의 길 가까이 자리를 잡고서 그저 단순한 도둑질을 하는 것이 아니라 지나가는 일개미를 죽이고 잡아먹는 포식자 곤충들이 많다. 그러나 그들이 이런 목적을 달성하기 위해 끝까지 폭력을 쓰는 일은 드물다. 왜냐하면 개미들은 침이나 독액으로 중무장되어 있고 단체로 이동하면 오히려 반격하여 사태를 역전시킬 수도 있기 때문이다. 그래서 포식자들은 개미에게 들키지 않고 공격을 당하지도 않으면서 개미를 잡는 교묘한 기술을 쓴다. 그 한 가지가 침노린재인 아칸타프

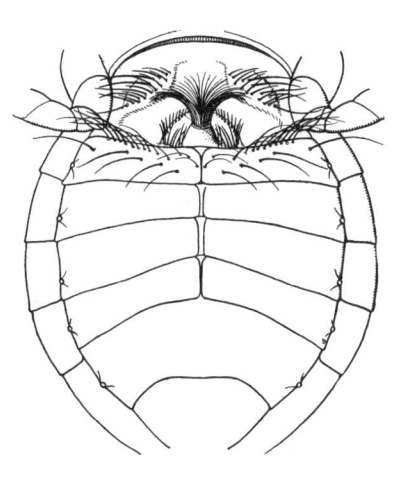 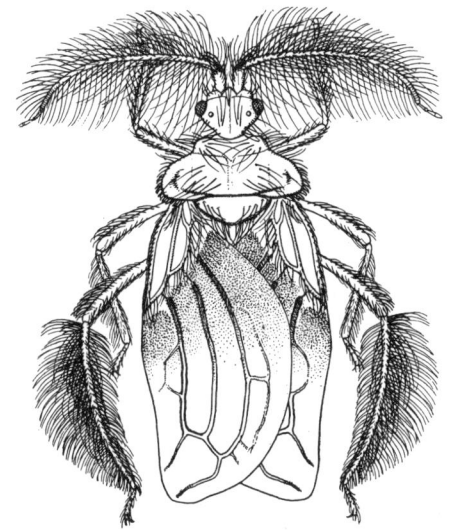 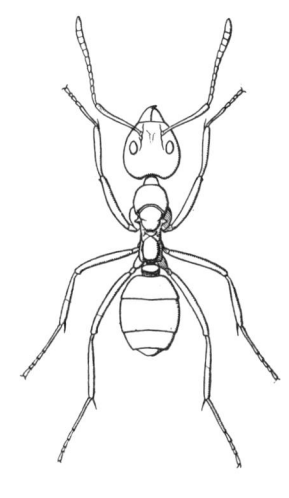

포식성의 인도네시아산 침노린재 프틸로케루스 오크라케우스 (가운데)와 이 노린재에 잡아 먹히는 흑개미 돌리코데루스 비투베르쿨라투스(오른쪽). 왼쪽은 이 노린재의 배 아래로서, 개미를 유인하는 진정제를 발산하는 특수화된 털들이 보이고 있다(차이나 W. E. China에서 변경).

시스 콘킨눌라 *Acanthapsis concinnula*가 쓰는, 양가죽을 쓴 늑대의 방법이다. 고약하게 생긴 긴 주둥이가 마치 주머니칼의 칼날처럼 쭉 펴지는 이 곤충은 바로 침개미집 부근에서 개미 사냥을 한다. 한 번에 꼭 한 마리를 붙잡아 따로 격리시킨 다음 주둥이로 독액을 주사하여 마비시키고 혈액을 빨아먹는다. 그 다음 개미의 남은 쭉정이 시체를 등에 업고 그 곳에 둔다. 같은 식으로 반복하여 죽은 개미의 시체를 계속 등에 얹으면 훌륭한 위장물이 되고 다른 침개미 일꾼들은 죽은 동료 개미들이 이렇게 이상하게 되어 있는 것을 보고 모인다. 만약 개미들이 인간들처럼 오락용 영화를 만든다면 그들의 공포 영화의 주인공 괴물은 틀림없이 침노린재 아칸타프시스 콘킨눌라가 될 것이다.

이렇게 유별난 괴물의 쌍벽으로서 가히 곤충 세계의 드라큘라라 할 수 있는 또 다른 침노린재 프틸로케루스 오크라케우스 *Ptilocerus ochraceus*가 있는데 이것은 동남아시아에 매우 흔한 돌리코데루스 비투베르쿨라투스 *Dolichoderus bituberculatus* 개미를 잡아 먹는다. 이 포식자들은

사회적 기생자

위는 불개미의 일개미 한 마리가 먹이를 토해서 반날개 딱정벌레인 아테멜레스의 애벌레에게 먹이는 모습. 이 반날개 애벌레의 체절마다 그 위쪽에는 개미가 새끼를 잘 못 알아보게 하는 냄새를 분비하는 것으로 생각되는 샘들이 쌍으로 나 있다. 아래에서는 반날개 아테멜레스 푸비콜리스의 애벌레 한 마리가 숙주인 불개미의 애벌레 하나를 잡아먹고 있다.

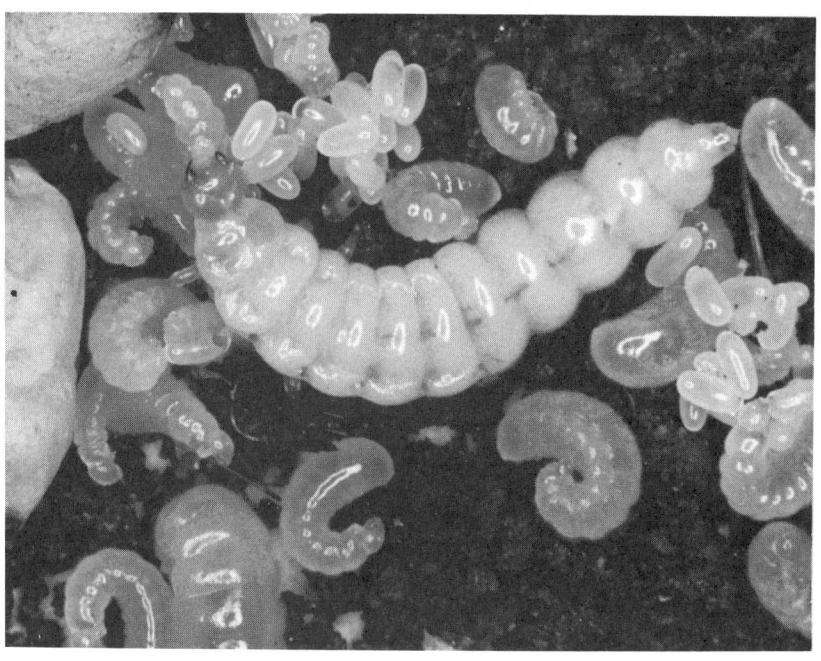

단지 개미 길 가에 앉아 복부 아래쪽 샘들에서 나오는 마취액 냄새를 날려 보낸다. 그러다가 일개미가 다가오면 가운데 다리와 뒷다리로 몸을 일으켜 복부의 샘을 내보여 상대방이 살피러 다가오게 한다. 그러면 개미는 과연 가까이 다가와 이 샘의 분비물을 핥아 먹는다. 이 때 노린재는 천천히 앞다리로 개미 몸을 감싸고 주둥이 끝을 개미의 목 뒤쪽에 갖다 댄다. 그러나 아직 찌르거나 다리로 조이지 않는다. 그러나 개미가 계속 분비물을 빨아 먹다가 몇 분이 지나면 마비 증세를 보이는 것이다. 개미가 몸을 웅크리고 다리를 안으로 접은 상태로 꼼짝 않게 되면 노린재는 그제서야 주둥이침으로 개미를 찔러 혈액을 모두 빨아 먹는 것이다. 프틸로케루스 침노린재는 이런 식으로 개미 동료들의 행렬이 가까이 지나가도 대열을 교란하지 않으면서 일개미를 한 마리씩 처리할 수 있다.

침노린재 프틸로케루스가 쓰는 이런 식의 기만용 화학 물질의 사용은 이보다 더 복잡 정교한 포식자와 사회성 기생자들 대부분이 쓰는 수단이기도 하다. 그러나 이러한 침입자들의 주요 표적은 여왕과 애벌레가 사는 개미집의 육실育室/brood chamber이다. 이 중앙 지역에 먹이가 가장 많이 쌓이고 포식자들은 바로 이 곳에서 살찐 상태로 꼼짝 못하는 애벌레와 번데기들을 발견할 수 있기 때문이다. 그러나 이 육실은 개미들의 필사적인 방어로 인해 침투하기가 어렵다. 육실은 그야말로 개미집의 중앙 본부와 포트 녹스Fort Knox(미국 켄터키 주 북부의 군사 기지=역주)를 합쳐 놓은 보루이다. 이곳엔 매우 특수한 장치를 갖춘 동물만이 교묘하게 침투할 수 있으나 일단 들어가도 몇 분 이상 견디지 못해 살아 남기가 어려운 곳이다.

그러나 이 묘술을 진화적으로 발전한 반날개(반날개과) 중 일부가 터득하여 사용한다. 그 가운데도 유럽산의 아테멜레스*Atemeles*와 로메쿠사*Lomechusa* 종들이 가장 능란한 전문가로 알려져 있다. 횔도블러가 이 곤충을 알게 된 것은 어릴 때 그의 아버지의 연구를 통해서였는데

사회적 기생자

그 후 독일의 신부이자 곤충학자인 바스만Erich Wasmann의 초기 저술을 통해 더 자세히 알게 되었다. 휠도블러가 아직 프랑크푸르트 대학교 박사후 과정에서 조교로 있을 때 그는 반날개의 생활을 가능한 한 깊이 있게 알아 볼 목적으로 연구를 시작했다. 우선 그는 이들이 불개미의 집에 산다는 것을 알아냈다. 이 개미는 크고 공격적이며 붉은색과 검은색이 섞인 곤충으로서 유럽 도처에 많이 산다. 이 딱정벌레의 일부 종 역시 뿔개미속Myrmica 개미와 연중年中 일부를 같이 보내는데 이 뿔개미속 개미 역시 유럽에 많지만 불개미보다 몸집이 작고 가냘프다.

그런 류의 딱정벌레로 잘 알려진 예가 아테멜레스 푸비콜리스Atemeles pubicollis이다. 이 종은 애벌레 시기에는 개미무덤을 만드는 숲개미 포르미카 폴릭테나Formica polyctena의 집 속에 산다. 개미들은 이 기생성 애벌레가 자기네 육실에 들어와 사는 것을 용납할 뿐 아니라 마치 자기 새끼들인 것처럼 대우한다. 휠도블러는 이러한 모방이 기계적이고도 화학적인 신호들에 의해 가능함을 증명할 수 있었다. 이 딱정벌레 유충은 바로 개미 애벌레들이 쓰는 동작을 반복하면서 먹이를 구걸하는 것이었다. 지나가는 일개미가 이 딱정벌레 애벌레를 건드리기라도 하면 이 애벌레는 곧 벌떡 일어나 개미의 머리 부분과 접촉하려고 한다. 만약 접촉에 성공하면 그 다음엔 자기 구기口器로 개미의 턱 아래쪽을 두드린다. 이런 순서의 동작은 딱정벌레의 움직임이 더 격렬한 것을 제외하면 개미 애벌레의 동작과 기본적으로 같다. 휠도블러는 개미 군체에게 방사능 물질로 표지된 액체 먹이를 줌으로써 군체 구성원들이 먹이를 먹었다 토해서 옮겨 가는 속도와 방향을 측정할 수 있었다. 그는 이런 실험을 통해 기생 애벌레가 숙주 개미의 애벌레보다 더 많은 양의 먹이를 얻는다는 것을 알았다. 사실상 기생성 딱정벌레의 애벌레들은 새끼들이 다른 종의 새의 둥지에 기생하며 자라는 뻐꾸기처럼 행동한다. 즉, 숙주 개미로 하여금 숙주 개미보다 그들의 기생자를 더 좋아하도록 함으로써 말이다. 이러한 착오는 숙주 개미에게 이중의 부담을 안겨준다. 바로 기생자 딱정벌레들이 개미 애벌레를 잡아먹기 때문이다. 그러나 이 기생자 딱정벌레가 개미 군체를 완전히 파괴하지 못하는 것은 딱정벌레들이 많아져서 서로 닿을 정도가 되면 자기들끼리 서로 잡아 먹는 공식共食/cannibalism 현상이 일어나기 때문이다.

일개미들은 또한 자신의 애벌레를 화장해 줄 때와 똑같은 동작으로 축축한 혀를 써서 기생자들을 닦아 준다. 분명히 이 딱정벌레들은 개미 애벌레의 몸을 덮고 있는 화학 물질과 비슷한 유인 물질을 분비하는 것 같다. 횔도블러는 이 가설을 시험하기 위해 화학 신호 물질을 탐색하는 데 쓰는 한 고전적인 방법을 써 보았다. 갓 죽인 딱정벌레의 애벌레에게 셸락shellac을 발라 분비 물질의 발산을 막아 준 것이다. 그리고 그는 이 시체들을 불개미 군체의 집 입구 바로 밖에 놓고 그 옆에는 대조구 동물로서 갓 죽였으나 셸락을 바르지 않은 딱정벌레 애벌레를 나란히 놓아 보았다. 그랬더니 개미들은 이 대조구 동물들이 마치 살아 있어서 아직도 유인 물질을 내고 있는 것처럼 즉시 이들을 육실로 옮겼다(독자들은 개미가 죽은 지 며칠이 지나 분해 냄새를 풍길 때에야 다른 개미들이 비로소 시체임을 알아본다는 사실을 상기하기 바란다). 반대로 셸락으로 몸이 칠해진 딱정벌레는 쓰레기장으로 옮겨져 처치되었다. 셸락이 조금이라도 덜 칠해진 부분이 있으면 이들 역시 육실로 운반되었다. 횔도블러는 이 문제를 다른 방향에서 접근하면서 이 딱정벌레 애벌레에게서 용매를 사용해 분비물의 전부 또는 거의 모두를 추출해 보았다. 과연 이렇게 처리된 애벌레들은 더 이상 유인성을 발휘하지 않았다. 그러나 이 애벌레에게 추출물을 다시 발라 주었더니 유인성이 다시 회복되었다. 끝으로 그는 이 추출물을 종이로 만든 모조 애벌레에게 묻혀 보았다. 그랬더니 개미들은 이것도 육실에 옮겨 놓았다. 분명 개미 애벌레가 이들을 돌보는 성체 개미로 하여금 유럽산 반날개 딱정벌레 아테멜레스 푸비콜리스가 숙주개미의 하나인 뿔개미의 한 종에 의해 양입되는 과정. 왼쪽 아래의 그림은 이 기생자의 세 개의 주요 복부 샘이 있는 위치를 나타낸다. 이는 양입샘(ag), 방어샘(dg), 유화샘(apg)이다. 이 딱정벌레는 방금 다가온 뿔개미의 일개미에게 유화샘을 내밀고 있다(1). 일개미는 샘구멍을 핥은 다음(2), 양입샘을 핥느라 이리저리 움직이고(3, 4) 그런 다음에 이 딱정벌레를 개미집으로 옮긴다(5)(포사이스의 그림).

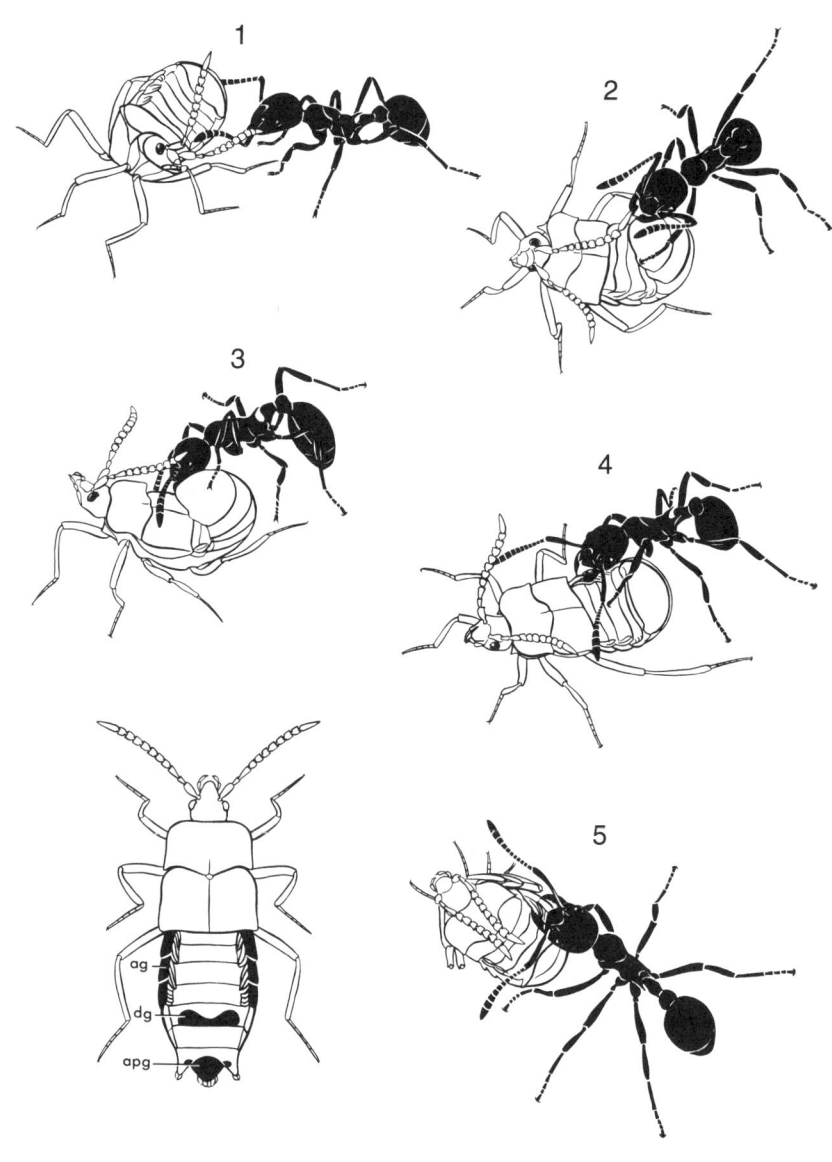

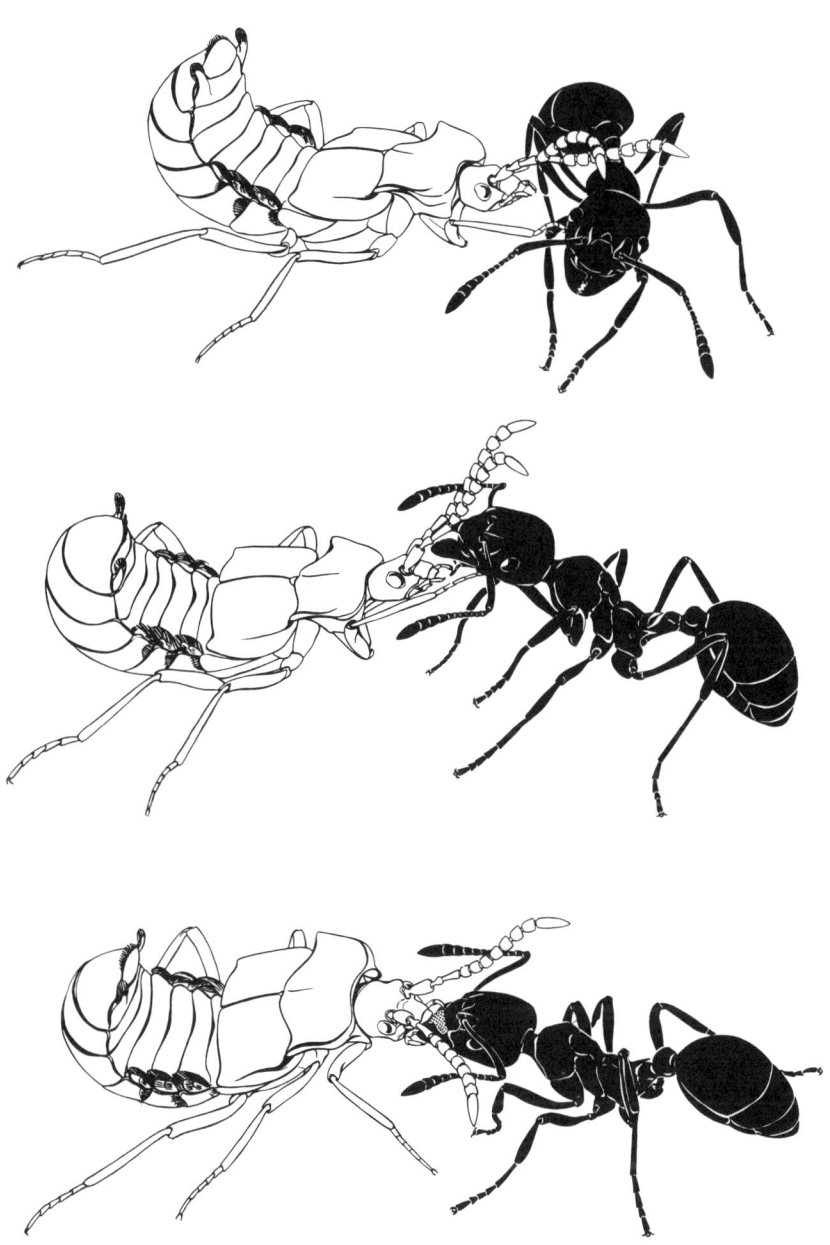

호% 개미성 반날개 딱정벌레 아테멜레스 푸비콜리스의 먹이 유도 행동. 이 딱정벌레가 더듬이로 숙주 일개미를 툭툭 치면 개미는 딱정벌레를 향해 돌아선다(위). 그러면 딱정벌레는 개미의 입을 앞다리로 건드려서(가운데) 개미로 하여금 액체 먹이 방울을 게워내게 한다(아래)(포사이스의 그림).

자신의 정체를 증명하는 데 쓰는 특성은 성질상 화학 물질이며 딱정벌레는 이 암호를 해독한 것이다.

딱정벌레 아테멜레스는 개미와 함께 사는 집이 여름용과 겨울용 두 개다. 딱정벌레 애벌레들이 불개미집에서 번데기가 된 후 부화되면 이 때 나온 딱정벌레 성체들은 가을에 뿔개미집으로 이주한다. 이렇게 놀라운 이주 현상을 보이는 것은 불개미가 겨울이 되면 새끼 키우기를 중단하는데 반해 뿔개미 군체는 겨울 내내 육실과 먹이 공급을 유지하기 때문이다. 이 딱정벌레는 뿔개미집에서 아직 성적으로 미성숙 상태에서 서로를 잡아먹다가 봄이 되어 성숙하면 불개미집으로 다시 돌아가 교미를 하고 산란한다. 이렇듯 아테멜레스 딱정벌레와 불개미 및 뿔개미들은 생활 주기와 행동이 숙주로서 봉사하는 개미 두 종의 사회 생활을 최대한 이용하는 식으로 동조화同調化/synchronized되어 있다. 이 딱정벌레들은 이렇게 이주하는 동안 두 가지 임무를 해낼 수 있어야 한다. 첫째 옮길 때마다 새로 들어갈 숙주 집의 위치를 미리 알아 놓아야 한다. 둘째 적대적일 수도 있는 새로운 환경에 대해 자기들을 받아 줄 양입권을 획득해야 한다. 그러기 위해 이들은 다음의 네 가지 단계를 차례로 밟아 나간다. 우선 딱정벌레는 자신의 더듬이로 일개미 한 마리를 마치 주의를 끌려는 것처럼 툭툭 친다. 그런 후에 복부의 끝을 쳐들어 개미에게 향하게 한다. 이 복부 끝엔 유화宥和 샘들이 나 있어서 개미가 이 곳에서 나오는 분비물을 핥아 먹으면 즉시 공격성이 억제되는 것 같다. 개미는 두 번째로 딱정벌레의 복부 양 옆에 나 있는 샘들에 유인된다. 이 때 딱정벌레는 개미가 그 부분에 접근할 수 있도록 복부를 아래쪽으로 내린다. 샘 구멍 둘레에는 센 털들이 나 있어 개미들은 이 털을 잡고 딱정벌레를 육실로 운반한다.

횔도블러는 딱정벌레의 샘 구멍들을 틀어막은 다음 이 샘들이 성공적인 양입 과정에서 필수적이란 사실을 발견하였다. 그래서 그는 이 샘들을 '양입 샘adoption gland'이라고 불렀다. 결국 여기서도 딱정벌레를 받아 주고 안 받아 주고는 화학 의사 소통에 달려 있으며 특히 어린 개미들이 내는 페로몬을 흉내 낸 어떤 물질에 의존하는 것이다. 이렇게 해서 딱정벌레들은 숙주 개미의 집 속에 있는 육실에 머물면서 개미의 애벌레와 번데기를 잡아 먹는다. 더구나 이들은 개미들의 구걸 신호를 흉내 내면서 성체 개미들로부터 먹이를 받아 먹는다.

선전, 노예화, 암호 해독, 기만, 의태, 구걸, 트로이의 목마 작전, 노상 강도, 뻐꾸기 새끼의 주인새 알행세 등 그 모든 것이 개미와 이들의 포식자 그리고 개미를 희생시키는 사회성 기생자들 사이에 존재한다. 이런 말들은 아마 인간 중심적으로 붙인 것이어서 적절치 않게 보일 것이다. 그러나 그렇지 않을 수도 있다. 세계 어디서나 아니 우주 어디서나 진화적으로 가능한 상당수의 사회적 안배는 우리가 방금 말한 것이 일종의 불가피한 착취의 자연 현상이기 때문에 출현한 것으로 볼 수 있기 때문이다.

사회적 기생자

양육 생활자

개미가 있는 곳이면 어디에서나 개미 종들이 식물을 먹고 사는 곤충과 어떤 계약을 맺고 있음을 본다. 진딧물, 깍지벌레, 가루깍지벌레, 뿔매미 그리고 부전나비와 쇠점박이나비(일반적인 용어로는 '블루blue'나 '메탈마크metalmark'라고도 불린다)의 애벌레는 개미에게 먹이로 자신이 분비한 당분을 준다. 반대로 그들은 적으로부터 보호받는다. 게다가 개미는 이들에게 각조가리나 흙으로 된 은신처를 제공하고 때로는 한술 더 떠서 집 안에까지 데려와 개미 군체의 진짜 구성원처럼 취급할 때도 있다. 이런 공생은 그리스어로 '양육 생활'을 뜻하는 말에서 따 와 '트로포비오시스trophobiosis'라 불리게 되었고 육지 생태계의 역사상 가장 성공적으로 발달한 생활 방식의 하나임이 밝혀졌다. 이는 개미와 그의 피보호자들이 수적으로 우세하게 되는 데 크게 공헌하였다.

북반구의 온대 지방에서 가장 풍부하고 우리에게 잘 알려진 양육 생활자는 진딧물이다. 개미와 진딧물은 거의 모든 정원에 나 있는 잡초와 꽃들 또는 인조 잔디밭에 함께 살고 있는 것이 발견된다. 만약 독자가 그러한 연합 관계를 발견하고 수분간 지켜본다면 일개미가 진딧물에게 다가와 더듬이나 앞다리로 살짝 건드리는 것을 볼 수 있을 것이다. 이 때 진딧물은 항문에서 당류 액체를 방출하는 반응을 나타낸다. 개미는 곤충학자들이 진딧물의 배설물에 대해 완곡하게 표현한 이 꿀방울을 핥아 먹는다. 개미는 한 진딧물에서 다음 진딧물로 옮겨 다니면서 같은 식으로 꿀방울 배출을 유도하고 이것은 배가 부를 때까지 계속된다. 그리고 나서 개미는 집으로 돌아와 이 단물을 토해 내 동료 개미에게 나눠 준다.

개미가 즐기는 이 당류 물방울은 입맛을 당길 뿐 아니라 영양가도 높다. 진딧물은 즙 압력과 흡인용 근육 활동의 조합을 통해 바늘 같은 주둥이로 빨아 올린 식물체의 체관 즙을 마시면, 필요로 하는 모든 영양 물질을 얻게 된다. 그러나 이렇게 얻은 물질을 모두 사용하는 것은

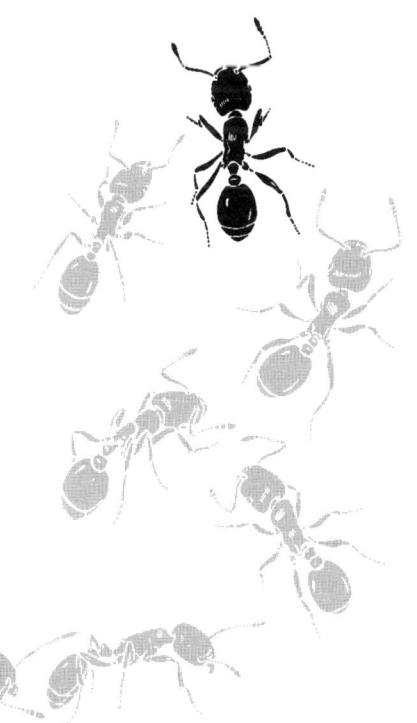

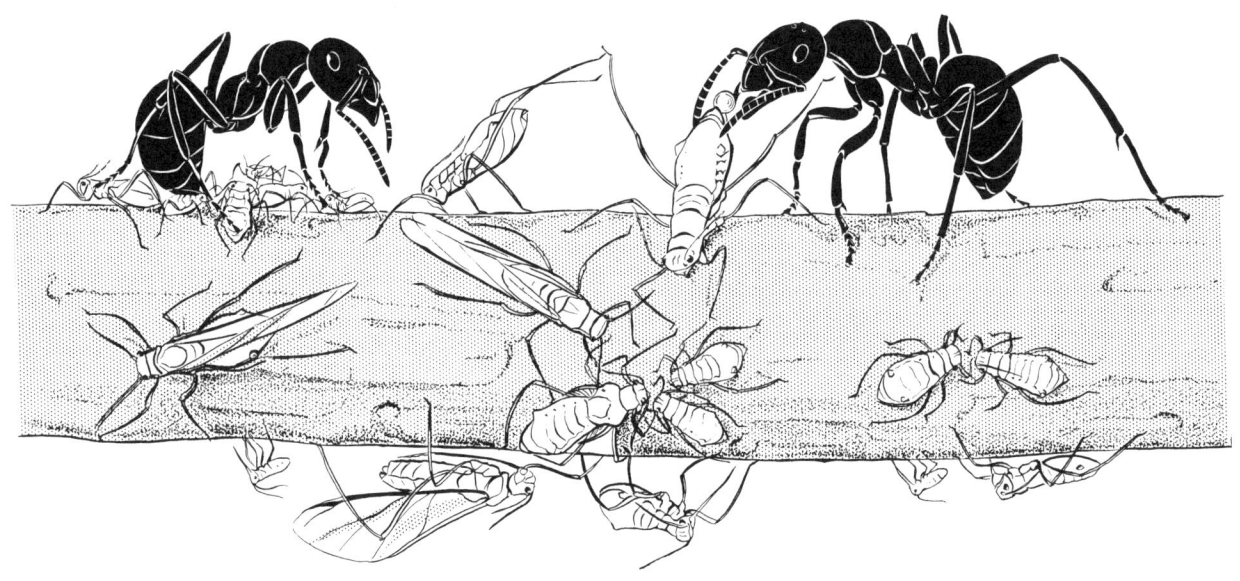

유럽산 숲개미 포르미카 폴릭테나 일개미들이 진딧물 *Lachnus robaris*들을 시중들고 있다(포사이스의 그림).

아니다. 당류, 유리 아미노산, 단백질, 광물질, 비타민 등 일부 영양소는 소화관을 통해 노폐물의 일부로서 항문을 통해 빠져나간다. 이렇게 소화관을 통과하는 동안 액체 먹이는 화학 변화를 일으킨다. 즉, 일부는 흡수되지만 나머지는 새로운 화합물로 바뀌며 다른 일부는 진딧물의 조직에서 나오는 물질에 첨가된다. 버들왕진딧물 *Tuberolachnus salignus* 종을 재료로 측정해 본 바에 의하면 유리 아미노산의 절반은 진딧물의 소화관에서 흡수되고 나머지 절반이 항문으로 빠져나간다. 또 몇 가지 경우에서는 진딧물의 꿀방울에 식물즙에는 없는 아미노산이 포함되어 있는 것으로 보아, 화학적으로 새로운 대사 산물로써 개미에게 주어지는 것이 분명하다.

꿀방울의 건량乾量 무게 중 90~95퍼센트는 우리 인간에게도 달게 느껴지는 당류이다. 당류의 갖가지 혼합물이 꿀방울로 배출되는데 진딧물 종에 따라 혼합 구성과 농도가 다르고 여기엔 과당, 포도당, 서당, 트리할로스, 그리고 소당류가 들어 있다. 곤충의 천연적 혈당인 트리할로스는 보통 꿀방울이 갖는 당류 총량의 35퍼센트를 이룬다. 당류에는 또한 두 가지 삼당류인 프룩토말토스, 멜레지토스가 포함되는데 후자는 당류 전체의 40~50퍼센트를 이룬다. 꿀방울엔 이들 당류와 소량의 다른 당류 외에도 유기산, 비타민 B, 그리고 광물질들이 들어 있다.

매미목 곤충으로 식물즙을 빠는 다른 종류들도 이와 비슷한 양의 영양분을 제공하는데, 여기에는 예를 들면 깍지벌레류(밀깍지벌레과의 일부), 가루깍지벌렛과Pseudococcidae, 나무이과Chermidae, 뿔매미과Membracidae, 매미충과Cicadellidae, 쥐머리거품벌렛과Cercopidae, 꽃매미과Fulgoridae가 있다. 이 곤충들은 흔히 볼 수 있고 영양을 얻기가 좋아서, 개미들이 도처에서 정성을 다해 돌본다. 윌슨은 뉴기니의 한 길가에서 지나가는 차를 편승할 기회를 기다리는 동안 자신의 머리털을 뽑아 거대깍지벌레에게 개미가 더듬이로 건드리는 것을 흉내내 봤는데 단지 건드려 봄으로써 '밀크 짜기'에 성공할 수 있었다. 그는 이 때 나오는 액체가 실제 우리 입맛으로 느낄 수 있을 만큼 달다는 것을 알았다(그러한 것은 자연연구가들이 야외에서 무료한 시간을 채울 수 있는 정보가 많이 담긴 즐거움이다).

이렇게 매미목 곤충이 내는 꿀방울은 개미들이 기어오르고 있는 식물체의 위나 그 아래를 살펴보면 쉽게 찾을 수 있다. 이 물질의 대부분은 그저 노폐물로서 버려지고 있는 실정이다. 그것이 이용되든 또는 버려지든 간에 매미목 곤충들이 만드는 이런 영양물을 전 세계적으로 합쳐보면 엄청난 양이 된다. 투베롤라크누스속Tuberolachnus에 드는 진딧물은 한 시간에 대략 일곱 방울을 내는데 이것은 자신의 몸무게를 초과하는 양이다. 때때로 이 꿀방울은 대량으로 축적되어 인간이 쓸 수 있을 양이 될 때도 있다. 《구약성서》에서 이스라엘 사람들에게 '주어진' 만나manna는 위성버드나무(渭城柳)를 빨아 먹는 깍지벌레인 트라부티나 만니파라 *Trabutina mannipara*의 배설물임이 거의 틀림없다. 아랍인들은 아직도 이 물질을 수집하며 만man이라고 부른다. 오스트레일리아에선 토인들이 나무이류의 꿀방울을 음식으로 채취한다. 이것은 한 사람이 하루에 3파운드까지 모을 수가 있다. 사실상 전 세계적으로 사람들이 먹는 꿀 대부분이 꿀벌들에 의해 관목과 키가 큰 나무의 표면에서 모아진 것임은 그리 잘 알려져 있지 않다. 우리의 기호 식품 중 하나는 다른 곤충의 소화관 속에서 처리된 곤충의 배설물이다. 따라서 개미들 역시 여러 가지 모든 종류의 꿀방울을 모으고 또한 대량으로 여러 가지 경우에 걸쳐 채취한다는 것은 놀랄 일이 아니다. 대부분의 개미 종들이 꿀물 액체가 어디서 떨어지든 간에 지면과 식물 표면에서 그것을 모아들인다. 그러나 개미들이 꿀방울을 매미목 곤충에서 직접 얻게 된 것은 진화적으로 볼 때 단지 하나의 짧은 단계를 거쳐 실현된 일이다.

공생의 상호 의존성은 쉽게 이뤄지고 이런 경향은 많은 개미와 이들의 양육 생활자trophobionts들로 하여금 진화 과정에서 극단의 적응 쪽으로 치우치게 만들었다. 이에 대해 곧 기술하겠지만 몇 종의 개미는 공생 상대자에게 완전히 얽매여 그들을 마치 집에서 기르는 소처럼 돌본다. 그러나 많은 양육 생활자들 쪽에서도 개미와의 생활에 적응한 구조와 행동을 나타내고 있다. 흔히 개미와 연합되어 살고 있는 진딧물은 적을 물리칠 능력이 없는 수가 많다. 진딧물은 복부의 뒤쪽에 뿔 같은 돌기의 작은 미각을 갖고 있는데 여기에서는 유독성 화학 물질이 분비된다. 그들은 또한 몸에 보호용의 왁스 코팅을 하고 있는데 그 두께는 개미의 돌봄을 받지 않는 진딧물에서보다 얇다. 분명히 방어 임무가 그들의 무서운 반려자인 개미들에게 넘겨진 것이다.

개미에 의존하지 않는 진딧물 종은 꿀방울을 몸 밖으로 강제로 방출한다. 이러한 위생적 조치로 인해 진딧물에는 고무처럼 찐득찐득한 액체가 붙어 있지 않고 그런 곳에 붙어 번식하는 곰팡이도 없다. 이와는 대조적으로 양육 생활자인 진딧물은 꿀방울을 제거하려는 노력을 스스로 하지 않고 개미가 능률적으로 잘 먹도록 내놓는다. 그들은 꿀방울을 한 번에 하나씩 방출하고 복부 말단부의 항문 바깥쪽에 얼마 동안 달고 다닌다. 진딧물 가운데는 바로 그 곳에 털다발이 나 있어서 꿀방울을 단단히 붙잡아 두는 진딧물 종류가 많다. 만약 이 꿀방울이 일개미에 의해 먹히지 않으면 진딧물은 흔히 이 방울을 다시 뱃속으로 끌어들여 후에 다시 내놓는다.

이와 같이 꿀방울도 진화 도중에 단순한 배설물에서 귀중한 물물 교환품으로 바뀌었다. 그러면 이 양육 생활자는 개미에 대한 봉사의 대가로 무엇을 받는가? 첫째는, 숙주인 개미들이 제공하는 탁월한 방어력이다. 개미들은 기생성 말벌과 파리들이 날아와 진딧물의 몸 속에 알을 주입하지 못하도록 내쫓는다. 그들은 또한 뿔잠자리 애벌레와 딱정벌레 그리고 식물 사이를 헤치고 다니며 보호받지 못하는 매미류 곤충을 마치 양떼 사이에 풀어 놓은 늑대처럼 마구 잡아먹는 기타 포식자들을 쫓아 낸다. 양육 생활자들은 번식으로 수가 많아지고 개미 보호하에서 밀도가 높아진다. 그러면 개미들은 어떤 때는 이들이 더 잘 보호받을 수 있고 싱싱한 먹이를 얻을 수 있는 곳으로 옮겨 놓기까지 한다.

예를 들면 미국산 옥수수뿌리진딧물의 알들은 겨울 기간 내내 풀잎개미의 일종인 풀잎개미 *Lasius neoniger* 군체들의 보호를 받는다. 봄이 되면 일개미들은 이 진딧물의 알에서 깬 어린 벌레들을 가까운 먹이 식물의 뿌리 쪽으로 옮긴다. 만약 이 먹이 식물이 죽으면 개미들은 다시 이 진딧물들을 온전한 다른 뿌리로 옮긴다. 일부 진딧물은 늦봄과 여름에 날개가 자라서 새로운 식물을 찾아 날아간다. 그러나 이들이 땅 위에 내려 먹기를 시작하면 다른 개미 군체에 의해 양입되는 수가 있으며 그렇게 되면 이 새로운 개미 군체의 터에 정착할 수도 있다. 풀잎개미의 일개미들은 이 진딧물 손님을 자기네 군체에 맞아들여 완전한 식구가 되게 한다. 더욱이 그들은 진딧물의 알들을 자신의 알과 섞어 놓는다. 이들은 새로운 집터로 이주할 때엔 알을——더운 계절인 경우는 어린 벌레와 성체들을——조심스럽게 들어 다치지 않게 새로운 장소로 옮겨 놓는다. 개미들은 언제나 진딧물을 자신의 새끼들에게 베푸는 것과 똑같은 정성으로 보살핀다.

개미들은 같은 집 식구로 분류하는 모든 양육 생활자에게 똑같은 식으로 반응하지 않는다. 그들의 행동 일부는 그들의 손님의 필요에 특이하게 대응하도록 설계되어 있는 것 같다. 개미들은 이 손님 곤충을 적절한 먹이 식물로 옮겨줄 뿐 아니라 꼭 들어맞는 식물 종으로 옮긴다. 아니 더 정확히 말하면 이 곤충이 발생상 놓여 있는 단계에 적합한 식물체에 운반해 놓는다는 뜻이다.

몇 가지 개미 종의 여왕은 집을 나와 혼인 비행을 떠날 때 큰턱 안에 깍지벌레들을 담고 날아가는데 이것은 꽤나 인상적이다. 이 여왕은 교미를 마치고 땅 위에 정착한 다음엔 이 깍지벌레 어미 한 마리를 가지고 이들로부터 꿀방울을 제공받을 수 있는 새로운 개미 군체를 창시할 수 있다. 마치 인간이 새끼 밴 소를 끌고 개척 입주할 때와 비슷한 이런 활동은 수마트라의 클라도미르마속 *Cladomyrma* 개미의 일종과 중국, 유럽, 남아메리카에 서식하는 아크로피가속 *Acropyga* 개미 수종에서 목격되었다. 그러나 이런 행동은 아직 다른 개미 종에서도 더 발견될 가능성이 있다.

이 밖에 적어도 한 경우에, 양육 생활자가 편승hitching 수법으로 자신을 수송한다는 것이 밝혀졌다. 이 행동은 돌리코데루스속 *Dolichoderus* 개미의 지하집의 손님으로 사는 자바산 가루깍지벌레 히페오콕쿠스속 *Hippeococcus*의 작은 눈물 방울 모양의 가루깍지벌레에서 관찰된다. 이 매미목 곤충은 개미의 보호 아래서 부근의 나뭇가지와 관목의 가지를 먹고 산다. 이 집이나 먹이 장소에 문제가 생기면 일개미들은 이 벌레들을 보통 하는 식으로 다른 곳으로 옮긴다. 그러나 일부는 숙주의

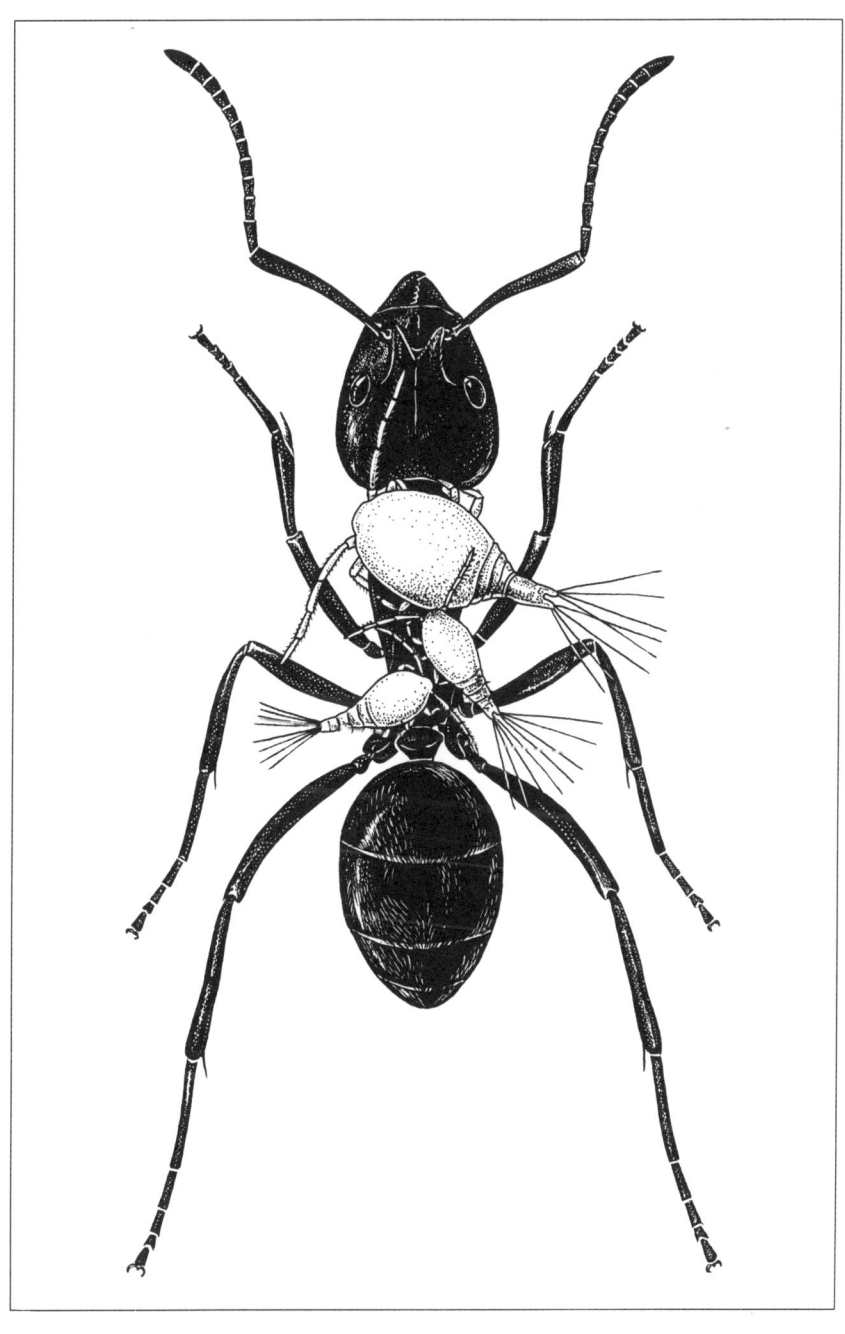

히페오콕쿠스속의 자바산 가루깍지벌레가 위험을 피해 숙주개미를 타고 안전 지대로 대피한다.
이들의 다리와 발가락은 분명 이런 목적에 적합하도록 특별히 바뀐 것 같다. 여기에선 가루깍지벌레 세 마리가 돌리코데루스 일개미의 등에 붙어 운반되고 있다 (포사이스의 그림).

양육 생활자

몸에 올라가 안전하게 편승한다. 이러한 개미에의 편승은 히페오콕쿠스 깍지벌레의 특징인 긴 다리와 흡반 모양의 다리의 도움으로 쉽게 이뤄진다.

개미 종 가운데 일부는 여러 가지 면에서 그들이 사육하는 '가축 곤충'에 전적으로 의존한다. 이러한 극단적인 특수화는 북아메리카의 한 온대 지역에 많이 사는 아칸토미오프스속의 눈 작은 지하 생활 개미에서 달성된 것 같다. 이는 전 세계적으로 열대와 더운 온대 지역에서 발견되는, 앞의 개미와 비슷한 모양의 아크로피가속 개미의 경우에서도 나타난다. 이 개미들에겐 꿀방울이 유일한 먹이인 듯 싶으며 가루깍지벌레와 기타 매미목 곤충을 식물 뿌리 가까이에 많이 기른다. 그러나 이 개미들은 또한 이 공생 곤충을 잡아 먹어 여분의 단백질을 얻기도 하는 것 같다. 이러한 솎아 내기 현상은 아프리카산 베짜기개미에게서도 관찰되었다. 실험적으로 베짜기개미를 양육 생활자 수가 과잉된 상태로 길러 보면 이 개미들은 이 공생 곤충 개체들을 죽여서 집단의 크기가 꿀방울 공급이 초과가 아닌 적정선이 될 때까지 줄어든다는 것이 관찰된 바 있다.

가장 완전하고 괄목할 만한 양육 생활은 1980년대 초에 마슈비츠와 그의 말레이시아 동료 연구자들에 의해 발견되었다. 이것은 개미에선 종래에 발견된 적이 없는 생활 방식으로, 완전한 이주성 목축이어서 진정한 의미의 유목 생활을 나타낸다. 즉, 개미 군체는 가축 농부로서 살아가는 것이다. 가축에 모두 의존해 살고 생활 양식도 가축의 생활 양식에 따라 긴밀히 조정되는데, 그들은 가축을 한 목장에서 다른 목장으로 데리고 다닌다.

이 개미들은 돌리코데루스 쿠스피다투스 *Dolichoderus cuspidatus*와, 이와 같은 속의 몇 가지 다른 종들인데 다우림의 수관부와 관목층에 살며 '가축'은 말라이콕쿠스속 *Malaicoccus*에 드는 가루깍지벌레이다. 이 깍지벌레는 숲속의 나무와 관목의 체관에서 나오는 즙을 전적으로 먹고 산다. 이들은 개미에 의해 먹이 장소로 운반되는데 어떤 곳은 개미집에서 20미터나 떨어져 있다. 개미집은 빽빽한 식생의 나뭇잎들 사이나 나무에 이미 파인 구멍에 자리잡고 있다. 일개미들은 자기 집을 짓는 식의 인습적인 건축 행위를 거의 하지 않고, 군대개미처럼 집 안쪽의 벽과 구멍을 그들 몸으로 만든다. 이들은 서로 매달려서 덩어리를 만들어 육실과 가루깍지벌레의 가림 칸막이 구실을 한다.

양육 생활자들은 목축개미 군체에서 완전히 같은 구성원으로 대우받는다. 성체 암컷은 흔히 개미의 애벌레와 기타 미성숙 개체와 함께 섞인다. 그들은 태생이어서 개미들의 덩어리 한가운데 안전한 곳에서 새끼를 산 채로 낳는다. 유목 생활을 하는 돌리코데루스 개미의 성숙 군체 하나에는 1만 마리 이상의 일개미, 약 4000마리의 애벌레와 번데기, 그리고 5000마리 이상의 가루깍지벌레가 포함된다. 개미집과 먹이 장소는 개미들이 빈번히 왕래하여 만들어지는 냄새 길로 연결되어 있다. 이 두 장소 사이 앞뒤로 양육 생활자를 실어 나르는 왕복 수송은 매우 분주하게 일어난다. 일정 시각에 이 길을 지나는 일개미의 10퍼센트가 큰턱 사이에 가루깍지벌레를 물고 운반하는 것을 볼 수 있다. 어리고 즙 많은 식물의 순은 얼마 안 되어 고갈되므로 개미들은 자주 새로운 먹이 장소를 찾아내어 기르고 있는 곤충들을 그 곳으로 옮겨야 한다.

돌리코데루스 개미집과 먹이 장소 사이가 너무 멀어서 운반이 쉽지 않으면 이들은 모두 한덩어리가 되어 먹이 장소로 이동한다. 이와 같이 이주할 때 개미 애벌레들과 가루깍지벌레는 아주 조직적으로 운반되는데 그들은 냄새 길 곳곳에 흩어진 정거장에서 잠시 쉬었다가 군체 전체가 최종 목적지에 정착할 때까지 계속 이동해 나간다. 이 이동은 배고픔 때문만이 아니라 야영에서 오는 신체적 장애나 주위 온도와 습도상의 변화로 인해 촉발될 수 있다. 그러나 이러한 이주 행동에 어떤 시간적인 규칙성은 없다. 마슈비츠와 헤넬 Heinz Hänel이 15주간 연구한 군체들에서는 이러한 이주의 빈도가 1주일에 두 번에서 전혀 없는 경우까지 여러 가지였다.

가루깍지벌레는 먹이터에서 언제나 돌리코데루스 개미 일꾼들의 보살핌을 받는데 이 개미들은 이 매미목 곤충의 항문에서 나오는 꿀방울을 끊임없이 거둬들인다. 이런 수확 활동은 매우 활발해서 작은 가루깍지벌레들은 거의 언제나 먹이를 찾아온 개미들로 뒤덮여 있다. 이들은 가끔씩 꿀방울을 방출해서 그것을 몸에 나 있는 긴 털 위에 올려 놓아 개미가 핥아 가기 좋도록 한다. 그런데 이러한 방출은 자동적으로 일어난다. 즉, 특수화된 양육 생활자와는 달리 말라이콕쿠스 가루깍지벌레는 개미가 더듬이로 몸을 두드릴 때까지 기다리지 않고 꿀방울을 내주는 것이다.

이렇게 먹이고 있는 집단에 어떤 교란이 생기면 개미떼와 깍지벌레떼 모두 흥분되어 돌아다니기 시작한다. 가루깍지벌레가 일개미들 덩이의 꼭대기에 올라가면 개미들이 이것을 끌어내어 안전한 곳으로 옮긴다. 작은 가루깍지벌레들은 서 있거나 서성거리는 곳에서 간단히 붙들려 옮겨지지만 큰 놈들은 몸을 일으켜 세워 분명 개미들이 자기를 데려가도록 유도하는 자세를 취한다. 가루깍지벌레는 이렇게 운반되는 동안 자기의 더듬이로 개미의 머리를 살짝살짝 쓰다듬는 것 이외에는 몸을 전혀 움직이지 않는다.

마슈비츠와 헤넬은 돌리코데루스 개미떼가 가루깍지벌레를 잡아먹는 일이 없다고 믿고 있다. 실제로 이들은 이 일개미들이 집을 나와 다른 곤충을 먹이 사냥한다는 어떤 증거도 확보하지 못하였다. 이 개미들은 그들의 양육 생활 파트너들이 내주는 꿀방울에 전적으로 의존하는 것 같다. 따라서 깍지벌레를 치워 버리면 개미 군체는 급속히 쇠퇴된다. 이와 마찬가지로 말라이콕쿠스 떼를 그들의 개미 파트너에게서 분리시키면 금방 죽어 버린다. 마슈비츠가 다른 개미 군체를 양육 생활 파트너로 넣어 주었더니 개미들은 이들을 공격하고 먹이감으로 개미집에 옮겨 놓았다. 요컨대 유목 생활 개미와 가루깍지벌레떼 사이의 공생은 완전하고 불가분의 결속 관계에 있는 것이다.

 개미가 이처럼 보호를 선물로 제공하는 일은 도처에서 매우 관대하게 일어나서, 진화적 기회주의를 향한 열린 문을 실증하고 있다. 첫째로 그러한 선택은 식물 즙을 먹는 곤충, 즉 거둬 들인 액체 일부를 당류 배설물의 형태로 개미들에게 쉽게 제공할 수 있는 벌레들에게만 제한되어 있는 것 같다. 만약 그것이 사실이라면 식물 즙 대신 식물 조직을 좋아해서 섬유소가 든 배설물을 내보내는 곤충은 개미에게 물물 교환용으로서 영양적인 먹이를 제공할 수 없을 것이다. 그러나 이같은 목적을 달성할 수 있는 좀더 덜 직접적인 방법이 있다. 바로 부전나비와 쇠점박이나비 riodinid의 애벌레가 쓰고 있는 방법으로, 이는 식물 조직을 먹지만 그 속의 영양분과 에너지 일부를 특별한 샘에서 꿀방울을 만드는 데 쓰는 것이다. 이러한 샘은 두 종류가 알려져 있다. 이들 애벌레들의 몸 표면에는 쿠폴라스 구멍 pore cupolas이라 불리는 구멍 뚫린 구조가 많은데, 이 곳은 일개미들이 좋아할 것 같은 분비 물질을 낸다. 이 벌레들의 등에는 후단 쪽으로 뉴코머스 샘 Newcomer's gland이 나 있는데 어떤 학자들이 꿀샘이라고 부르는 이 장소에서는 달콤한 액체가 나와서 개미들이 빨아 먹는다. 유럽산 부전나비의 일종인 리산드라 히스파나 *Lysandra hispana*의 분비물에는 과당, 서당, 트리할로스, 포도당 및 미량의 단백질 그리고 아미노산으로는 유일하게 메치오닌이 들어 있다. 오스트레일리아산 나비 얄메누스 에바고라스 *Jalmenus evagoras*도 여러 가지 당류를 만들어 내고 최소한 14가지 아미노산을 내는데 이들 가운데 가장 많이 들어 있는 세린은 식물의 단물 생산 기관보다 훨씬 높은 농도로 생산된다.

 이러한 부전나비의 애벌레는 이와 같이 그들을 돌보는 개미에게 영양가의 균형이 잡힌 먹이를 제공한다. 이들은 오로지 자신들이 내는 분비물의 냄새와 맛으로 인해 일개미들에게 매력적이다. 개미들은 그

불개미 포르미카 푸스카의 일꾼들은 은부전나비의 최종령 애벌레를 보살핀다. 위 사진의 일개미는 애벌레의 꿀샘에서 나오는 액체를 먹고 있다. 아래 사진의 일개미는 공격하려는 기생말벌을 큰턱으로 붙잡으면서 애벌레를 방어하고 있다(피어스의 사진).

에 대한 답례로 나비의 애벌레들을, 그들을 잡아먹는 개미와 포식성 말벌, 애벌레의 몸 속이나 겉에 알을 낳는 기생성 파리와 말벌로부터 보호한다. 피어스Naomi Pierce는 동료 연구자들과 함께 콜로라도 주에서 시행한 실험으로 이 공생에서 얻는 이득이 엄청나다는 것을 알게 되었다. 야외에서 은부전나비 *Glaucopsyche lygdamus*의 애벌레 집단을 이들을 돌보는 개미로부터 격리시켜 본 결과, 그들은 그렇게 하지 않은 이웃 애벌레 집단에 비해 10~25퍼센트만 살아 남았다.

이와 같은 개미와의 연합이 주는 이득은 나비의 진화상 하나의 선택력을 추진하기에 충분하다. 실제로 여러 가지 많은 종류의 부전나비 암컷의 성체들은 특정 개미 종이 붙어 있는 식물을 찾아낸 다음 그 곳에 산란함으로써 새끼들이 처음부터 개미의 보호를 받도록 보장한다. 이러한 조치는 때때로 실제적인 면에서 필요하다. 피어스와 그녀의 공동 연구자들은 오스트레일리아산 부전나비인 얄메누스 에바고라스가 포식자와 기생자로부터 입는 사망률이 매우 커서 개미의 돌봄을 받지 못하는 애벌레와 번데기에게는 생존 가능성이 거의 없다는 것을 알았다. 개미는 이와 같이 보호 조치를 제공하는 한편 나비 애벌레가 발생하는 데 소요되는 시간을 단축함으로써 적에게 위협당하는 노출 기간을 짧게 한다. 그러나 이러한 연합이 완전히 무료로 이뤄지는 것은 아니다. 애벌레들이 당류 분비물 제조에 투입하는 에너지는 막대해서 성체 나비가 될 때는 그 몸 크기가 작아질 수밖에 없다. 그러나 반대로 성체의 몸 크기는 교미 상대를 유인하고 암컷의 수정률을 높이는 데 중요한 것이다. 그렇지만 생존을 위한 개미 보호의 필요성은 너무나 커서 진화 도중 이러한 불이익을 감당하고도 남을 정도이다. 결과적으로 나비들은 양육 생활자들과의 공생을 결정적으로 받아들인 것이다.

개미들이 부전나비 애벌레에게서 얻는 먹이는 그저 단순한 보조 먹이가 아니다. 독일에서 피들러Konrad Fiedler와 마슈비츠는 주름개미(미국의 가정집에 흔히 나타나는 해충)의 보살핌을 받는 나비 폴리옴

개미가 유럽산 나비인 중점박이 푸른부전나비의 제3령 애벌레를 양입하는 과정. 위쪽에 있는 개체는 숙주개미를 기다리고 있으나 아직 부전나비 애벌레의 전형적인 모습을 보이고 있다. 아래쪽의 애벌레는 뿔개미의 일꾼에게 액체 먹이를 빨리고 있다. 그 다음 몸을 구부려 개미집으로 운반된다(포사이스의 그림).

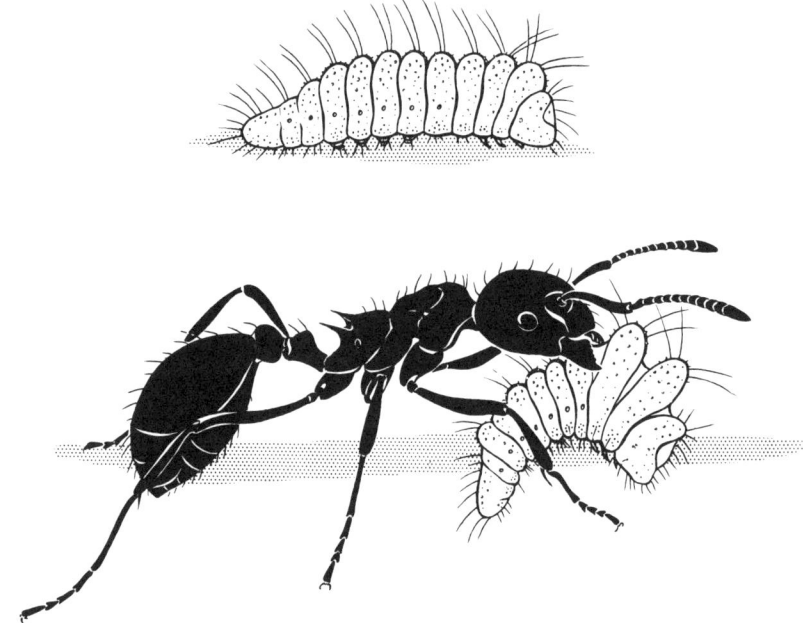

마투스 코리돈 *Polyommatus coridon*의 애벌레가 기여하는 바를 조사해 보았다. 그들은 이 애벌레들의 일반적인 집단이 매월 식생 1제곱미터 당 1.1~2.2킬로줄의 화학 에너지를 포함하는 70~140밀리그램의 설탕을 분비한다는 것을 알았다. 이 양은 한 개미 군체의 일개미들이 10제곱미터의 면적에서 나비 애벌레의 꿀방울을 수집하는 작업만을 하면 그 군체의 전 소요량을 감당하기 충분한 양이다.

이와 같이 특수한 공생처럼 좋은 일은 결국 한 종이나 다른 어떤 생물 종에 의해 남용된다는 것이 진화상 으레 볼 수 있는 현상이다. 일부 부전나비 종들은 그들을 돕는 개미를 오히려 속이고 착취하는 악마적 전략을 진화시킨 것이다. 이들은 개미의 보호만 받아들이는 것이 아니라 개미의 어린 새끼까지 먹어치운다. 그런 기생 형태의 예를 북유럽과 아시아산의 큰부전나비(중점박이푸른부전나비 *Maculinea arion*)에

게서 볼 수 있다. 그 애벌레는 최종령에 이를 때까지 야생 백리향百里
香 식물을 먹고 산다. 그 다음 지면에 기어 내려와서 흔한 뿔개미 미르
미카 사불레티 *Myrmica sabuleti*의 일개미가 나타나 알아보기까지 풀섶
틈 속에 숨어 있다. 이 애벌레는 개미의 더듬이 접촉을 집중적으로
받고 자신의 단물 기관nectar organ에서 분비물을 방출하는 반응을 보
인다. 그리고 나서 나비의 애벌레는 몸을 괴상한 형태로 바꾼다. 머리
를 안으로 디밀고 가슴마디를 부풀리고 복부마디들을 응축시켜 곱사
같은 몸 모양이 되면서 한쪽 끝이 가늘어진다. 분명 이 급격하게 변화
된 모습은 일개미에게 신호로 작용하는 것 같으나 그것이 나비 애벌레
의 이 매력적인 분비물과 연결되어 신호로 작용하는지의 여부는 아직
확실치 않다.

이러한 중요 자극의 정확한 본성이 무엇이건 간에 그것은 앞으로 생
물학자들이 밝힐 문제이지만, 어쨌든 개미는 이제 나비 애벌레들을 집
어올려 개미집으로 옮긴다. 이들을 일단 양육실에 갖다 놓으면 나비
애벌레는 그 안에서 월동을 한다. 그러나 봄이 되면 이들은 식육자로
변해 개미의 애벌레들을 많이 잡아먹는다. 그러다가 성숙하면 그 곳에
서 그대로 번데기가 되고 마침내 7월이 되면 우화하여 나비가 되어 생
활 주기를 새로 시작한다.

이와 같이 탐욕스런 큰부전나비의 약탈은 단순한 포식에 그치는 것
이 아니다. 어떤 종은 개미와 진딧물, 깍지벌레 그리고 다른 매미목 곤
충 사이의 공생 관계에 끼여 든다. 아시아 열대 지역에 흔한 알로티누
스속 *Allotinus*의 일부 나비 종들은 이러한 공생에 끼여 들어 두 가지 방
법으로 착취한다. 우선 성체 나비는 이 매미목 곤충들 위를 날아다니
며 꿀방울을 먹고 그 근처에 산란한다. 이 나비의 알에서 애벌레가 나
오면 애벌레는 이 매미목 곤충들을 잡아먹고 또 이들이 내는 꿀방울을
빨아 먹는다. 그렇다고 이 나비 애벌레들은 이런 방종의 대가로 개미
에게 아무것도 지불하는 것 같지 않다. 게다가 이 나비 애벌레들은 그

들의 샘에서 유화용宥和用의, 또는 가짜 인지 물질을 내어 공격을 면하면서 살아가는 것 같다.

군대개미

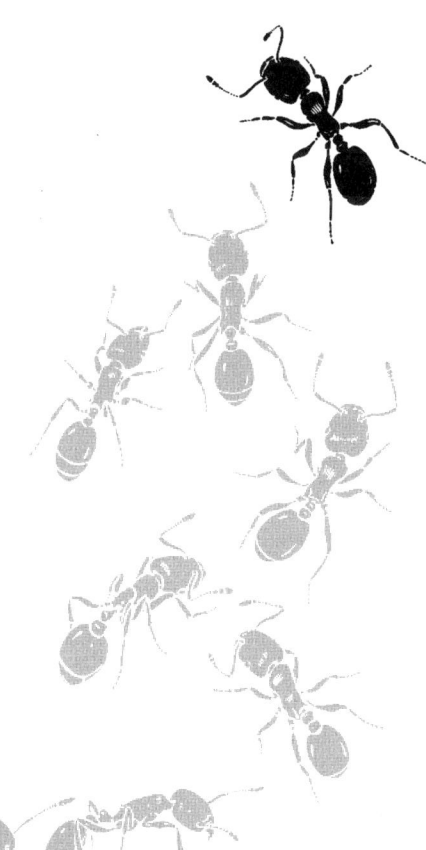

코스타리카의 리오사라피키Río Sarapiqui에 새벽이 밝는다. 맨 먼저 비춰 오는 햇빛이 다우림의 짙게 그늘진 바닥을 뒤덮을 때면 축축하고도 기분 좋을 만큼 서늘한 공기를 흔들어 놓는 미풍조차 없다. 바로 이 때 숲 수관부 속에 보이지 않게 내려앉은 비둘기와 오로펜돌라스 새의 플루트음 같은 울음 소리가 시간을 알리고, 짖는원숭이howler monkeys의 기침 소리와 울부짖음이 간간이 들려 온다. 나무 꼭대기 생활자들이 먼저 햇빛을 느끼고 주행성 동물의 모습을 드러낸다. 야행성 동물은 곧 조용히 침묵하고 중앙 무대엔 새로운 연기자들이 등장한다.

비스듬하게 쓰러져 있는 나무통 아랫부분은 땅 위로 튀어나온 두꺼운 그루터기로 받쳐져 있고 그 밑에서 군대개미의 군체들이 움직이기 시작한다. 이들은 멕시코에서 파라과이에 걸친 열대림에서 가장 두드러진 개미 종 가운데 하나로 떼 공격자인 군대개미 에키톤 부르켈리 *Eciton burchelli*이다. 이들은 다른 대부분의 개미처럼 집을 짓지 않는다. 그들은 이 군대개미 행동 연구의 선구자인 슈네일라Theodore Schneirla와 레텐마이어가 처음으로 이름 붙인 그 야영 막사 속에 사는데 이것은 일부가 가려진 장소에 만든 임시 캠프를 말한다. 여왕과 미성숙 개체들을 덮고 있는 것은 거의가 다 일개미의 몸뚱이들이다. 일개미들이 모여 이 야영 막사를 만들 때엔 발끝에 난 강한 발톱 갈고리를 서로 얽어 몸과 다리를 이어 간다. 이렇게 만든 얼개와 그물 위에 또 한 층이 쌓이고 쌓여서 나중엔 속이 차고 단단한 길이 1미터 가량의 원통형 또는 타원체 덩어리를 만든다. 슈네일라와 레텐마이어가 쉬고 있는 개미 떼 그 자체를 야영 막사라고 부른 것은 바로 이런 이유 때문이다.

이 야영 막사 하나는 약 50만 마리의 일개미로 이뤄지는데 무게가 1킬로그램이나 나간다. 이 덩어리 중앙에는 수천 마리의 애벌레와 몸이 무거운 한 마리의 여왕이 자리잡고 있다. 건조한 계절엔 잠깐씩 1000여 마리의 수컷과 몇 마리의 처녀여왕이 첨가되지만 그 밖의 시기엔 열대 아메리카의 군대개미 에키톤 부르켈리의 일개미들이 모여서 자기의 몸으로 집을 만든다. 우선 몇 마리의 일개미가 나무통이나 기타 아래쪽에 공간을 가진 물체를 선택한 후 발가락을 서로 얽어 이 물체의 아랫면에 매달린다. 다른 개미들이 이 줄을 타고 내려가 겹침으로써 굵은 줄이 되고 마침내 큰 덩어리가 되어 야영 막사를 만들게 된다(도슨의 그림. 미국 지리학회의 허락으로 게재).

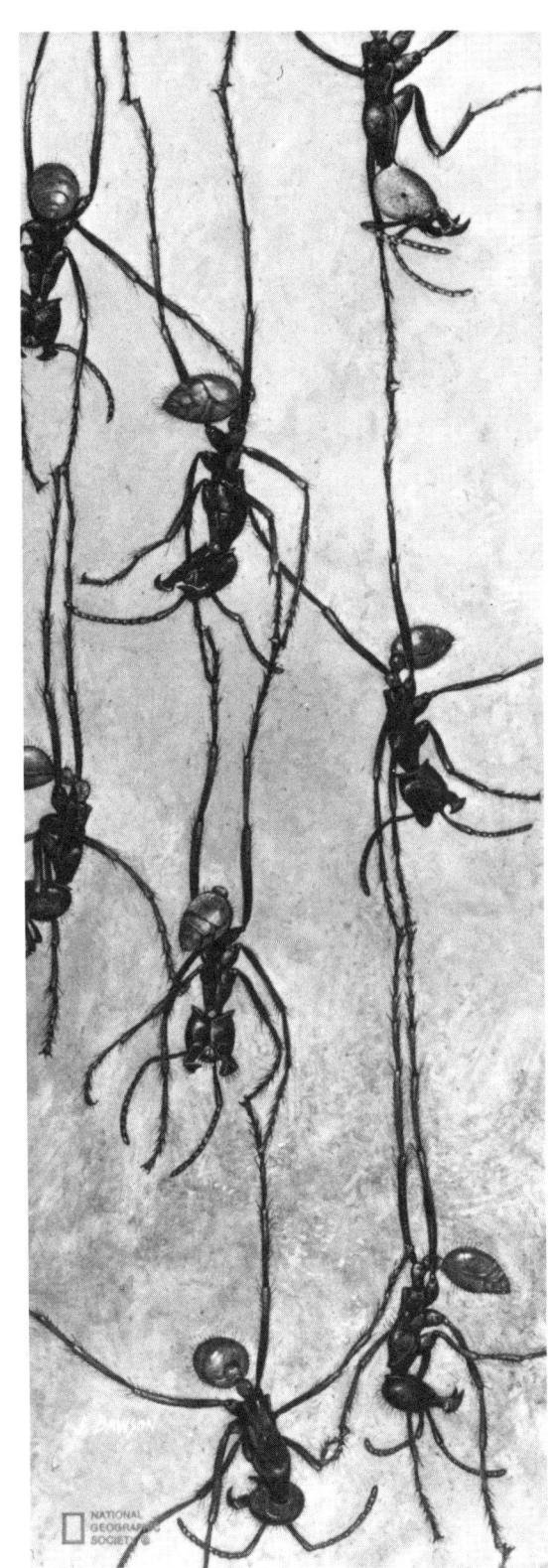

전혀 없다.

　개미 주위의 햇빛 강도가 0.5룩스를 넘어서면 이 살아 꿈틀거리는 원통체가 차츰 분해되기 시작한다. 이 개미 덩이는 가까이 보면 암갈색인데 사향 냄새가 나면서 약간 구린내를 풍긴다. 개미들의 사슬과 덩이가 끊어지거나 부서져 떨어지면 땅 위엔 개미 덩이가 어지럽게 움직이게 된다. 이제 압력이 높아지면서 이 개미 덩이는 마치 비커에서 쏟아진 점액성 액체처럼 사방으로 흘러 간다. 그리고 곧 저항이 가장 적은 길을 따라 하나의 공격 대열이 형성되고 야영 막사로부터 계속 뻗어 나간다. 최전선은 시간당 20미터의 속도로 전진한다. 이 공격 대열을 지휘하는 통솔자는 없다. 아무 개미라도 선두에 설 수 있다. 선두에 선 일개미들은 각각 몇 센티미터를 전진했다가 다시 뒤편의 본 대열로 돌아온다. 그리고 이들 대신 즉시 다른 개미들이 들어서고 그래서 전진은 좀더 멀리까지 이뤄진다. 일개미들은 새로운 땅에 들어설 때엔 배 끝 쪽에서 냄새 길 물질을 조금씩 흘린다. 미절尾節 샘과 후장에서 나오는 이 분비물은 다른 개미들을 앞으로 안내한다. 먹이 동물을 만난 일개미들은 여분의 동원길 물질을 흘려 다수의 같은 집 동료 개미가 그 방향으로 오도록 유도한다. 결국 전체적으로 작은 소용돌이들이 방대한 만화경의 테두리에 걸치며 개미떼 하나를 창출하는 효과를 나타낸다.

　또한 대열 뒤쪽에서는 어느 정도 느슨한 조직적 활동이 나타난다. 이것은 몇 가지 다른 카스트들의 행동 유형이 다름으로 인해 자동적으로 파생되는 현상이다. 보다 작거나 중간 크기인 일개미들은 화학적 냄새 길을 따라 달리면서 선두에서 스스로를 확대해 나가는가 하면, 좀더 크고 볼품없이 생긴 병정개미들은 같은 집의 동료 개미들 사이에 제대로 안전하게 발을 들여놓을 수가 없어서 양 가장자리 쪽에 치우치는 경향이 있다. 이와 같이 대열의 양 옆에서 가는 것을 보고 초기 연구자들은 이 병정개미들이 군대개미의 통솔자라고 잘못 생각하였다.

벨트Thomas Belt가 1874년에 지은 그의 고전 《니카라과의 자연 연구가The Naturalist in Nicaragua》에서 설명한 것처럼 "여기저기 엷은 색깔의 장교들이 전후방으로 왔다갔다 하며 대열의 방향을 잡아간다"는 것이다. 그러나 사실상 병정개미들은 같은 집 동료 개미들을 이렇다 하게 통제하는 모습을 보이지 않는다. 그들은 큰 몸집과 길고 낫같이 생긴 큰턱으로 오직 방어 병력으로서만 봉사한다. 작고 중간 크기인 일개미들은 짧고 집게처럼 생긴 큰턱을 가졌는데, 그들은 말하자면 잡역꾼이다. 곤충학자들이 부르는 대로 하면 이들 '소형'과 '중형'의 일개미들은 군체의 일상적인 일과 이동을 맡고 있다. 이들은 먹이 동물을 잡아 운반하며 야영 막사 지을 터를 선택하고 새끼들과 여왕을 돌본다.

중간 크기의 떼 공격자들 역시 큰 먹이 동물을 집으로 운반하기 위해 팀을 만든다. 메뚜기나 타란툴라 거미나 다른 동물을 죽이고 나서 그것이 일개미 한 마리가 나르기엔 너무나 크다고 판단되면 일단의 일개미들이 그 주위에 모인다. 우선 개미 각자가 이 먹이를 움직여 보고는, 때때로 두세 마리가 힘을 합쳐 끌고 가기도 한다. 개미 중 가장 큰 타입의 하나인 '버금대형submajor'은 완전히 자란 병정개미의 바로 아래 크기 타입인데 그 놈은 그런 큰 먹이를 끌거나 들어 나를 수도 있다. 한 대안으로 일개미들은 먹이를 버금대형개미들이 나를 수 있을 만큼 작은 조각으로 토막 내기도 한다. 큰 개미가 먹이 시체를 운반할 때 대개 소형의 작은 동료 개미들은 함께 몰려들어 들어올려서 운반한다. 결국 먹이 동물은 야영 막사로 부지런히 운반된다. 이런 행동을 처음 발견한 영국의 곤충학자 프랭크스Nigel Franks는 야외에서 조사 작업을 하여 군대개미의 팀 협동이 '초능률적'임을 보여 주었다. 그들은 먹이가 너무 커서 조각조각 잘라도 조각들을 모두 나르지 못할 것도 거뜬히 운반한다. 이 놀라운 결과는 팀의 능력이, 먹이 동물을 양측으로 밀어 내어 달리는 개미들이 추스를 수 없게 만드는 회전력을 극복

유럽개미들의 노예잡이 공격. 이 장면에서 붉은색의 아마존개미(폴리에르구스 루페스켄스)는 불개미 포르미카 푸스카의 집을 공격하여 고치에 갇혀 있는 번데기를 잡아들인다. 검은색의 방어자 일부는 새끼의 일부를 물고 도망치려 한다. 그러나 아마존 일개미들의 낫 모양의 큰턱이 그들의 몸을 쉽사리 찢어 놓기 때문에 이들을 막을 가능성은 거의 없다(도슨의 그림. 미국 지리학회의 허락으로 게재).

유럽의 풀개미의 길 위에 있는 몸이 납작한 '노상 강도' 반날개 딱정벌레인 유럽산 쇠점박이 딱정벌레. 왼쪽 앞쪽에서 딱정벌레가 먹이를 가득 먹은 먹이 탐색 개미에게 토해 내기를 유도하고 있다. 오른쪽 위에서 개미 한 마리가 또 한 마리의 암포티스 반날개를 공격하고 있으나 자라 turtle 식의 방어에 별 효과를 발휘하지 못한다. 여기엔 날씬한 반날개(펠라속 *Pella* 의 종)도 있어서 개미들을 사냥하여 죽이고 있다(도슨의 그림. 미국 지리학회의 허락으로 게재).

유럽산 반날개 딱정벌레인 로메쿠사 스트루모사 *Lomechusa strumosa*가 숙주인 불개미 포르미카 산구니네아 *Formica sanguinea* 개미 사회와 완전히 통합되어 있는 모습. 이 그림에서 일개미 한 마리가 로메쿠사 성체 한 마리에게 먹이를 먹이고 있는 동시에 이 딱정벌레는 꽁무니에서 나오는 진정제 물질을 다른 일개미에게 먹여서 달래고 있다.

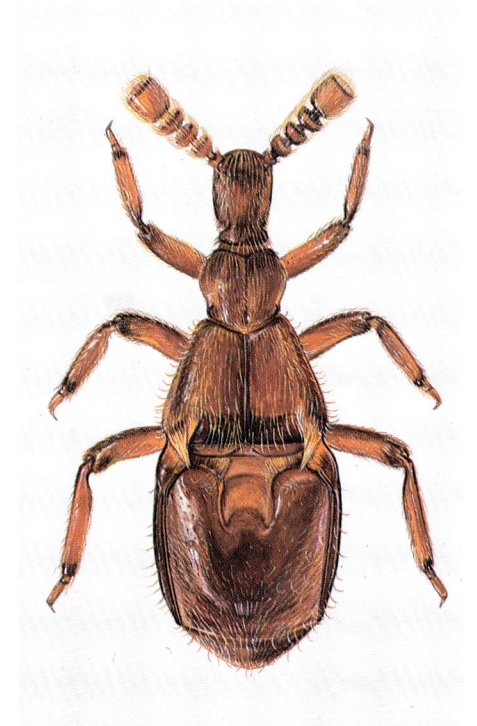 

호의성 好蟻性 딱정벌레들(원래 크기와 다름).
위 왼쪽: 디나라 덴타타 *Dinara dentata*.
위 오른쪽: 로메쿠사 스트루모사
아래 왼쪽: 클라비게르 테스타케우스 *Claviger testaceus*.
아래 오른쪽: 암포티스 마르기나타(포사이스의 그림).

개미와 매미목 곤충 손님 사이의 식적 공서 食的 共棲. 매미목 곤충은 항문에서 당액을 내어 개미에게 주고 그 대신 개미의 보호를 받는다. 위: 오스트레일리아 고기개미 이리도미르멕스 푸르푸레우스 *Iridomyrmex purpureus* 가 멸구류의 어린 벌레와 함께 있다. 아래: 아프리카 베짜기개미 오이코필라 롱기노다가 집에서 살아 있는 나뭇가지 위의 깍지벌레와 함께 살고 있는 모습.

베짜기개미는 부전나비 애벌레 이외에 다른 나비 종류의 애벌레들과도 연합되어 있다. 밤나방과에 속하는 호모데스 *Homodes* 나방의 애벌레가 아프리카 베짜기개미인 오이코필라의 길 위에 있는 것이 보인다. 이 애벌레는 보통 이 개미의 공격을 받지 않으나 만약 일개미가 너무 가까이 오면 이 사진의 아프리카 베짜기개미 오이코필라 롱기노다 앞에서처럼 굉장한 방어 자세를 취한다. 이 개미와 애벌레 사이의 연합 관계는 자세히 밝혀지지 않았다.

맞은편 쪽

말레이시아에서 촬영한 위 사진에서 베짜기개미 오이코필라 스마라그디나가 부전나비 히폴리카에나 에릴루스 *Hypolycaena erylus* 의 애벌레를 돌보고 있다. 이 애벌레는 등에 있는 특수 샘에서 나오는 당액을 주고 개미는 그 대가로 애벌레를 적으로부터 보호한다. 아래 사진에서는 히폴리카에나 부전나비의 성충 날개 끝에 머리 쪽 모양을 나타내는 안점眼点이 보이는데 진짜 머리 쪽 모습을 흉내내고 있다. 여기서 오는 혼란은 포식자로 하여금 나비가 도망가는 동안 주의를 진짜 머리와 몸 부분에서 다른 곳으로 돌리게 한다.

방랑성의 말레이시아 개미 돌리코데루스 투베리페르 *Dolichoderus tuberifer*가 가루깍지벌레 '가축'(말라이콕쿠스 코오이 *Malaicoccus khooi*)을 새로운 '목초지'로 옮기고 있다(위). 이 개미들은 집을 짓지 않는 대신 그들 몸으로 살아 있는 집 덩이를 만든다(아래)(딜 Martin Dill의 사진).

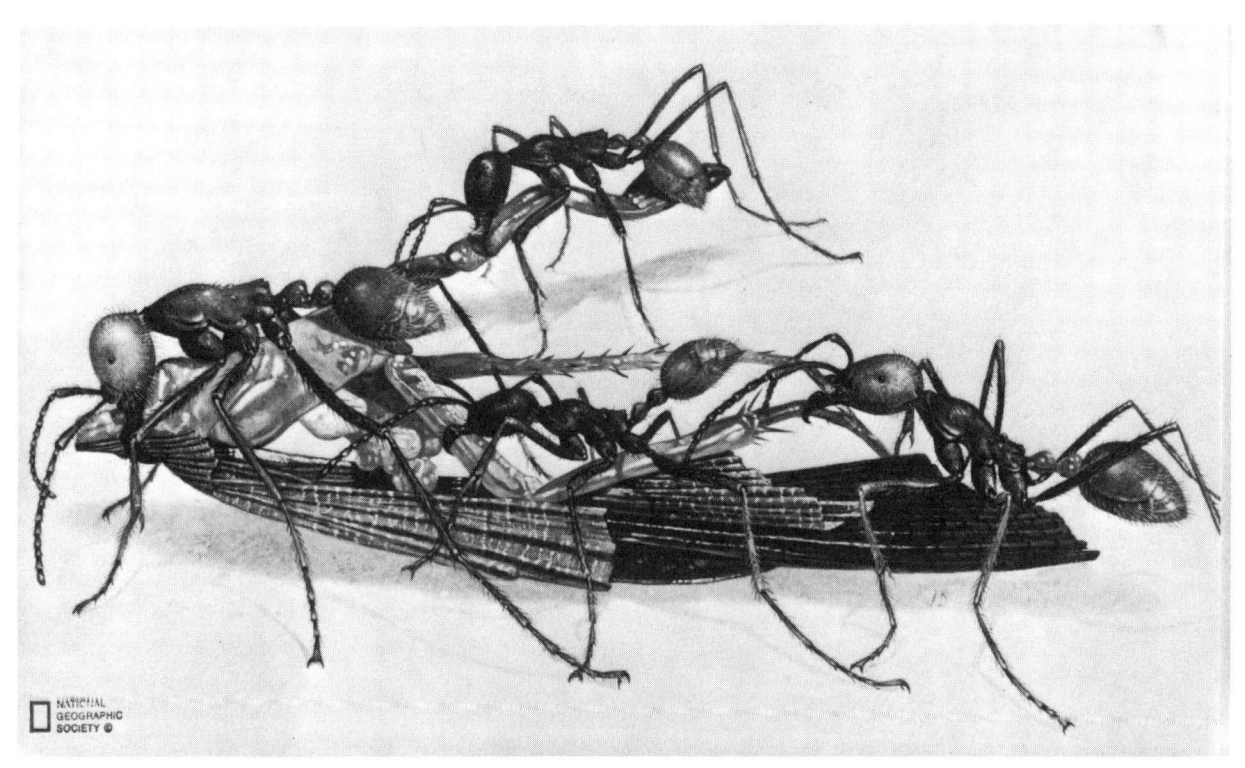

군대개미 에키톤 부르켈리의 일개미들은 먹이를 운반할 때 팀을 이룬다. 이 그림에서는 이러한 기능에 전문화된 카스트의 구성원인 큰 버금대형개미 한 마리가 몸집이 작은 소형 일개미의 도움을 받아 바퀴벌레의 시체 일부를 나르고 있다(도슨의 그림. 미국 지리학회의 허락으로 게재).

할 수 있기 때문이라고 일부 설명할 수 있다. 같은 방향으로 달리면서 먹이 동물 주위에 대열을 짓는 개체들은 어떤 물체를 지탱할 수가 있으므로 회전력은 자동적으로 균형이 잡히면서 많이 없어질 수 있다.

같은 군대개미 종류 가운데서도 에키톤 부르켈리는 비상한 사냥법을 가졌다. 이 때 공격자들의 군대는 대열을 좁게 하여 달리지 않고, 부채 모양으로 넓게 펴서 전선前線이 넓게 퍼져 있는 상태의 덩이를 이룬다. 그러나 대부분의 다른 군대개미 종들(열대림 한 지역에 10종 또는 그 이상의 종들이 공존하기도 한다)은 대개 대열 공격자들로서, 좁은 길을 따라 전진하다가 갈라지고 다시 합쳤다가 또 갈라져, 먹이 사냥 대열이 전체적으로 가지가 뻗은 나무 모양을 한다.

만약 독자가 중·남미에서 이 개미떼 공격자 군체를 만나고 싶으면, 이것은 정말 한번 해 봄직한 경험으로서, 가장 빠른 길은 아침 나절 중간쯤에 어느 열대 우림을 관통해 천천히 그리고 조용히 귀를 기울이며 걸어가는 것이다. 그러면 이따금씩 들리는 것은 대개 멀리 높은 나무 밑의 아교목층이나 꼭대기 수관부에 있는 새와 곤충들의 소리다. 그리고 어떤 관찰자가 표현했듯이 개미새antbird들이 "찌르르, 끽끽, 쌕쌕"하며 우는 소리가 들린다. 이들은 특수화된 지빠귀와 굴뚝새 종류로서 행진하는 일개미들로 인해 풀숲에서 날아오르는 곤충을 잡아먹기 위해 땅 가까이 내려와 군대개미 에키톤 부르켈리의 공격자들을 따라 다니는 것이다. 이 개미떼 위를 맴돌다가 급강하하는 기생벌들의 붕붕 소리도 들리는데 이들은 때때로 도망가는 먹이 곤충들의 등에 알을 낳기 위해 급강하 폭격을 하는 셈이다. 그 다음으로는 전진하는 개미떼에 쫓겨 달리고 껑충껑충 뛰거나 날아가는 무수히 많은 먹이 동물들의 소리가 들린다. 만약 가까이에서 그 행동을 들여다 보면 날개가 좁다란 개미나비ithomiines가 개미떼들의 진행 일선 언저리를 날며 가끔씩 개미새들이 낸 배설물을 먹기 위해 멈추는 것을 볼 수 있을 것이다.

이들 희생 동물들과 붙어살이들 바로 뒤에 파괴자들이 따른다. 슈네일라는 다음과 같이 썼다. "군대개미 에키톤 부르켈리가 떼짓기의 정점에 달한 모습을 상상하기 위해서는, 가로 15미터에 세로 1, 2미터인 직사각형을 이룬 수만 마리의 암적색 개미들이 가로변을 따라 전방으로 직진하는 개미 덩이를 생각해 보면 된다. 이 떼가 새벽녘에 처음으로 움직이기 시작할 때엔 침입 방향이 제멋대로이지만 시간이 흐르면 한쪽 덩어리가 빨리 전진하는 개미를 따라 방향을 일정하게 잡고 곧이어 방사상으로 확산된다. 그로부터 점점 더 커지는 이 개미떼는 야영 막사 쪽으로부터 개미 대열 후방으로 밀려오는 개미들의 압력으로 적절한 전진 방향을 취해 나간다. 보통은 양쪽으로 각각 15도를 넘지

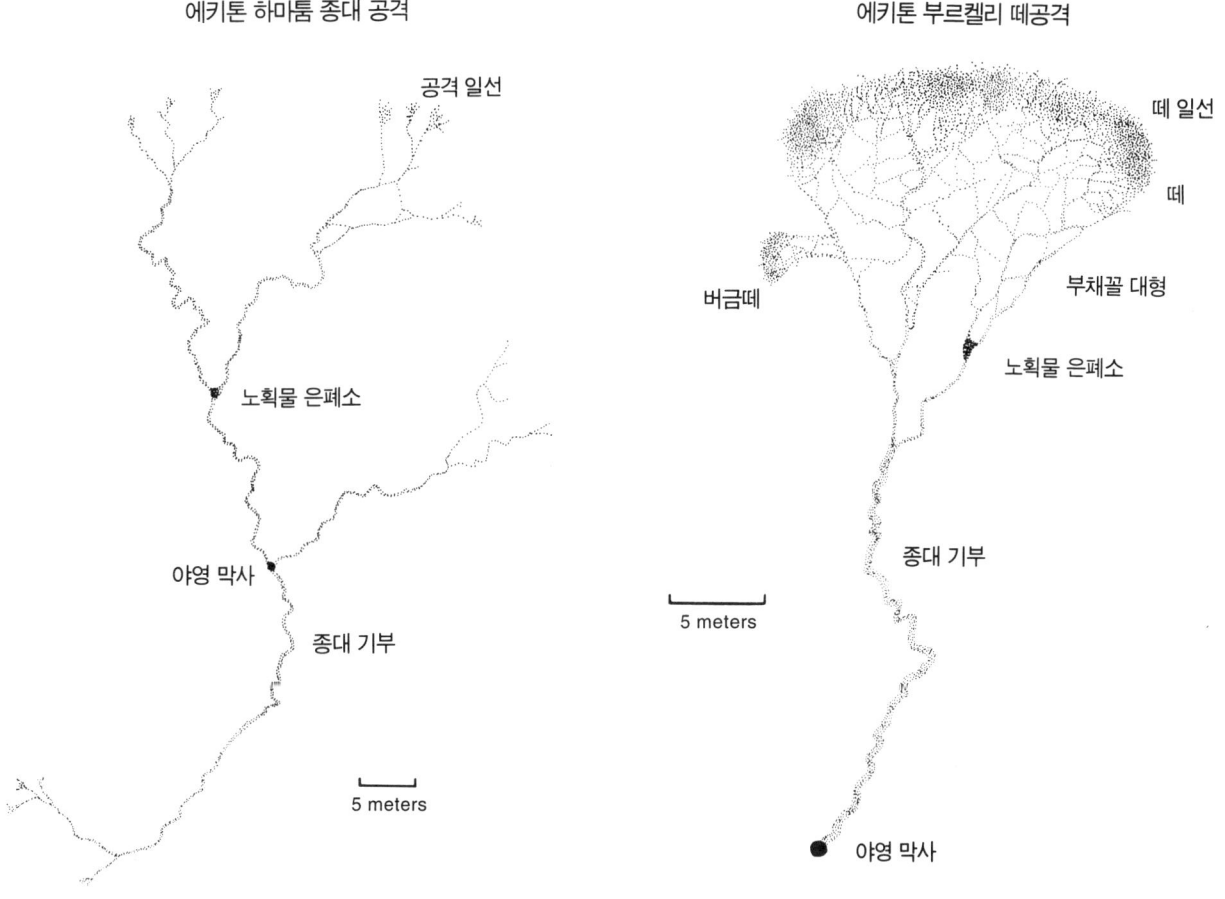

군대개미가 쓰는 두 가지 기본 공격 형태. 왼쪽은 군대개미 에키톤 하마툼의 종대縱隊로서 전진 일선은 일개미들의 좁은 편대로 이뤄진다. 오른쪽은 군대개미 에키톤 부르켈리의 독특한 떼로서 최전선은 매우 폭넓게 퍼지고 종대들이 모여 부채 형태를 이룬다.

않은 채 주방향을 잡아 나가는 이 개미떼의 움직임에는 그 혼란스럽고 무질서한 듯이 보이는 무리의 움직임에도 불구하고 사실상 어떤 고도의 내부 조직화가 존재한다는 점을 나타내고 있다"〔《1955년도 스미스소니언 연구소 보고 *Report of the Smithsonian Institution for 1955*》, pp. 376~406(1956)〕.

이 군대개미 에키톤의 접근에 견딜 수 있는 동물은 크건 작건 별로 없다. 이 개미가 턱으로 붙잡을 수 있는 정도의 크기이거나 그것이 가능한 동물은 퇴각하거나 아니면 잡혀 죽어야 한다. 다른 개미 군체들 역시 거미, 전갈, 딱정벌레, 바퀴, 메뚜기와 갖가지 절지동물군과 함께 뒤범벅이 되어 군대개미떼 밑으로 깔려 묻혀 버린다. 희생자들은 잡히고 쏘이고 갈기갈기 찢겨서 대열을 따라 후방으로 넘겨진 다음 야영 막사로 후송되어 그 곳에서 먹히고 만다. 진드기와 대벌레 같은 몇 종의 절지동물만이 체표면에 흐르는 구충 분비물로 자신을 보호할 수 있다. 흰개미는 나무와 배설물로 만들어진 요새에다가 날카로운 턱이나 독액 분사구를 갖는 특수화된 병정개미들이 입구를 지키고 있는 덕택에 가장 안전하다. 그러나 이 공격자떼들은 대체로 저지 불가능하고 초개체적인 무자비한 수법으로 열대림의 먹을거리를 거둬들인다.

일개미떼들은 한나절이 되면 전진 방향이 반전되어 야영 막사로 다시 빨려들어가기 시작한다. 개미가 지나간 들판엔 이제 곤충이나 기타 작은 동물이라곤 거의 없다. 이 개미들은 마치 그들이 주위 환경에 미치는 영향을 기억하고 의식이나 하듯이 다음날 아침엔 공격 방향을 달리 잡는다. 그러나 이들이 만약 같은 야영 막사에 3주일 정도나 오래 머문다면 그 가까운 모든 들판에 먹이가 급격히 감소할 것이다. 개미 군체는 이런 문제를 100여 미터 떨어진 곳에 새로운 야영 막사를 만들어 자주 이동함으로써 이러한 문제를 간단히 해결한다.

초기의 열대 환경 연구가들은 이러한 이주가 진행되는 것을 보고, 군대개미 군체는 주위에 먹이 공급이 고갈되면 언제라도 야영 막사 터를 옮긴다는 그럴듯한 결론을 내렸다. 바로 굶주림이 이러한 이주 행동의 결정 요인인 것처럼 보았기 때문이다. 그러나 슈네일라는 1930년대에 이러한 이주가 주로 위가 비어서 일어나는 것이 아니라 군체 내에서 자동적으로 전개되는 내부적 변화에 기인한다는 사실을 발견하였다. 이 개미들은 주위의 먹이 공급원이 풍부하거나 빈약함에 관계없이 이동을 하는 것이다. 슈네일라는 파나마의 숲에서 이 개미의 행적을 매일 추적하여 이 개미들이 같은 야영 막사에서 2,3주간 계속 머무는 정적 시기靜的 時期와, 해질녘에 새로운 야영 막사로 옮겨 다시 2,3주간을 지내는 방랑 시기를 교대로 갖는다는 점을 밝혔다. 군대개미 군체는 스스로의 생식 과정에 관련된 내부 동역학적 원리에 따라 이러한 주기를 나타내도록 강요되고 있는 것이다. 여왕의 난소는 군체가 정적 시기에 들어간 후 급속히 발달하고, 1주일 내에 여왕의 뱃속엔 약 6만 개의 알이 들어 배가 부풀며 이 알들이 첫배 새끼가 된다. 그 다음 여왕은 정적 시기의 중간점 가까운 며칠 동안 10만~30만 개의 알을 낳는 엄청난 작업을 한다. 이 정적 시기의 제3주의 끝과 맨 끝 주에 이르러, 작은 애벌레들이 알에서 꾸물거리며 나온다. 며칠 후, 먼저 대代의 새로운 성체 일꾼들이 번데기 껍질을 벗고 고치로부터 집단으로 나온다. 이렇게 성체 일개미 수만 마리의 갑작스러운 출현은 이들보다 먼저 나온 언니개미들에게 충격 효과를 준다. 이에 따라 이 개미들의 일반 활동과 떼의 공격 강도 및 규모가 확대된다. 이 군체는 매일의 공격이 끝날 무렵이면 새로운 야영 막사터로 이동하기 시작한다. 이제 이주 시기로 접어 들면서 그들은 매일 축구 경기장만한 거리를 여행한다. 이렇게 들떠 있는 활동 기간은 배고픈 애벌레가 자라고 먹고 있는 동안에만 계속된다. 그러다가 애벌레가 고치를 치고 번데기가 되어 잠복기로 들어가면 이 군체는 이주를 중단한다.

　매일 그리고 매달 떼 공격자들과 에키톤속의 다른 군대개미 모두는 시간적으로 동일한 규칙적 작전을 순환시켜나간다. 그런데 군체가 어

군대개미 에키톤 하마툼의 여왕들. 위쪽의 개체에는 낫 모양의 큰턱을 한 대형 일개미가 따르고 있고 이 여왕은 아직 방랑기에 있다. 여왕의 배는 여행하기 쉽도록 수축되어 있다. 아래쪽 여왕은 유주성留住性 시기에 놓여 있고 배는 알로 가득 차 부풀어 있어 몸을 한 곳에서 다른 곳으로 옮기기 힘들다(레텐마이어의 사진).

떻게 해서 생식 자체를 위해 엄격한 일상적 예정에서 탈출할 수 있단 말인가? 군체에게는 스스로 살아 나가는 방식이 이미 주어져 있음을 생각한다면 결코 쉬운 일이 아니다. 그러나 생식은 일정에 따라 일어난다. 번식이라는 것은 이미 하나의 복잡하고 까다로운 과정인 것으로 운명지어져 있다. 번식은 다른 종류의 개미에서 대부분 그렇듯이 그저 날개 달린 여왕과 수컷의 대량생산과 방출로만 끝내는 것이 아니다. 신생 군체는 각 여왕을 섬기는 절대 다수의 일꾼의 지지가 있음으로써 비로소 시작된다. 이러한 필요를 충족하기 위해서 소수의 처녀여왕이 만들어지고 이들은 결코 어미 군체를 떠나는 일 없이 교미에 종사한다. 그리고 나서 이 여왕 중 한 마리가 군대개미 일꾼의 한 집단을 동반하고 분리되어 자기 자신의 군체를 새로 창설한다. 이렇게 되려면 여왕에 대한 충성에 급진적인 변화가 일어나야 한다. 그래서 어떤 일꾼은 새로운 여왕을 따라가는가 하면 또 어떤 일꾼은 자기의 어미쪽에 남게 되는 것이다.

1년 중 대부분에 걸쳐 어미여왕은 일개미에겐 가장 매력적인 존재이다. 일개미들이 모여 봉사하는 대상으로서의 초점인 여왕은 군체 자체를 문자 그대로 장악한다. 그러나 건기 초기가 되는 성적 새끼배sexual brood들이 나타나면 상황은 달라진다. 종대縱隊 공격성의 군대개미인 에키톤 하마툼 *Eciton hamatum*(이 종의 생식에 관해서 자세히 연구되어 있음)의 성적 새끼배는 약 1500마리의 수컷과 여섯 마리의 여왕으로 이뤄진다. 수컷들은 날아가서 다른 군체의 야영 막사 속으로 들어간다. 그들은 그 곳에 일꾼들과 함께 가서 이 막사의 처녀여왕들과 교미할 준비를 한다. 그래서 남매간의 근친 상간은 회피된다.

이제 교잡 수정 cross-fertilization이 보장된 상황에서, 그 다음엔 군체가 분할되는 무대가 펼쳐진다. 그 다음 이주가 진행되면 일단의 일개미대는 늙은 어미여왕과 함께 새로운 야영 막사로 여행하고, 또 다른 일단의 군대는 처녀여왕 한 마리와 함께 제2의 야영 막사로 옮긴다.

나머지 처녀여왕들은 뒤에 남아 봉쇄되고 이 여왕들과 함께 남아 있기로 한 소수의 일꾼들에 의해 이동이 금지된다. 이제 먹이도 떨어지고 적을 막을 길도 없이 버림받은 여왕과 그 수행원들은 곧 죽어 버린다. 며칠 안 있어 다른 야영 막사로 옮겼던 처녀여왕이 그를 찾아온 수컷 중 한 마리에 의해 성공적으로 수정된다. 이제 어미와 딸이 각각 거느리는 두 군체는 각자 갈길을 가고 다시는 상호 의사 교환이 없게 된다.

떼공격성의 군대개미 에키톤 부르켈리와 종대 공격성의 에키톤 하마툼을 포함한 12종의 에키톤속 개미들은 아메리카 열대 지방에서 수천만 년 전에 시작된 진화적 경향의 최첨단에 도달해 있다. 이들과 마찬가지로 곤충학자들에게 흥미로우면서도 일반적으로 덜 알려진 것으로 네이바미르멕스속의 소형 군대개미가 있는데, 이것은 아르헨티나에서부터 미국의 남부와 서부에 걸쳐 분포한다. 이들은 뒤뜰과 공터에서 수십만 마리의 일개미로 이루어진 강력한 군체 세력으로 공격을 감행하고 한 야영 막사에서 다른 막사로 옮기며, 군대개미 에키톤 약탈자들처럼 분열fission하면서 증식한다. 그러나 이들이 문자 그대로 사람들의 발 밑에서 흔히 지내는데도, 이 종의 지리적 분포 범위 안에 함께 사는 사람들은 이들의 존재를 거의 깨닫지 못하고 있다. 윌슨이 이미 개미 생물학에 마음이 쏠려 있던 16세 때 그는 앨라배마 주의 디카터 마을 시내 가까이 있는 집 뒤에서 네이바미르멕스 니그레스켄스 *Neivamyrmex nigrescens* 군체를 하나 발견했다. 그는 며칠에 걸쳐 그것을 관찰하면서 이 개미들이 이 곳에서 저 곳으로, 또한 뜰 뒷담을 따라 난 잡초 안팎으로뿐 아니라 이웃집 정원으로 들어간 다음 비오는 어느 날 캄캄한 밤에 길을 가로질러 또 다른 이웃집 땅으로 가서 드디어 사라지는 것을 보았다. 이렇게 지표면의 풀 뿌리 정글을 따라 행진하는 모습은 실로 장관이다. 그러나 이들 군단 병력을, 유주성留住性이며 또한 정원의 돌 밑과 탁 트인 곳의 잔디밭 덤불 사이에 집이 확실히 정착되어 있는 보다 일반적인 개미 종의 먹이탐색 종대와 구별할 수 있기까

군대개미의 교미. 떼 공격성 군대개미인 에키톤 부르켈리의 수컷(날개가 떨어진)이 어린 여왕과 교미하고 있다(레텐마이어의 사진).

지는 인내가 필요하다. 윌슨은 2년 후 앨라배마 대학교 교정 가까이에서 또 다른 군체들을 발견하였다. 그는 이들을 그의 초기 연구 재료의 하나로서, 네이바미르멕스 니그레스켄스 일개미의 등에 올라타 개미에서 나오는 기름기 있는 분비물을 먹으며 사는 이상하고도 작은 딱정벌레를 연구하는 데 활용하였다.

우리는 앞서 하나의 초개체로서의 개미 군체를 예시하기 위해 도릴루스속 *Dorylus*의 무서운 장님개미 driver ant를 소개했는데, 이 개미는 아프리카에서 두 번째로 일어난 진화적 폭발을 통해 탄생되었다. 아프리카와 아시아에서 일어난 세 번째 진화적 방산을 통해서는 외견상 네이바미르멕스속과 비슷한 소형의 군대개미 아이니크투스속 *Aenictus*이 창출되었다. 이들 군단 형태들이 나타내는 행동과 생활 주기는 아메리카산의 그들과 유사한 종류와 기본적으로 비슷하지만 이 세 가지 진화

계통, 즉 구세계의 장님개미 도릴루스와 꼬마군대개미 아이니크투스계 종들과 신세계의 군대개미 에키톤속 및 네이바미르멕스속이 포함되는 계통들은 각기 독립적인 진화의 산물을 나타내고 있다. 적어도 이것은 이들의 해부학을 가장 최근에 연구한 미국의 곤충학자 고트월드William Gotwald가 말하는 의견이기도 하다. 그는 이들이 나타내는 상호 유사성은 조상이 같은 데서 오는 것이 아니고 진화적 수렴 때문이라고 결론지었다.

이러한 특별한 공격자 무리 외에, 기타 개미로서 군대개미의 행동을 다소간 진화시킨 종류가 있다. 이런 식의 특수화는 여러 가지 특이한 양태로 자주 일어나서 '군대개미'라는 용어의 뜻을 확대하고 이들의 해부학보다는 그 군체가 하는 행동에 기초한 보다 공식적인 정의를 요구하기에 이르렀다. 군대개미란 간단히 말하면 군체가 자기의 집터를 정기적으로 바꾸고 일개미가 밀집된 조직 집단 형태로 미개척 지점을 찾아 먹이 탐색을 하는 개미 종을 말한다.

따라서 군대개미를 이렇게 순전히 기능적 의미에서 진단하고 보면, 조상을 독립적으로 갖는 군대개미를 전 세계의 온대 지방 거의 어디에서나 찾아볼 수 있다. 예를 들어 가장 비범한 종류로서 구세계의 몇 가지 다른 속과 함께 렙타닐리나이아과Leptanillinae를 이루는 렙타닐라속 *Leptanilla*을 들 수 있다. 이 속의 일개미는 개미 가운데 최소형으로서, 너무 작아서 맨눈으로는 자칫 지나칠 정도다. 게다가 이 속은 가장 희귀한 종류 가운데 하나이기도 하다. 우리 두 사람 모두 이 개미가 틀림없이 서식할 것으로 보이는 장소를 여러 해에 걸쳐 찾았으나 살아 있는 개미는 단 한 마리도 보지 못했다. 윌슨은 오스트레일리아의 스완 강 근처에서 특별 탐색 활동을 펴 보았지만 20년 전에 신종으로 발표되었던 이 곳에서 그 종을 내내 찾지 못한 것이다. 모든 시대를 통틀어 가장 많이 여행하며 개미를 많이 채집한 윌리엄 브라운도 렙타닐라가 사는 곳에서 수년간 채집하는 동안 이 개미를 발견한 것은 단 한 번,

그것도 군체 하나뿐이다. 그가 이 개미 군체를 본 곳은 말레이시아의 한 썩은 나뭇조각 밑에서였다. 처음에는 작은 일개미 집단이 나무 표면에 마치 물결막을 이룬 것처럼 아물거리며 빛났다. 그는 그 장관을 잠시 살펴본 후에야 이것이 개미라는 것을 알아보았으며 한참을 다시 더 본 후에야 문제의 렙타닐라 종류임을 알았다.

지난 100년 동안 개미의 진화에 관한 열성가들은 신비로운 이 개미 렙타닐라 종류가 군대개미라고 생각하였다. 이들이 나타내는 해부학적 구조가 적어도 막연하게나마 좀더 몸이 큰 에키톤과 도릴루스속의 확실한 군대개미를 닮은 것이다. 그러나 그 후 오랫동안 이런 추측을 시험할 수 있을 만큼 이 개미의 군체를 발견하거나 연구한 사람이 없었다. 그러다 1987년에 일본의 젊은 개미학자인 마스코 케이치가 일본의 마나즈루 곶Cape Manazuru의 한 활엽수림에서 렙타닐라 야포니카 *Leptanilla japonica*의 완전한 군체를 열한 개나 발견하자 돌파구가 마련되었다. 그는 이 개미의 군체가 각기 약 100마리의 일개미를 갖고 철저히 지하성이라는 일반론을 펼 수 있었다. 이 지하 생활이라는 특성 때문에 그간 이 개미의 관찰이 왜 그렇게 드물었는지 알게 되었다. 이 일본산 렙타닐라 개미는 이와 같은 이상한 생활 환경상의 특징을 지닌 데다 지네를 전문적으로 잡아먹는 포식자이기도 하다. 이는 마치 사람이 호랑이 스테이크를 먹고 살아야 하는 것처럼 살아 나가기 힘든 방식이다. 먹이 탐색 개미들은 조밀한 소집단을 이루어 개미집으로부터 그들보다 보통 몸이 엄청나게 큰 무시무시한 지네에 도달하기까지 냄새 길을 따라간다. 그러나 척후병 개미가 단 한 번 출동으로 이 지네의 위치를 알아내는지 그리고 그 다음에 같은 집의 동료 개미를 끌어들이는지 또는 이 사냥이 군대개미 전법처럼 조직적인 단체 행동으로 이뤄지는지는 아직 분명치 않다.

이들 렙타닐라 개미들도 방랑 생활을 할까? 땅 속의 집에서 사는 군체들은 이동성인 게 틀림없다. 그들은 조금만 교란을 받아도 이주해

소형의 아시아산 군대개미 렙타닐라 야포니카는 지네를 잡아먹는데 떼 공격법을 쓴다. 지네가 굴복하면 일개미들은 개미 애벌레를 지네에게 옮겨와 지네를 먹게 한다. 위 사진에서 여왕이 떼의 앞쪽에 나와 더듬이로 애벌레를 건드린다. 아래 사진에서는 여왕 한 마리가 알이 차서 부풀어 오른 배를 안고 애벌레 한 마리를 큰턱으로 문 채 다 자란 애벌레들 한가운데 있다(마스코 게이치 Masuko Keiichi 가 촬영).

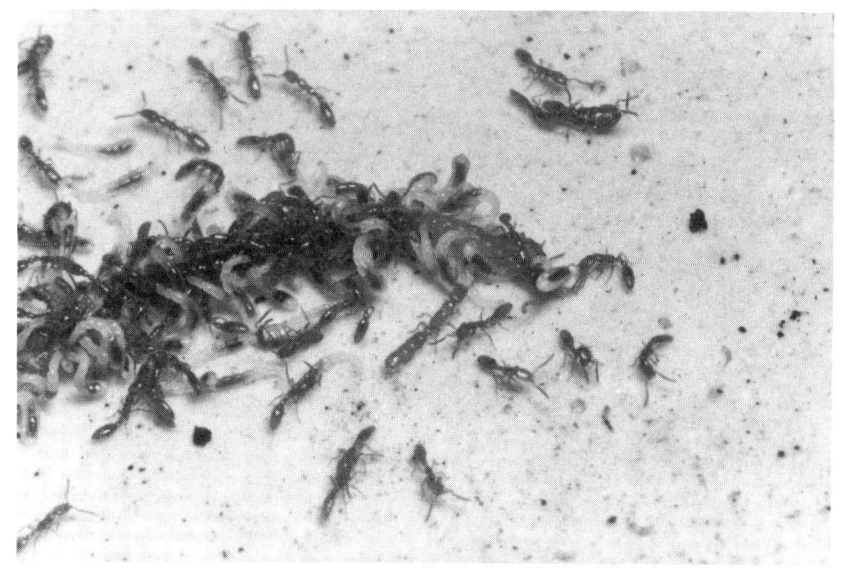

버리기 때문이다. 이런 식으로 외부 교란에 신속하게 반응한다는 것은 야생에서 군대개미처럼 자주 이동한다는 것을 시사한다. 이들은 또한 해부학적으로도 자주 치뤄야 하는 여행에 알맞게 적응되어 있다. 일개미에겐 큰턱에 특수 돌기가 나 있어 애벌레를 나르기가 좋게 되어 있다. 또 애벌레는 애벌레대로 몸의 앞 부분에 돌기가 나 있어 일개미가 붙잡기 좋은 손잡이가 되며, 그래서 이곳 저곳으로 끌고 다니기가 쉽다.

마스코 케이치는 일본에서 렙타닐라 군체가 더운 계절 동안 군대개미가 나타내는 동조성 생장주기를 나타낸다는 사실을 발견하였다. 애벌레들이 있을 때면 군체는 전체적으로 배고픈 상태이며, 따라서 그 큰 먹이에 접근하기 위해 이곳 저곳으로 이동하고 마침내 일개미는 지네를 사냥한다. 애벌레들은 지네를 먹고 급속히 자란다. 이 시기에 여왕의 배는 홀쭉하고 알을 낳지 못한다. 여왕이 이렇게 몸이 가냘플 때는 군체가 이동 기간 동안 여왕은 일개미들을 쉽게 쫓아갈 수 있다. 그러나 애벌레들이 잔뜩 커지면 여왕은 애벌레 복부이 특수 기관에서 나오는 애벌레의 혈액을 많이 빨아 먹는다. 이런 충분한 흡혈로 인해 여왕의 난소는 급속히 자란다. 여왕의 배는 곧 커져서 풍선처럼 되고, 며칠 안 가서 무더기 산란을 한다. 이 때쯤 애벌레들은 꼼짝 않는 번데기가 된다. 여왕도 다시 비교적 잠잠해지며 먹일 애벌레도 없으니, 군체에겐 먹이 수요가 훨씬 적어진다. 이에 따라 지네 사냥도 그치고 곧 이어 일본의 겨울이 다가오면 그에 대비해 조용히 정착한다. 이듬해 봄이 되면 알들이 부화하여 애벌레가 되고 주기는 다시 시작된다.

군대개미 행동의 괴상한 변형 중 한 가지가 최근에 미국의 곤충학자 모핏Mark Moffett에 의해 아시아산 약탈개미인 페이돌로게톤 디베르수스*Pheidologeton diversus* 종에서 발견되었다. 이 군체는 커서 수십만 마리의 일개미를 가지고 있다. 그러나 이들은 발전된 군대개미와는 달리 한 집터에 여러 주나 여러 달 동안 계속 머문다. 그러나 이들의 공격 행동은 여러 모로 아프리카의 장님개미나 열대 아메리카의 군대개미 에키톤 부르켈리와 매우 놀랄 만큼 닮았다.

페이돌로게톤 개미의 공격은 일부 개미가 주요 냄새 길 중 하나를 따라 집단으로 떠나면서 시작되며, 그 뒤를 군체의 나머지 개미들이 따른다. 맨 먼저 개척자개미들이 마치 하나의 호스 속을 흐르는 물처럼 좁은 종대를 지어 매 분 20센티미터의 속도로 전진한다. 이 종대가 길이 약 0.5~2미터로 길어지면 제일 앞장섰던 일부 개미가 주전진 방향에서 이탈해 양쪽으로 흩어지기 시작한다. 그 결과 떼의 이동 속도는 마치 호스 끝에서 밖으로 나온 물이 지면 위에 퍼질 때처럼 둔화된다. 아주 이따금씩 이러한 대열 확대가 강화되어, 큰 부채 모양의 공격 배치로 바뀔 때도 있다. 이러한 대열의 뒤끓는 선단 아래에서 개미들이 점차 가늘어진 대열의 가지와 굵은 둥치 사이를 분주하게 오간다. 선단부의 개미들 일부가 기부의 둥치 부분으로 되돌아오고, 공격떼의 선단부가 새로운 터로 전진함에 따라 대열의 단일한 둥치는 길어진다. 이 떼 속에는 각각 수만 마리의 일개미가 들어 있다. 어떤 떼는 출발 지점에서 6미터 정도까지 나아가는 경우도 있다. 공격 대열의 모양은 마치 장님개미와 미국의 에키톤 떼공격개미들의 출동을 방불케 하나 새로운 땅을 횡단해 나가는 속도는 훨씬 느리다.

아시아산의 페이돌로게톤 약탈개미는 이보다 더 잘 알려진 장님개미와 미국산 군대개미처럼 개구리 등의 예외적으로 크고 무서운 동물까지 정복할 수 있는데, 무엇보다 수적으로 제압해 버리고 만다. 일개미 집단은 잘 협조된 작전으로 큰 물체를 집까지 신속하게 운반한다. 이러한 일개미들의 사냥 능력은 복잡한 카스트제 덕택으로 훨씬 증가된다. 이 군대에는 어떤 개미 종에서보다 다양한 크기의 일개미들이 들어 있다. 즉, 그 거대한 초대형 supermajor 일개미는 같은 군체의 최소형 일개미보다 500배 무겁고 머리도 비교할 수 없을 정도로 크다. 게다가 최소형과 최대형의 양극단 사이에는 여러 가지 중간형 크기들이 있다. 크기가 이렇게 다양한 덕택에 이 개미떼는 역시 여러 가지로 크기가 다른 먹이 동물을 사냥할 수 있다. 비록 최소형이라도 단지 혼자서도 토양 어디서나 볼 수 있는 톡토기 등 다른 소형 곤충을 잡을 수 있다. 소형들 가운데 어떤 것은 대형 동료개미들이 흰개미, 지네 등 큰 먹이 동물을 사냥하는 데 합세한다. 초대형들은 강력한 턱을 써서 버둥거리는 동물에 최후의 일격을 가한다. 또한 이 거대 개미들은 먹이 탐색개미들이 출동하는 길 위에서 방해가 되는 작대기나 기타 장애물을 밀고 치움으로써 마치 군체 내에서 노력 봉사하는 코끼리의 구실을 한다.

윌슨은 열대 지방을 여기저기 다니면서 군대개미를 많이 만난 그의 초기 연구 시절에 이들의 행동의 기원에 대해 의아해했다. 어떻게 하여 그렇게 복잡한 사회조직이 출현할 수 있는가? 그는 자신과 윌리엄 브라운 같은 야외 생물학자가 관찰한 사항들을 조각조각 놓아, 군대개미의 특성 전부는 아니지만 일부를 보이는 여러 가지 포식성 개미들에서의 초기 진화에 관한 증거들을 종합하였다.

그는 이렇게 얻은 정보에서 매우 설득력 있는 패턴을 얻어 냈다. 문제의 열쇠가 집단 공격의 세부 사항에 있음을 발견한 것이다. 초기 학자들은 조밀한 개미 군대가 먹이 잡이에 있어 단독 일개미보다 우월하다고 계속 지적하여 왔다. 이러한 관찰은 확실히 옳았다. 그러나 이것은 이야기의 일부에 불과함이 드러나는 또 다른 것이 있음을 알게 된 것이다. 집단 공격의 주기능에는 먹이 동물의 성질이 이들이 포획되는 방식과 함께 자세히 검토될 때만 비로소 드러나는 또 다른 것이 있음을 알게 된 것이다. 사냥을 위해 군체를 혼자 떠나는 대부분의 개미는 그들의 몸 크기만하거나 더 작은 동물을 사냥한다. 이러한 크기 제한은, 개구리, 뱀에서 새, 족제비, 고양이에 이르기까지 단서성 포식자는 모두 자기만하거나 자기보다 작은 동물을 사냥한다는 야생 생물학의 보다 일반적인 규칙과 일치한다. 그룹을 지어 일하는 개미들은 보통 단독으로는 굴복시킬 수 없는 큰 곤충이나 개미 군체 및 다른 사회성 곤충들을 잡아먹고 사는 경향이 있다. 이들은 희생 동물을 끌어 내려 마치 사자, 늑대, 살인 고래들이 최대 크기의 포유류 먹이를 사냥할 때처럼 협조된 행동으로 갈기갈기 조각을 낸다.

개미 중에는 대형의 단서성 곤충과 개미 군체, 말벌 그리고 흰개미를 집단 공격하면서, 발전된 군대개미처럼 한 장소에서 다른 장소로 규칙적으로 옮기지 않는 종류가 많다. 이 종들은 결국엔 군대개미의 행동으로 안내한 진화의 초기 단계를 나타내는 것 같다. 윌슨은 기초 수준을 포함해 여러 가지로 복잡한 정도가 다른 개미 종을 많이 비교하여 보았다. 그러고 나서야 그는 비로소 군대개미의 기원으로 생각되는 단계를 재구축할 수 있었다.

첫 단계에서 전에 작은 먹이를 혼자서 사냥했던 개미는 집의 동료 개미를 사냥에 신속하게 동원하는 능력을 발달시켰다. 이렇게 이뤄진 패거리는 딱정벌레의 애벌레, 쥐며느리, 개미나 흰개미의 군체같이 중무장된 대형 먹이 동물을 전문으로 사냥했다.

다음으로 집단 공격은 자발적으로 이뤄졌다. 즉, 먹이 동물을 굴복시키기 위해 앞에서처럼 먹이를 먼저 찾아낸 다음 동료 개미들을 동원시킬 필요가 없었다. 이제 일개미의 떼가 동시에 집에서 나와 처음부터 끝까지 집단으로 사냥했다. 이런 식의 보다 발전된 집단 공격으로 인해 군체는 좀더 넓은 지역을 신속히 장악하고 먹이 동물이 도망가기 전에 별 어려움 없이 굴복시킬 수 있었다.

이들은 이와 같은 때 또는 좀더 후에 이주 행동을 발달시켰다. 집단 공격자의 능률도 향상되었는데 그것은 큰 곤충과 군체들이 다른 종족의 먹이 동물보다 더 넓게 분산되어 있고 집단 포식 군체는 새로운 먹이 공급지를 이리저리 건드려 보기 위해 계속 사냥터를 옮겨야 했기 때문이다. 결국 이 종들은 규칙적인 이주 행동을 첨가함으로써 이제 완전히 제 기능을 발휘하는 군대개미가 된 것이다.

군체들이 장소를 옮겨가며 여러 가지 먹이 동물을 찾을 수 있는 신축성으로 말미암아 좀더 큰 군체로 진화할 수 있었다. 일부 종에서 먹이의 범위는 2차적으로 소형 곤충과 절지동물에다 비사회성 곤충, 개구리 및 수종의 소형 척추동물까지 포함할 만큼 확대되었다. 이것은 아프리카의 떼공격성의 장님개미와 역시 아메리카 열대 지역의 군대개미 에키톤 부르켈리가 도달한 단계로서, 그들은 앞에 나타나는 동물이면 어떤 것이나 모조리 해치운다. 열대 세계의 이러한 파괴적 전쟁에 대해, 생물 진화가 이룬 큰 업적의 대부분이 그렇듯이 작은 단계들의 축적으로 이뤄진 것이라고 보는 것은 합리적이다.

최고로 이상한 개미들

개미들은 지난 수억 년의 역사에서 서둘러 놀라운 적응의 극단에까지 도달하였다. 그 가운데 가장 특수화된 것들은 상상을 초월하는데, 이는 야외에서 이들을 우연히 관찰하게 될 곤충학자로서는 사전에 섣불리 환상적으로 생각해 볼 수 있는 것이 못 된다. 다음에 나올 이야기들은 우리가 만든 일종의 불개미과에 관한 우화집으로서, 우리가 각각 만났던 종에 관한 것이며 진화의 최전선을 더 한층 멀리 밀어 젖히고 있다.

우리의 이야기는 1942년 앨라배마 주 모빌Mobile에 있는 윌슨 가족의 집 가까운 공터에서 시작된다. 이 곳 모빌은 미국의 아열대 지방 가까이 있어서 잡초가 빽빽한 빈터 한 끝에 무화과 나무가 한 그루 나 있는데 거기에는 늦여름이면 먹을 수 있는 열매가 열렸다. 나무 밑에는 나무토막들, 깨진 유리병들과 지붕 만들 때 쓰는 타일들이 흩어져 있었다. 윌슨은 이 쓰레기더미 언저리와 그 밑에서 개미를 찾아 헤맸다. 갓 열세 살된 소년 윌슨은 그가 발견할 수 있는 모든 개미 종을 익히기 시작하였다. 그러던 그가 어느 날 발견한 개미 종이 이전에 보았던 어떤 개미보다 특출나게 다른 데 놀랐다. 중간 크기로 날씬하고 암갈색이며 동작이 잽싼 이 일개미들은 이상하고 가늘게 뻗은 모양의 큰턱으로 무장되어 있었는데 이 턱은 놀랍게도 180도까지 벌릴 수 있다. 개미집이 교란당하면 이 개미들은 그 큰턱을 잔뜩 벌리고 달려와 이리저리 돌아다녔다. 윌슨이 손가락으로 집어 올리려 하자 이들은 큰턱을 마치 작은 곰덫처럼 소리내 닫으면서 윌슨의 살갗을 날카로운 이빨로 찔렀고 곧 이어 배를 앞쪽으로 구부려 매우 아프게 쏘는 것이었다. 대부분의 개미들은 공격에 열중한 나머지 큰턱을 허공에 대고 마주 물면서 딱딱 소리를 냈다. 이러한 연속적 물기 동작은 자못 충격적이었다. 윌슨은 마침내 이 개미의 집을 발굴하여 군체를 사로잡는 일을 포기하였다. 그 후 그는 그가 발견한 이 종이 사냥개미인 오돈토마쿠스 인술라리스Odontomachus insularis이며 모빌은 그 분포 범위의 북방 한계선에

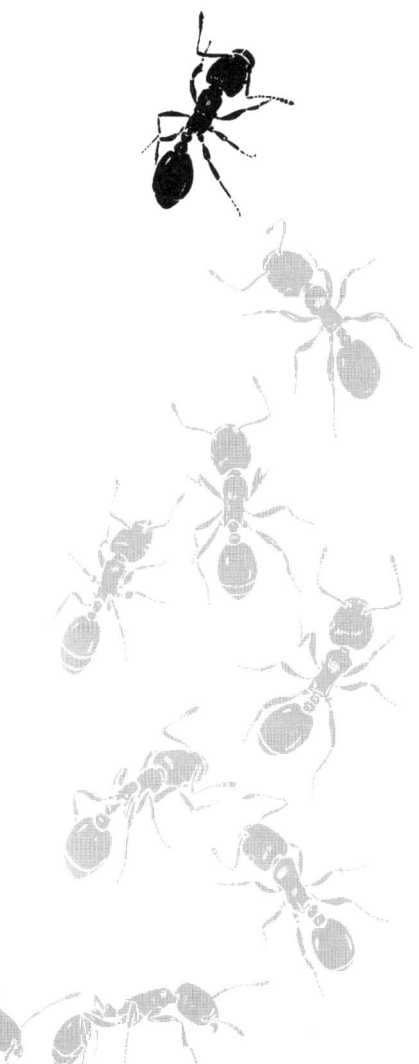

있음을 알았다. 오돈토마쿠스는 전 세계의 열대 지방에서 발견되는 속으로 여기에 드는 종은 많다.

그로부터 50년 후 휠도블러는 침개미아과의 포식성 개미에 관해 연구하던 중 전에 윌슨이 발견한 것과 매우 비슷한 사냥개미 오돈토마쿠스 바우리 Odontomachus bauri 종에 대해 자세히 연구하기 시작하였다. 그와 뷔르츠부르크 대학교의 동료 학자인 그로넨베르크 Wulfila Gronenberg와 타우츠 Jürgen Tautz는 이 개미가 턱을 닫을 때 내는 속도와 힘이 어찌나 빠르고 큰지 현기증을 느낄 정도였다. 너무 세게 쳐서 큰턱의 끝이 어떤 딱딱한 표면에 부딪쳤을 때엔 개미 자신이 반사적으로 공중으로 튀어 버린다. 연구자들은 이번엔 초당 3000커트를 찍는 초고속 촬영기를 써서 이 큰턱이 닫히는 속도를 기록하는 일에 착수하였다. 그러나 더 놀랍게도 턱의 움직임은 그저 빠른 정도가 아니라 동물계에서 기록된 모든 해부학 구조의 동작 중에서 제일 빨랐다. 활짝 벌린 큰턱이 완전히 닫히기 시작하는 순간부터 서로 부딪치며 닫히는 순간까지 걸리는 시간은 1000분의 1초의 3분의 1에서 1000분의 1초 사이로, 바로 3000분의 1초와 1000분의 1초 사이인 것이다. 동물계에서 종전 기록은 톡토기가 튈 때의 1000분의 4초, 바퀴벌레의 도망반응인 1000분의 40초, 사마귀의 앞다리 타격인 1000분의 42초, 반날개가 먹이 동물을 잡으려 혀를 내밀 때의 1000분의 1~3초, 그리고 벼룩이 튈 때의 1000분의 0.7~1.2초이다. 사냥개미 오돈토마쿠스의 큰턱은 길이가 불과 1.8밀리미터로, 뾰족한 돌기들이 나 있는 이 큰턱의 끝은 초당 8.5미터의 속도로 움직인다. 만약 이 개미를 사람이라고 친다면 주먹을 초당 약 3킬로미터의 속도로 날리는 것에 해당되며 이것은 총알보다 빠른 것이다.

사냥개미 오돈토마쿠스의 일개미는 큰턱 안에 들어갈 수 있는 것이면 어떤 살아 있는 동물이건 붙잡을 수 있다. 그들은 언제나 턱을 열어놓고 있어 두터운 내전근內轉筋을 잡아다닐 태세가 되어 있다. 양쪽의

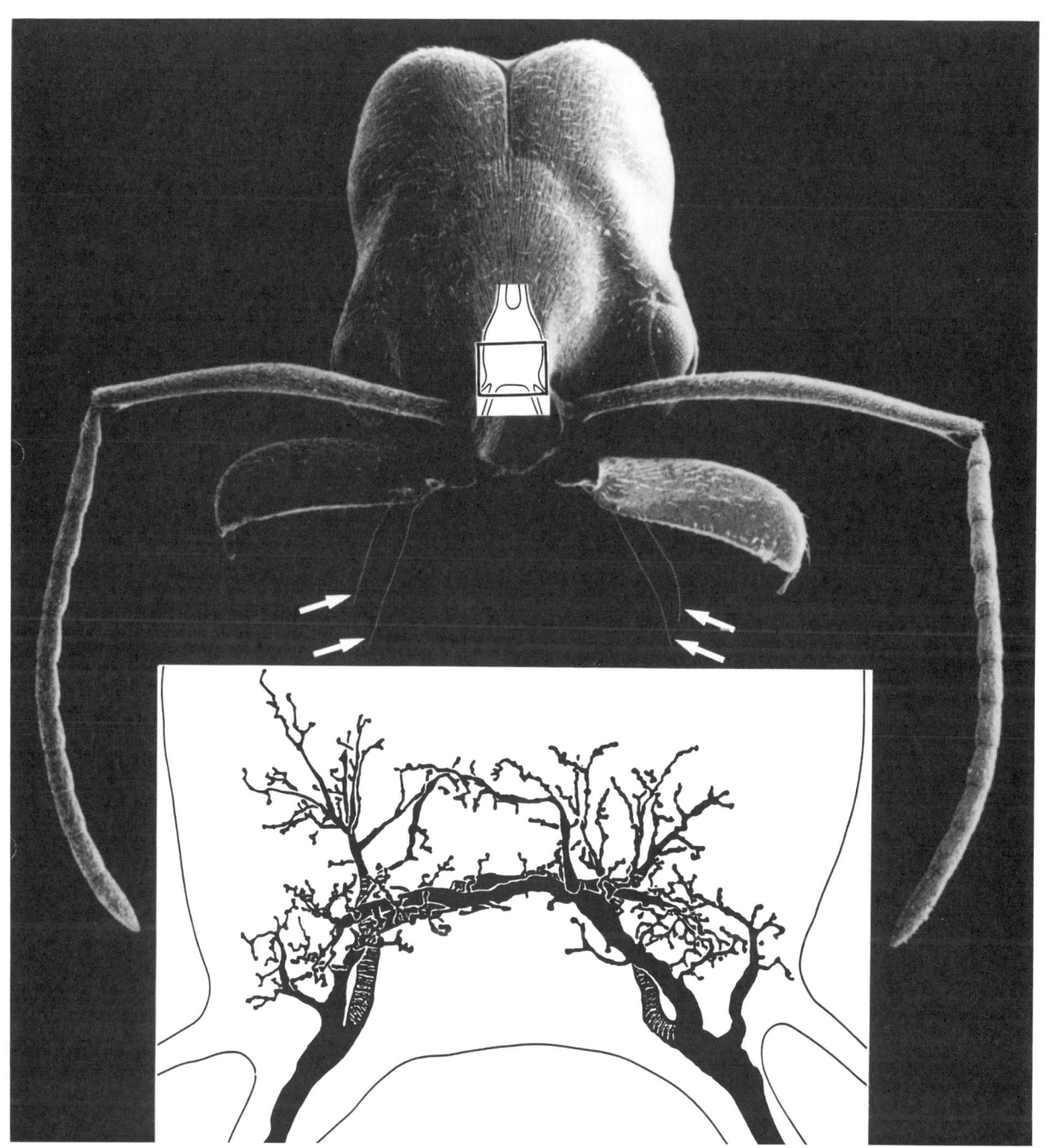

미국사냥개미 오돈토마쿠스의 강력하고 재빠르게 덫 구실을 하는 큰턱의 모습. 일개미의 큰턱이 잔뜩 벌려져 있다. 화살표가 앞쪽으로 뻗어 있는 민감한 방아쇠 털을 가리키고 있다. 삽입된 아래 그림에는 뇌의 일부가 확대되어 있고 신경이 검은색으로 나타나 있다(그로넨베르크의 그림).

큰턱 기부에는 긴 감각털이 하나씩 앞쪽으로 뻗어 있다. 사냥개미 오돈토마쿠스 일개미는 사냥할 때 더듬이를 머리 앞쪽에서 앞뒤로 휘젓는다. 그러다가 더듬이 표면에 나 있는 후각 기관이 어떤 먹이 동물이나 적을 감지하면 개미는 즉시 머리를 앞쪽으로 내밀어 감각털의 끝이 상대를 건드리게 한다. 큰턱 속에는 거대한 감각 세포들이 들어 있어 감각털에 가해지는 압력에 반응한다. 이 감각 세포의 긴 줄기라 할 수 있는 축색 돌기軸索突起/axon는 곤충이나 척추동물의 지금까지 기록 중 가장 크다. 휠도블러와 그의 공동 연구자들은 이 축색 돌기가 자극 전도를 초고속으로 이뤄지게 한다는 사실을 발견하였다. 큰턱의 감각 수용 세포로부터 뇌로 가서 다시 큰턱의 근육 속에 있는 운동 세포에까지 되돌아오는 반사궁反射弓의 회로 전달 속도는 1000분의 8초에 불과해 지금까지 알려진 동물계 기록 가운데 최단 기록이다. 전기 방전이 반사궁을 완전히 돌아 그 자극이 큰턱의 근육에 도달하면 큰턱은 1000분의 1초 안에 닫혀 그 나름의 행동 반응을 완전히 끝낸다.

　사냥개미 오돈토마쿠스의 큰턱은 대부분 거대 감각 세포들로 채워져 있으나 이 세포들 주위엔 공간이 둘러싸고 있다. 따라서 턱을 가볍게 만들어 줌으로써 빠른 속도로 움직이게 한다. 큰턱이 빨리 닫히면 작은 벌레는 기절하거나 적어도 큰턱 끝에 나 있는 이빨들이 벌레를 움켜쥐고 있는 동안 개미의 복부가 앞쪽으로 구부러져 침으로 찌르게 된다. 이 큰턱이 닫히는 힘은 강력해서 연약한 곤충의 몸을 두 동강 내기에 충분하다.

　사냥개미 오돈토마쿠스의 큰턱이 초고속으로 닫히는 것은 전혀 다른 또 하나의 새로운 기능을 발휘한다. 일개미들은 이 큰턱을 침입자 공격 때 수송 장치로 쓰는 것이다. 머리를 딱딱한 바닥 아래쪽으로 향하고 큰턱을 세게 닫으면, 개미의 몸은 공중으로 튀어 가까이 있는 적의 몸에 올라앉는다. 휠도블러가 코스타리카의 라 셀바 La Selva에 있는 한 나무에서 몸이 큰 사냥개미 오돈토마쿠스의 집을 건드렸을 때 20마리나 되는 일개미들이 큰턱을 세게 닫으면서 공중으로 40센티미터를 날아와 그의 몸에 붙었다. 그의 몸에 붙자마자 개미들은 쏘기 시작했다. 그는 결국 물러설 수밖에 없었다. 그는 그제서야 이 개미 군체가 그저 간단히 마른 식물질로 벽을 이은 약한 집을 과연 어떻게 방어하는가를 겨우 이해할 수 있었다.

머리가 올가미 구실을 하는 다른 개미는 전 세계의 열대와 온대 지방에 많다. 사냥개미 오돈토마쿠스속에서 보는 바와 같은 무장은 개미 진화 과정에서 독립적으로 여러 번 출현하였다. 윌슨은 1940년대 말 대학생일 때 톡토기를 잡아먹는 것으로 유명한 침독개미류의 한 무리에 주의를 기울였다. 스트루미게니스*Strumigenys*, 스미티스트루마*Smithistruma*, 그리고 트리코스카파*Trichoscapa* 등 여기에 속하는 많은 종이 앨라배마 주에 살고 있는데 이들은 당시까지는 거의 연구되지 않았다. 윌슨은 미주 중부와 남부의 숲과 들을 뒤지며 모든 침독개미류를 찾기 시작하였다. 그는 전형적으로 여왕 한 마리와 일개미 몇 마리로 이뤄지는 군체들을 석고 덩어리로 만든 인공 개미집에 넣어 키웠다. 이 개미집은 약 반세기 전에 프랑스의 곤충학자 자네Charles Janet가 소개한 설계를 약간 변경한 것이다. 윌슨은 이 침독개미류를 가능한 한 가까이에서 보기 위해 위쪽 표면의 절반에 구멍들을 파서 개미들이 만든 것과 비슷한 방과 이 방들을 연결하는 통로를 만들었다.

나머지 절반에는 더 큰 방을 파서 개미들의 먹이 탐색 장소로 만들었다. 그 다음 전체 표면에 유리판을 덮어 지붕을 투명하게 만들었다(이 책 부록 〈개미 기르기〉의 두 번째 그림 참조=역주). 먹이 탐색장의 바닥에는 흙과 썩은 나무를 약간 뿌려 숲속의 실제 땅바닥과 비슷하게 만들었다. 끝으로 윌슨은 여기에 침독개미를 잡아온 장소에 서식하는 톡토기, 응애, 거미, 딱정벌레, 지네와 기타 절지동물을 잡아 산 채로 넣어 주고 이 침독개미가 어떤 것을 어떤 식으로 잡아먹는지 볼 수 있게 하였다. 이렇게 만든 석고 덩어리 전체는 겨우 두 개의 주먹을 겹친

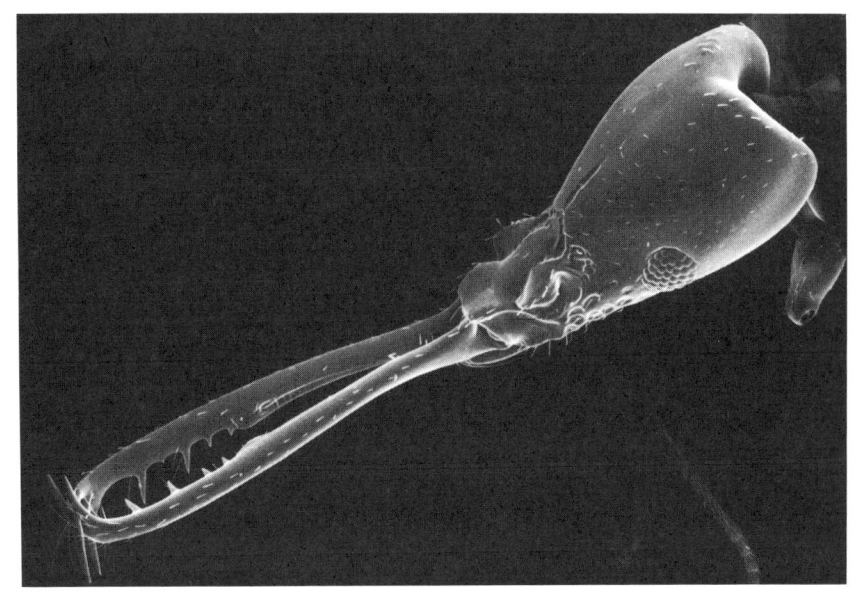

덫 구실을 하는 턱을 가진 중앙아메리카의 긴턱개미 아칸토그나투스 *Acanthognathus*의 일개미. 매우 길고 가는 큰턱으로 톡토기와 다른 작고 재빠른 곤충을 잡는다.

크기여서 해부 현미경의 재물대載物臺 위에 잘 얹혔다. 윌슨은 이처럼 최소한의 노력으로 육실 속에 있는 침독개미 군체들과 먹이 탐색장에서 사냥하는 일개미들을 거의 동시에 관찰할 수 있었다.

침독개미에는 기본적으로 올가미턱을 가진 종류가 두 가지 있다. 하나는 턱이 극도로 길고 가늘며 사냥개미 오돈토마쿠스처럼 180도 이상으로 벌릴 수 있다. 이 턱을 다물 때는 경련을 일으키는 것처럼 닫히면서 턱 끝에 나 있는 날카로운 이빨로 먹이 동물을 물어 꼼짝 못 하게 만든다. 이 개미들은 사냥할 때엔 상당히 많이 돌아다니나 일단 먹이를 발견하면 잠시 살금살금 다가간다. 또 한 가지 종류는 턱의 길이가 짧고 약 60도 정도만 벌릴 수 있는 개미이다. 윌슨은 이 짧은 턱의 침독개미가 비밀 작전의 대가임을 알아냈다. 일개미가 사냥하다가 먹이 동물이 가까이 있다는 것을 알면 일개미는 얼어붙은 듯 웅크리고 잠시 꼼짝 않는다. 그리고 만약 자신과 이 먹이 사이에 비스듬히 각角이 져 있으면 먹이를 정면으로 향하도록 천천히 몸의 방향을 튼다. 그러고 나서, 우리가 꾸준히 조심성 있게 살펴보고 또 가까이 있는 흙덩이와 이 개미 머리의 상대적인 위치를 유심히 살펴보아야 알 수 있을 정도로, 개미는 웅크린 자세로 매우 천천히 먹이 앞으로 다가간다. 이러다가 일격을 가할 태세가 될 때까지 몇 분이 걸린다. 만약 먹이 동물이 어떤 식으로든 움직이면 개미는 다시 꼼짝 않고 잠시 기다린 후 다시 전진한다. 드디어 먹이가 일개미의 사정권 안에 들어오면 머리에 난 긴 감각털의 끝으로 상대방을 살짝 건드리고 두 턱을 폭발적으로 닫아 버린다.

윌슨이 손수 만든 소형 사육장을 써서 연구한 침독개미는 대개 지네 비슷한 쯤지네와 좀같이 생긴 쌍꼬리벌레 등 몸이 연한 소형 절지동물을 즐겨 잡아먹었다. 그러나 이들은 대부분 무엇보다도 몸 밑 쪽으로 두 갈래 진 꼬리 모양의 부속 기관(갈래뜀틀)을 가지고 있어 조금만 위험이 있어도 순간적으로 튕겨 나갈 수 있는 소형의 날개 없는 곤충인 톡토기를 잘 잡아먹었다. 이 갈래뜀틀을 풀어 아래쪽으로 튕기는 동작은 사냥개미 오돈토마쿠스의 턱 다물기를 제외하곤 동물계에서 가장 빠른 움직임의 하나이다. 작은 침독개미들은 올가미턱을 살짝 그러나 경련을 일으키는 것처럼 쓰는 방법으로 톡토기를 한결같이 잡아먹을 수 있는 몇 안 되는 동물 가운데 하나이다.

마스코 케이치는 후기의 연구에서 군대개미 렙타닐리나이아과의 수수께끼를 푼 사람으로서 유명하지만 그의 비상한 관찰력은 침독개미에 관한 이야기에 새로운 전기를 만들어 주었다. 즉, 이들의 몸집 작은 일개미는 자신의 몸에 흙과 다른 식물 조각들을 바르는데 이는 필경 몸 냄새를 숨겨 먹이 동물 가까이 갈 수 있게 하려는 것임을 그는 알아냈다. 프랑스의 드장 Alain Dejean은 이 일개미들이 톡토기에게 매력적인 냄새를 풍김으로써 자기들이 다가서는 동안 톡토기가 가만히 있도록 한다는 사실을 알아냈다.

덫 구실의 큰턱을 가진 두 가지 개미. 동남아시아의 미르모테라스 *Myrmoteras*(위)와 남아메리카의 침독개미 다케톤 아르미게룸(아래).

윌슨과 윌리엄 브라운은 지난 몇 해 동안 열대 지방 여러 곳을 원정하며 침독개미를 잡는 동안, 이 소형의 은밀한 사냥꾼 개미들이 어떻게 진화하였는가를 대체로 나타낼 진화 계통을 세워 보았다. 현재 전 세계적으로 침독개미류는 약 24속 250종인 것으로 알려져 있는데 이들은 크기, 해부 그리고 행동면에서 상당히 서로 다르다. 이들이 걸어 온 역사는 분명 다음과 같을 것이다. 남미의 다케톤 *Daceton*과 오스트레일리아의 오렉토그나투스 *Orectognathus*의 현생종들과 같은 원시적인 종류들은 비교적 몸이 큰 개미로서 지면과 키 작은 식물들을 오르내리며 먹이를 찾았다. 이들은 올가미턱을 써서 파리, 말벌, 메뚜기 등 소형에서 중형에 이르는 여러 가지 먹이를 잡아먹었다. 이들 조상종에서 기원한 몇 가지 계통에선 일개미들의 크기가 매우 작아져서 흙 속에 사는 미소하고 연약한 곤충과 절지동물을 잡아먹었다. 그 중 극단적인 종들은 먹이 대상을 톡토기에만 국한시켰다. 이와 때를 같이하여 이들의 사회 구조도 축소되고 은밀스런 생활 스타일로 변하였다. 군체의 규모가 작아지고 일꾼들은 크기가 균일해졌으며(큰 침독개미류에서는 일꾼이 대형과 소형으로 유지되는 것과는 대조적으로), 개미들은 새로 발견한 먹이 운반을 위해 같은 집 동료들을 동원하는 데 더 이상 냄새 길을 쓰지 않았다.

침독개미의 진화에 관한 이와 같은 역사적 개요는 대부분 1959년에 완성되었는데 이 일은 동물계에서 식성과 기타 생태적 차원에서의 변화에 따른 사회 조직의 진화를 재건한 첫번째 시도의 하나였다.

개미의 턱은 기능적으로 볼 때 사람의 손에 해당하여 토양 입자와 먹이 그리고 같은 집 동료를 집어올리고 다루는 데 쓰인다. 또한 그들은 무기로써 적을 무찌르고 먹이를 잡는 데 사용된다. 따라서 턱의 크기와 모양이 어떠냐는 곧 그 개미가 살아 가는 생활과 일개미가 줍는 먹이의 성질이 과연 어떤가를 암시하는 실마리가 된다. 그런데 전 세계의 개미 가운데 턱모양이 가장 이상한 개미는 사냥개미 오돈토마쿠스나 침독개미가 아니라, 침개미아과의 쇠스랑개미 *Thaumatomyrmex*다. 이 일개미의 머리는 짧으나 거의 둥근 공 모양이고, 크고 표면이 볼록하게 튀어나온 눈이 머리 양쪽에 각각 자리잡고 있다. 거대한 큰턱은 광주리처럼 앞쪽으로 뻗어 나왔는데, 줄기가 길고 가는 이빨을 갖추고 있는 모양이 쇠스랑의 갈래를 닮았다. 쉬고 있는 입을 건너질러 큰턱이 딱 닫히면 매우 긴 이빨의 끝이 머리의 뒷 가장자리를 지나 한쌍의 뿔 모양으로 뻗친다. 쇠스랑개미의 '타우마토미르멕스*Thaumatomyrmex*' 라는 이름은 적절하게도 '놀라운 개미 marvelous ant'를 뜻하고 있다.

참으로 이상한 모양이지만 이 극적인 형태의 턱은 과연 어떻게 쓰이는가? 이것은 올가미턱인가 아니면 전혀 짐작 못 할 다른 구실을 하는가? 개미학자들은 여러 해 동안 쇠스랑개미가 어디에 집을 짓고 무엇을 사냥하는지 등 이 개미의 자연사에 관해 상상만 해 왔다. 불행히도 이 속屬의 개체들은 세계에서 가장 드문 개미들에 속한다. 알려진 몇 가지 종들이 멕시코에서 브라질까지(한 종은 쿠바에만 분포) 여러 곳에 분포하고 있으나 전 세계적으로 모든 박물관에 보존되어 있는 표본은 100마리가 넘지 않는다. 그래서 단 한 마리의 일개미만 채집해도 그것은 큰 업적이 될 정도다. 더욱이 최근까지 군체가 살아 있는 상태로 연구실에서 연구된 적은 전혀 없다.

윌슨은 전 생애를 통해서 쿠바와 멕시코에서 한 마리씩 단 두 마리를 채집하는 데 그쳤다. 군체를 찾아내어 그 놀라운 턱의 신비를 푸는 일이야말로 지난 몇 년간 그의 타오르는 야심이기도 하였다. 그는 1987년에 최근 몇 종이 잡힌 적이 있는 동부 코스타리카의 열대 연구 기구Organization for Tropical Studies 소속의 라 셀바 야외 시험장에서 오로지 이 종 채집에만 1주일을 보낸 적이 있다. 그 때 그는 이 또렷하게 검고 반짝이는 바구니 머리를 한 일꾼들을 찾아 조용한 숲의 오솔길을 걸으며 머리를 숙이고 낙엽과 나뭇가지들을 아무렇게나 발로 차면서 살피며 돌아다녔다. 그러나 단 한 마리도 찾지 못했다. 그는 그만 낭패

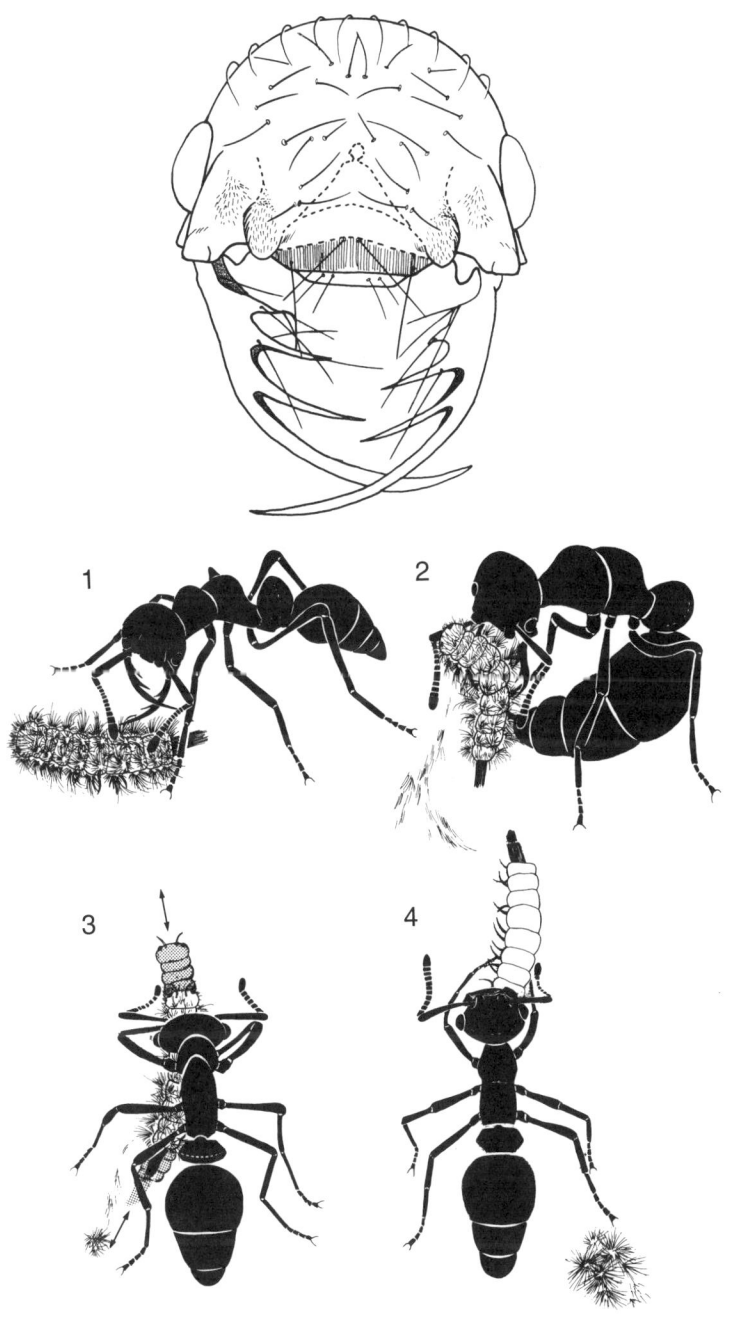

열대 아메리카산인 쇠스랑개미 타우마토미르멕스는 세계적으로 희귀한 개미다. 큰턱도 매우 이상하게 생겨서 이것으로 고슴도치 모양의 털숲노래기를 잡는다. 일개미가 털숲노래기 한 마리를 잡아먹기 전에 털을 벗기는 순서가 나와 있다(브란다오, 디니즈 J. L. M. Diniz 및 토모다케 E. M. Tomotake 의 기사에서).

최고로 이상한 개미들

감에 빠져 개미 연구의 소식지인 《지하로부터의 소식 *Notes from Underground*》에 글을 한 편 투고했다. 그 글의 핵심은 "쇠스랑개미가 과연 무엇을 먹는지 알아내 내 마음을 쉬게 할 사람은 없는가요?"였다.

그로부터 1년이 안 되어 브라질의 세 명의 젊은 곤충학자인 브란다오 Roberto ("Beto") Brandão, 디니즈 J. Diniz와 토모타케가 답을 찾아냈다. 그들은 브라질의 서로 다른 장소에서 두 마리의 일개미가 각각 죽은 털술노래기를 물고 있는 것을 발견한 것이다. 더욱이 이들이 한 군체의 일부를 찾아내어 실험실 관찰이 비로소 가능해졌고, 이렇게 사육하는 동안 일개미들이 다른 것은 거들떠보지 않고 털술노래기만 받아먹는 것이 관찰되었다. 보통 노래기는 몸의 체절마다 두 개의 다리를 갖고 있어 '1000개의 다리'라고 불리기도 한다. 대부분의 노래기는 길쭉하고 원통형이며, 딱딱하고 칼슘질인 외골격을 갖는다. 그러나 털술노래기는 외양이 매우 다르다. 비교적 짤막하고 몸이 연하며 센털이 길고 밀집되게 나 있어서 말하자면 노래기 세계에서의 고슴도치인 셈이다.

쇠스랑개미는 말하자면 고슴도치 사냥꾼이다. 이들이 갖고 있는 비상한 큰턱은 이 털술노래기의 방어를 이겨내는 데 멋지게 적응되어 있다. 브란다오와 그의 공동 연구자들은 개미가 노래기를 한 마리 만나면 큰턱에 난 가시 돋힌 이빨로 노래기의 센털을 뚫고 몸 속을 찌른 다음 그것을 집으로 가지고 간다는 것을 알았다. 집에서 이 개미는 앞다리에 나 있는 센털판을 써서 노래기의 센털을 마치 요리사가 닭을 끓는 물에 넣은 후 그러듯이 모조리 잡아 뽑는다. 그리고 나서 이 개미는 노래기를 머리에서 시작해 뒤쪽 꼬리 부분까지 모조리 먹어 치운다. 때때로 개미는 먹고 남은 것을 같은 집 성체 동료들 그리고 애벌레와 함께 나눠 먹는다. 윌슨은 이 놀라운 발견을 듣자 드디어 쇠스랑개미의 비밀을 알게 된 것이 기뻤다. 반면에 자신이 그 해답을 거의 발견하거나 짐작조차 하지 못한 데 대해 스스로 실망하는 한편 지하의 개미에게서 캘 도전거리 하나가 사라진 데 대해 슬픈 생각을 감출 수 없었다.

이 밖에도 최근 해결된 신비가 또 하나 있는데 그것은 늘보개미속 *Basiceros*에 드는 크고 검은색의 개미에 대한 자연사다. 이 종의 일개미 머리는 길쭉하고 표피는 두꺼우며 도톨무늬가 조잡하게 나 있다. 또한 몸에는 괴상하게 생긴 깃털 모양의 털이 덮여 있다. 이 늘보개미의 종은 쇠스랑 턱을 한 쇠스랑개미처럼 중남미의 삼림에 널리 분포하는데 최근까지 산 채로 발견된 것은 거의 없다. 그래서 이들의 자연사에 대해서는 아직 알려진 것이 없다.

늘보개미가 희귀하다는 그 자체가 하나의 환상임이 드러났는데 그 이유는 그 개미 자체가 환상의 대가大家이기 때문이다. 우리는 1985년에 라 셀바 생물 보존 구역에서 채집하는 동안 어떻게 하면 그 지역 개미 군체를 비교적 쉽게 찾아낼 수 있는가를 알아냈다. 또한 늘보개미 바시케로스 만니 *Basiceros manni*는 사실상 매우 흔하다는 것도 알았다. 이 개미를 잡는 묘술은 바로 흰색의 애벌레와 번데기를 찾는 데 있다. 이 번데기들은 썩은 검정 색깔의 나무 위에 우뚝 서 있으며 여기에 개미들이 집을 짓는다. 일개미와 여왕을 찾기란 이들을 정확히 어디서 찾는가를 알고 또 그 장소에서 가까이 잘 살펴보고 있지 않으면 매우 어렵다. 이 개미들은 우리 사람 눈으로는 알아볼 수 없을만치 기막히게 위장되어 있고 이것은 새와 도마뱀 같은 포식자같이 시각적으로 먹이를 찾는 동물의 눈에도 마찬가지일 것이다. 개미들은 지면을 기어가는 동안에도 쉽게 눈에 띄지 않으며 개미가 꼼짝 않고 서 있으면 완전히 보이지 않게 된다. 이러한 효과는 늘보개미 바시케로스 만니의 일개미들이 매우 느리다는 데 그 일부 이유가 있다. 이 개미는 우리가 여러 해 동안 세계를 돌아다니며 경험한 개미들 가운데 가장 느리게 움직이는 종류이다. 이들은 느림보 사냥꾼으로 곤충을 찾아 여기저기 다니다가 곤충을 발견하면 살그머니 다가가 갑자기 턱을 닫으며 잡는다.

흔히 개미집 안에 있는 일개미의 전체 병력은 동시에 더듬이도 제 자리에 뻣뻣이 세운 채 며칠이라도 가만히 서 있다. 그래서 대개 법석 떠는 개미 군체에 익숙한 관찰자들에겐 무시무시한 기분까지 든다. 만약 움직이고 있는 일꾼들을 채집하다가 교란하거나 핀셋으로 건드리면 대개의 개미들이 미친 듯이 달아나는 데 비해 이 개미는 몇 분간 얼어붙은 듯이 꼼짝 않는다.

늘보개미는 이처럼 극도로 무기력한 존재일 뿐 아니라 세상의 개미 가운데 가장 더럽기까지 하다. 개미는 대개 정성을 들여 청결을 유지한다. 그들은 자주 멈춰서서 다리와 더듬이를 핥으며 다리에 나 있는 빗과 발에 달린 털 다발로 온 몸을 훑어 내기 때문이다. 어떤 종류는 행동의 절반 이상을 몸을 닦는 데 쓰고, 나머지 상당 부분도 동료 개미를 씻어 주는 데 쓴다. 그러나 늘보개미는 행동 레퍼토리 중 1~3퍼센트만 자신의 화장에 투입한다. 더욱이 나이 먹은 일꾼들의 몸은 더러운 때로 덮여 있다. 그러나 이러한 현상은 무관심이나 비위생적 소행 때문이 아니라 이 개미가 추구하는 몸가짐 때문이다. 그것은 이 종의 위장술의 일부이다. 일개미들이 나이 들어 집 밖에서 먹이 탐사 활동을 하기에 충분할 때가 되면 이들은 기어갈 때 흙과 썩고 있는 낙엽조각들과 뒤범벅이 된다.

늘보개미의 위장은 해부학적 설계로 인해 더욱 조장된다. 미세한 티끌을 수집하는 일은 몸과 다리의 위쪽 표면에 나 있는 두 개 층의 털에 의해 이루어진다. 마치 병닦는 솔처럼 생긴 끝이 갈라진 긴 털들은 미세한 흙 입자들을 흩뜨리고 붙잡아들인다. 이 털들 밑에는 덤불숲의 관목층처럼 깃털 모양의 털들이 나 있어 몸 표면 가까이 있는 입자들을 붙들어 둔다.

우리는 늘보개미 군체를 하버드 대학교의 인조 사육실에 가져와 이 개미들이 그 느린 동작으로 흔히 잡아먹는 흔적날개초파리를 먹이면서 키우는 데 성공하였다. 일개미에겐 그들의 외골격에 덧붙일 자연의 검은 흙이 없었으나, 우리가 인공 사육집을 만들 때 쓴 석고의 벽과 바닥에서 미세한 먼지를 주워 덮어쓰고 있었다. 그래서 나이 든 일개미가 하얗게 변해가는 사이 그들은 자신들이 전에 살아간 적이 없는 새로운 환경 속에서 위장되어 마침내 이상한 도깨비 모양이 되었다.

은밀한 침독개미나 늘보개미와는 정반대로, 햇빛에서 찬란한 빛깔을 뽐내는 개미들이 있다. 이들은 육지와 바다 생물의 자연사가 나타내는 기초적인 규칙을 따른다. 즉, 만약 어떤 동물이 아름답게 채색되어 있고 보는 사람에 대해 비교적 무관심을 보이는 듯하면 그것은 필경 독성을 가졌거나 턱 또는 가시로 무장이 잘된 생물이라는 것이다. 중남미의 우림의 바닥에는 독화살개구리가 사는데 붉은색, 검정색, 파란색의 여러 가지 조합으로 눈부신 반점들을 나타낸다. 이 개구리는 사람이 다가가도 도망칠 듯 말 듯하며 사람이 집어 올리려 해도 가만히 있다. 그러나 이 때 결코 건드리지 말아야 한다. 이 개구리 한 마리에서 나오는 점액은 사람이 그것을 삼켰을 때 죽고도 남을 정도이기 때문이다. 미국 인디언들은 원숭이와 기타 큰 동물을 사냥할 때 화살촉과 창 끝에 이 점액질을 약간 묻혀 그것에 맞으면 꼼짝 못 하게 만든다.

오스트레일리아에 사는 검고 붉은색의 불도그개미는 길이 1센티미터 남짓으로 말벌만큼이나 강한 침을 갖고 있으며 10미터 밖에서도 알아볼 수 있다. 이 개미의 집 부근에 이르면 이들은 겁 없는 호전가가 되며 시력도 뛰어나다. 일부 종의 일개미들은 공중으로 꽤 높게 뛰어올라 다가오는 사람에게까지 덤벼 든다.

전 세계 개미 가운데 가장 색깔이 찬란하고 행동이 태평스러운 개미 중 일부는 쿠바에 있다. 이들은 렙토토락스속 *Leptothorax*의 종으로서 최근까지 이들의 특수한 해부학적 성질로 인해 마크로미스카속 *Macromischa*에 속했던 종들이다. 이 큰 섬에는 그러한 개미가 수십 종 살고 있는데 대부분 다른 곳에는 살지 않는다. 이들은 앤틸리스 제도의 자연사의 보석으로서 노랑, 빨강, 검은색의 색깔과 여러 가지 크기와 모양을 나타낸다. 그 가운데 가장 눈길을 끄는 종류는 햇빛 아래에서 금속성의 녹색으로 반짝이는 날씬한 몸매의 종들이다. 이들의 일개미는 탁 트인 공간에서 먹이탐색을 하며, 흔히 석회암 벽과 숲속 낮은 풀숲에서 줄을 지어 다닌다.

윌슨은 열살 때 맨이 《내셔널 지오그래픽》에 쓴 다음 글을 읽고 그만 매료되었다. "나는 쿠바의 시에라 트리니다드에 있는 미나 카로타 Mina Carlota에서 보낸 어느 성탄절을 잊지 못한다. 내가 큰 바위를 뒤집어 그 밑에 무엇이 살고 있나 보려고 하자 마침 이 돌이 한가운데를 따라 둘로 갈라졌다. 그리고 바로 그 가운데에서 녹색의 금속성 빛깔이 햇빛에 반짝이는 개미를 차 숟갈로 반 정도 볼 수 있었다. 그 후에 알아보니 이들은 모두 학계에 아직 알려지지 않은 신종들이었다."

상상해 보라. 매우 먼 곳에서 마치 살아 있는 에메랄드 같은 신종 개미를 찾는다는 것을! 맨은 이 종을 그의 하버드 대학교 지도 교수인 휠러 교수를 기념하여 마크로미스카 휠레리 *Macromischa wheeleri*라고 명명하였다. 그 개미의 모습은 윌슨이 하버드 대학교의 박사 과정 시절 개미 채집을 위해 미나 카로타의 바로 그 같은 장소에 갔을 때 그의 마음 속에 생생히 되살아났다. 그는 가파르고 나무가 우거진 언덕을 올라 개미를 찾느라 전에 맨이 그랬듯이 부드러운 석회암을 하나씩 뒤집어 보았다. 어떤 돌은 깨지고 어떤 것은 부서졌지만 대부분은 그대로 끄떡없었다. 그리고 녹색의 개미는 얼마 동안 나타나지 않았다. 그러자 한 돌멩이가 둘로 깨지더니 그 곳에서 금속성 빛깔로 눈부신 가슴개미 렙토토락스 휠레리 *Leptothorax wheeleri*의 일꾼들이 차 숟갈로 하나 가득 드러났다. 맨이 했던 과학의 발견을 윌슨이 40년 후 정확히 재현하는 데서 오는 만족감은 특별했다. 그것은 자연계와 인간의 정신이 나타내는 연속성을 재확인하는 일이었다.

윌슨은 시에라 트리니다드에서 더욱 깊숙이 찾아 다니다가 가슴개미 종을 또 하나 발견하였는데 그 일개미가 햇빛에 금빛으로 빛나고 있었다. 그 색깔은 세계 도처에 많이 사는 남생이잎벌레의 반짝이는 색깔과 비슷했다. 표피의 색조(다른 종들이 나타내는 금속성의 청색과 녹색도 마찬가지로)는 강한 빛을 굴절시키는 현미경적으로 미세한 주름 때문임이 거의 틀림없다. 그러나 무엇보다 그런 이상한 효과가 어떻게 진화되어 나타나는 것일까? 개미들은 독성을 갖기도 하므로 이 빛깔도 아마 이 고장에 흔한 포식자인 애놀 도마뱀을 물리치는 데 사용되었을 것이라는 것은 퍽 타당한 추측이다. 이 밖에 세계적으로 몇 종의 다른 개미도 금빛을 나타낸다. 오스트레일리아와 아프리카에 있는 금털가시개미 *Polyrhachis*의 몇 종은 복부에 금빛 털판을 진화시켰는데 이는 아마도 가슴과 허리에 난 날카로운 가시를 광고하는 데 쓰이는 것 같다.

이제 우리의 이야기 보따리를 이제까지 알려진 개미 가운데 가장 희귀한, 아니 적어도 가장 찾기가 어려운 개미 이야기를 하는 것으로 마치기로 하자. 횔도블러는 1985년 우리가 열대 지방 연구터로 즐겨 찾던 라 셀바의 2차림의 가장자리를 따라 채집하고 있었다. 그는 키 작은 한 나무의 가슴 높이쯤에 나 있는 잎사귀들 속에서 바짝 마른 덤불 덩이가 이상하게 나 있는 것을 발견하고 그 곳을 쑤셔 보았다. 아니나 다를까, 그 개미집에서 혹개미속에 속하는 신종 개미 100여 마리가 쏟아져 나와 환상의 패턴을 그리며 사방으로 퍼져 나갔다. 개미들이 보통 유사시에 집을 방어하기 위해 바깥 쪽으로 달려가는 이러한 반응은 이상할 것이 없으나 단 이번에는 일꾼들이 뿔흰개미속 *Nasutitermes*에 드는 흰개미와 놀라울 만큼 닮은 것이다. 이 흰개미는 라 셀바와 신세계 열대 전역에 걸쳐 많이 서식하고 있다. 이들의 큰 집은 큰 구형을 이루고 딱딱하게 굳어진 배설물로 만들어지며, 그 안에는 수만 마리의 일개미가 살고 있다. 이들의 병정 카스트는 내수츠 nasutes라고 불리는데 머리에 길고 코 모양을 한 돌기가 있어 그 끝의 구멍에서 끈끈하고 악취 나는 액체가 분사된다. 이 내수츠들은 집의 벽이 허물어지기만 하면 대량으로 흩어져 나온다. 개구리나 그보다 작은 동물들이라면 이들의 공격을 견딜 자가 거의 없다.

휠도블러가 발견한 혹개미는 내수츠와 겉만 닮았는데 이것이 하나의 기만술임은 의심할 나위가 없다. 그는 처음엔 그것을 실제 흰개미로 생각했다. 공격 중인 일개미들의 움직임은 뿔흰개미의 움직임과 거의 동일했다. 더구나 혹개미의 병정개미의 색깔은 이 속에 드는 개미 가운데서는 독특했으나 오히려 흰개미의 병정들과 흡사하였다. 만약 이러한 풀이가 맞는다면 후에 우리가 페이돌레 나수토이데스 *Pheidole nasutoides*라고 명명한 이 개미는 흰개미를 흉내낸 첫번째 개미가 될 것이다.

그 해 우리는 이와 같이 라 셀바를 뒤지고 난 나머지 기간 동안 이 개미의 자연사를 더 연구하고 의태擬態 가설을 시험하기 위해 혹개미 페이돌레 나수토이데스의 군체를 더 찾아내려 무진 애를 썼다. 그러나 찾지 못했다. 나중의 여행에서 가끔은 단독으로 가끔은 여럿이서 이 연구를 계속했으나 운은 계속 따르지 않았다. 우리는 이러한 실패에 어리둥절했고 그럴수록 이 개미에 대해 더 알고 싶어 견딜 수가 없었다. 하긴 이 개미의 개체군이 창이빨을 한 쇠스랑개미처럼 극히 드물고 매우 희박할 가능성이 있다. 아니면 이들이 우리나 다른 사람이 아직 찾아보지 않은 높은 나무의 수관부에 살기 때문인지도 모른다. 그래서 혹시 높은 나뭇가지에 걸쳐 있던 개미집이 떨어진 것을 우리가 우연히 보았던 것은 아닌지. 결국 누군가가 답을 찾아낼 것이며 수수께끼는 그 때 풀릴 것이다. 그렇다고 그 때에 개미의 세계가 그 전보다 덜 재미있게 되지 않을까 걱정할 필요는 없을 것이다. 그 때가 되면 또 다른 이상한 현상이 나타나 새로운 세대가 이 분야에서 또다시 빛을 비추고 모험을 감행하게 될 것이기 때문이다.

개미는 환경을 어떻게 조절할까

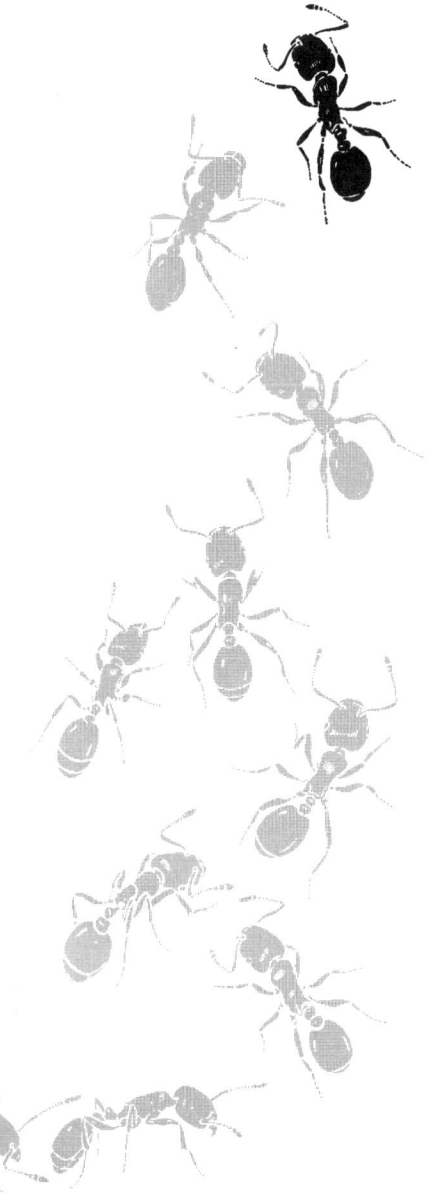

개미의 군체는 일개미들의 집단 행동과 분업을 통해 환경을 그들이 좋아하는 방향으로 통제하고 변화시킨다. 온도 조절은 이러한 사회성이 발휘하는 힘의 주요 사례로서 개미의 성공에 요체가 된다. 개미는 아직 그 까닭이 알려져 있지 않으나 상당량의 열을 필요로 한다. 개미들은 원시적인 오스트레일리아산의 노토미르메키아 마크롭스 *Nothomyrmecia macrops*와 몇 가지의 한·온대종을 제외하고는 섭씨 20도(화씨 68도) 이하가 되면 그 기능이 형편없어지고 섭씨 10도(화씨 50도) 이하에선 전혀 움직이지 않는다. 개미의 다양성은 열대에서부터 북반구의 온대 지방으로 가면서 급격히 떨어진다. 어떤 종류의 군체건 간에 오랜 시간 자란 북방 침엽수림의 그늘에는 드물고 동토대엔 한랭 기후에 적응한 불과 몇 종이 살 뿐이다. 아이슬랜드와 그린랜드 그리고 포클랜드에는 토종 개미라곤 없다. 또한 개미는 열대 지방에서도 해발 2500미터(8200피트) 이상되는 밀림 산악 지대에선 별로 볼 수 없다. 이와는 대조적으로 모하비 Mojave와 사하라 사막에서부터 오스트레일리아의 불모의 한복판에 이르는 가장 뜨겁고 건조한 장소에는 무수히 많이 산다.

개미들은 서늘한 곳에서는 애벌레를 키우기 위해 온기를 찾는다. 간단히 말하면 바로 이것이 개미 군체들이 어째서 한·온대 지역에서는 바위 밑에 집중해 살고 있는지, 또한 군체 전체를 여왕과 함께 찾아내는 데 있어 최상책은 바위를 뒤집는 것이며 특히 땅이 처음으로 따뜻해지는 봄이 좋은 이유를 설명해 준다. 바위는 특히 평평하고 흙 속에 얇게 묻혀서 표면의 상당 부분이 햇빛에 노출된 경우 탁월한 열 조절 기능을 발휘한다. 건조할 때는 바위의 비열이 낮다. 즉, 이는 바위의 온도를 올리는 데는 소량의 태양 에너지만으로 충분하다는 뜻이다. 그래서 개미 군체가 신속하게 작전에 들어가야 할 때인 봄에는 햇빛이 바위와 그 밑의 토양을 주위의 맨 흙보다 더 빨리 데워 준다. 그 덕택에 일개미들은 먹이 탐색에 나가고 여왕은 알을 낳으며 애벌레는 흙에만 갇혀 있는 다른 경쟁 관계의 애벌레보다 빨리 발생한다. 이와 같은 열조절 원리가 부패 중인 나무 그루터기나 통나무의 껍질 아래 공간에 대해서도 똑같이 적용된다. 봄에 여왕과 일꾼, 새끼들 모두가 이런 공간에 모이며, 바깥 쪽에 위치한 방이 더워질 때만 나뭇속으로 난 통로를 통해 한쪽 서늘한 곳으로 후퇴한다.

열대림에 사는 개미 종들은 거의 언제나 따뜻한 기온을 충분히 누릴 수 있어서 영소營巢/nesting 습성이 매우 다르다. 그 대부분은 땅 위에서 썩고 있는 작은 나뭇조각에 붙어 산다. 소수가 관목이나 키 큰 나무 또는 썩고 있는 나무에 집을 짓고 살며, 완전히 흙 속에 집을 짓고 사는 것은 훨씬 드물다. 땅 위에 바위가 있어도 개미에게 덮개로 이용되는 경우는 드물다.

개미는 땅 속 생활에 완전히 적응하게 되면서 주위 온도를 시간마다 조절할 수 있는 특별한 기회를 갖게 되었다. 이들의 경우 집은 전형적으로 바위 밑이나 맨 땅바닥에서부터 수직으로 땅을 파 들어가거나 썩고 있는 나무의 껍질 밑 공간에서부터 심재心材 속으로, 그리고 이 심재의 표면에서 흙과 마주치는 나무 부분을 관통하는 식으로 짓는다. 이러한 기하학으로 인해 일꾼들이 집 안에서 알과 애벌레 및 번데기를 성장에 알맞은 방으로 신속히 옮기는 일이 가능하다. 대부분의 종들의 군체는 섭씨 25~35도의 온도를 얻을 수만 있으면 어떻게든 가장 더운 이런 방들 속에서 성장의 모든 단계에 있는 새끼들을 유지한다.

흙으로 된 집도 개미로 하여금 가장 더운 환경에서 더 뜨거워지는 상황을 피하게 해준다. 사막 생활 전문가인 개미들도 여름 햇빛 아래 강제로 두세 시간 이상 있게 하면 죽어 버린다. 어떤 사막은 표면 온도가 섭씨 50도가 넘기도 하는데, 이런 온도에서는 개미는 수분이나 수 초 내에 죽는다. 그러나 개미들은 흙 속 깊이 집을 지어, 가장 뜨거운 날에도 개미에겐 편안한 섭씨 30도 가까이 되는 온도에서 잘 번식하며 살아간다.

가장 정교한 기후 조절은 개미가 무덤을 짓는 방법을 통해 달성된다. 이러한 구조물은 단지 흙을 파서 쌓아 올려 대형의 지하 공간을 만드는 것이 아닌 그 이상의 것이다. 이 무덤은 설계가 정교하고 형태적으로 대칭을 이루며, 유기질이 풍부하고 통로와 방들은 서로 연결되어 긴밀한 시스템으로 뚫려 있다. 또한 그 표면은 흔히 나뭇잎이나 가지들로 덮여 있거나 자갈과 숯 조각들이 여기저기 박혀 있다. 본격적인 진짜 무덤은 지면 위의 도시로서 개미와 새끼들로 꽉 차 있다. 이들은 늪지, 개천가 언덕, 침엽수림 그리고 사막같이 온도와 습도가 극단을 나타내는 서식처에서 가장 흔하게 발견된다.

최근 연구를 통해 가장 잘 파악된 무덤은 한온대 기후에 사는 불개미속의 개미가 만든 한 대형 구조물이다. 숲개미 포르미카 폴릭테나와 그 근연종을 포함한 붉고 검은 숲개미가 만든 엄청난 부피의 구조물은 북유럽의 숲에서 익히 볼 수 있는 개미집이다. 지면에서 1.5미터(5피트)까지 올라가는 이 무덤들은 그 속에 사는 개미들의 온도를 높이도록 설계되어 있다. 그래서 이 개미들은 이른 봄부터 먹이 탐색을 나갈 수 있고 새끼들을 더욱 빨리 키울 수 있다. 맨 바깥에 덮인 딱딱한 껍질 층은 열과 습기의 손실을 줄여 주고, 확장되어 있는 표면으로 인해 집에는 더 많은 햇빛이 쪼일 수 있다. 어떤 불개미 종의 무덤은 남사면南斜面이 더 길어서 태양열을 더 많이 모을 수 있게 되어 있다. 이렇게 남쪽을 향한 기울기는 항상 일정해서 과거 여러 세기에 걸쳐 알프스 원주민들에게 나침반의 역할을 해 왔다. 이 밖에도 무덤 내에 모아둔 식물질이 부패하면서 내는 열과 무덤 속에 빽빽이 밀집해 일하는 수십만 마리의 일개미들의 신진 대사열이 기온을 더 높여 준다.

미국의 사막과 초지에 사는 수확개미 포고노미르멕스 같은 일부 개미는 무덤의 표면을 조그만 자갈, 낙엽과 기타 식물질 조각 그리고 숯 조각으로 다양하게 장식한다. 이 마른 재료들은 햇빛에 쉬 더워져서 태양열을 잡아 두는 데 쓰인다. 아프가니스탄 고지 평원에 사는 카타글리피스 Cataglyphis 군체는 그들의 무덤 위 여기저기에 작은 돌을 흩뜨려 놓고 있다. 이러한 습성은 헤로도토스와 플리니우스가 말한 바와 같이 개미가 금을 채광한다는 전설의 기초가 된 것 같다. 헤로도토스는 아프가니스탄의 금광개미를 팍티케 Pactyike라는 지방에 있는 도시인 카스파티로스 Caspatyros 가까이서 알아냈는데 이 곳은 오늘날의 카불 Kabul이나 페샤와르 Peshawar를 가리킨다. 금이 아프가니스탄의 이 지역에서 암석과 충적토에서 발견된다는 것은 잘 알려져 있다. 그러므로 개미들이 온도 조절용으로 사용된 자갈을 지면 위로 파올릴 때 금 조각들도 때때로 함께 따라 올라왔을 가능성이 있다. 이와 비슷한 식으로 미국 서부에 사는 수확개미도 소형 포유류의 화석뼈들을 개미집 표면에 장식용으로 흔히 갖다 붙인다. 따라서 고생물학자들은 원정을 가면 우선 그 부근에 아직도 어떤 뼈가 묻혀 있는지를 알아보기 위해 개미 무덤을 으레 살펴본다.

개미가 물리적 환경에서 당면하는 최대 위험은 지나친 더위나 추위 또는 물에 빠져죽는 일이 아니라(대개의 개미는 물 속에서 여러 시간 또는 여러 날까지 견딘다) 가뭄이다. 대부분의 개미 종 군체들은 군체 생활에 외부 공기에서보다 높은 주위 습도를 필요로 한다. 그래서 매우 건조한 공기에 노출되면 몇 시간 안에 죽는다. 따라서 개미는 개미집 방 안의 습도를 높이고 조절하기 위해 괴상하기까지 한 여러 가지 기술을 쓴다. 예를 들면 무덤은 기온뿐 아니라 대기와 토양내 습도를 인내 한계 내로 유지하도록 만들어져 있는 듯하다. 두꺼운 껍질과 겉바르기는 증발을 줄여 주며 더욱이 양육 일꾼들은 최적 습도 장소를 찾아 수직 통로를 통해 미숙 개체들을 위아래로 옮긴다. 이들은 민감한 알과 애벌레를 보다 습기 있는 방으로 옮기는가 하면, 번데기는 보통 표면 가까이 있는 건조한 곳으로 옮긴다.

매우 다른 형태로 습도 조절을 하는 개미로는 멕시코에서 아르헨티나에 걸쳐 사는 거대한 침개미류의 사냥개미인 파키콘딜라 빌로사 *Pa-*

왕사냥침개미 *Pachycondyla villosa*의 먹이 탐색 일개미 한 마리가 집으로 물방울을 나르고 있다. 이 개미는 집에서 물방울을 동료 개미들에게 나누어 주고 집 안의 습도를 유지하기 위해 벽과 바닥에 바른다.

*chycondyla villosa*가 있다. 메마른 곳에 사는 이 군체들은 항상 건조한 계절엔 말라 버릴 위험에 놓이게 된다. 그래서 일단의 일개미들은 이웃 가까이 있는 식생에서 이슬 방울을 모으거나 어떤 수원지에서건 물을 얻느라 끊임없이 여행을 한다. 이들은 큰턱을 넓게 벌리고 그 사이에 물방울을 채워 집으로 날라와 일부를 목마른 동료들에게 나눠 준다. 그리고 나머지 물은 애벌레에게 주고 번데기에게 약간 발라 준 다음 직접 지면 위에 내려놓는다. 이와 같은 물통 수송 작전으로 파키콘딜라의 먹이 탐색자들은 개미집 내부를 주위의 토양보다 훨씬 더 축축하게 만든다.

아시아산 사냥개미인 디아캄마 루고숨 *Diacamma rugosum*은 이상한 방법으로 물을 모은다. 인도의 건조한 관목 숲에서 일개미들은 집의 입구를 새 깃털과 죽은 개미같이 매우 흡착력 있는 물건들로 장식한다. 이런 물체에는 이른 아침 시간에 이슬이 맺히고 일개미들이 이 이슬을 거둬 들이는 것이다. 건기에는 이 이슬 방울이야말로 개미에겐 유일한 급수원이 되는 것 같다.

여기에 한술 더 떠서 습도 조절에 쓰이는 또 하나의 이상한 방법이 있는데 중앙아메리카 우림에 사는 원시성 침개미류인 소형의 프리노펠타 아마빌리스 *Prinopelta amabilis*가 '벽지 바르기'를 하는 것이다. 이 개미의 군체는 보통 연중 대부분을 물기가 포화되어 있는 삼림 바닥의 썩고 있는 나무토막과 나무통에 집을 짓는다. 이 작은 개미가 직면하는 문제는 건조한 삼림지에 사는 침개미류 ponerines와는 반대로, 표면에 습기가 너무 많아서 어린 새끼 개미의 발생에 지장이 초래되는 것이다. 알과 애벌레는 숲속의 축축한 표면 위에서 키울 수 있으나 번데기에겐 건조한 환경이 필요하다. 일개미들은 일부 방과 통로에 먼저 성충이 나올 때 남긴 고치의 조각들로 벽을 발라 이 문제를 해결한다. 때로는 이렇게 바른 것이 몇 켜나 되는 적도 있다. 이렇게 만든 방의 표면은 그렇게 하지 않은 방보다 건조하고, 일꾼들은 번데기를 이 곳으로 옮겨놓는다.

축축한 흙이나 썩은 나무에 자리잡은 집들은 무수히 많은 세균과 곰팡이의 이상적인 온상이 되어 개미의 건강을 해칠 가능성이 크다. 그럼에도 불구하고 이런데 사는 개미 군체는 세균이나 곰팡이에 감염되는 일이 거의 없다. 이렇게 놀라운 면역성을 보이는 까닭을 발견한 것은 마슈비츠였다. 그는 개미 성체의 가운데 옆가슴 샘에서 세균과 곰팡이를 죽이는 물질이 끊임없이 분비된다는 사실을 알아냈다. 가장 놀라운 것은 가위개미가 기르는 곰팡이는 이 분비 물질에 의해 아무런 영향을 받지 않는 반면에, 개미의 곰팡이 밭을 침입하려는 모든 외부 곰팡이나 세균은 완전히 전멸된다는 사실이다.

개미는 대체적으로 다른 곤충 무리들이 누리지 못하는 많은 종류의 서식처와 육지 생태계를 지배하고 있다. 그들의 수적인 우세와 성공은 개미집의 환경뿐 아니라 살고 있는 서식 환경 전체를 바꿔 놓을 수 있

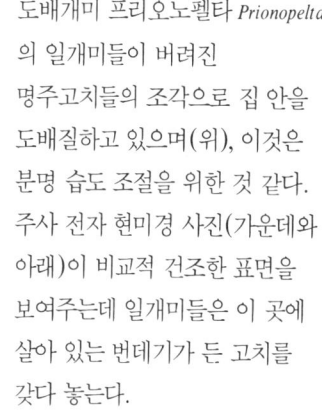
도배개미 프리오노펠타 *Prionopelta* 의 일개미들이 버려진 명주고치들의 조각으로 집 안을 도배질하고 있으며(위), 이것은 분명 습도 조절을 위한 것 같다. 주사 전자 현미경 사진(가운데와 아래)이 비교적 건조한 표면을 보여주는데 일개미들은 이 곳에 살아 있는 번데기가 든 고치를 갖다 놓는다.

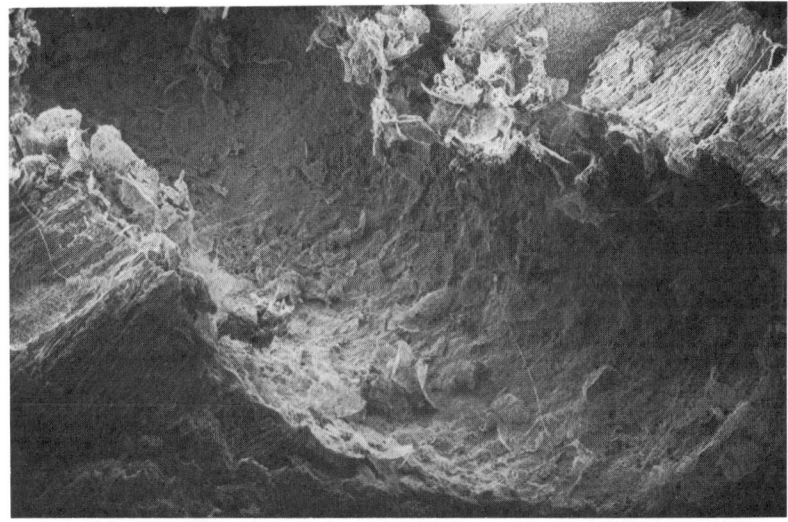

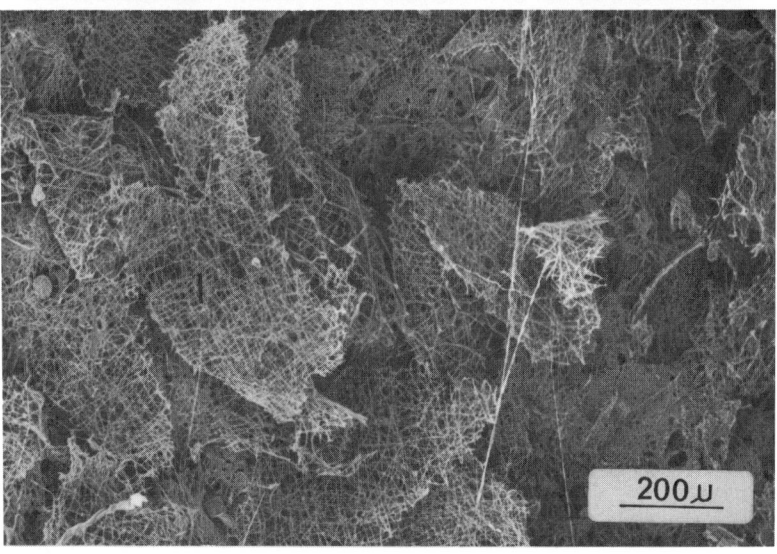

다. 더욱이 먹이로 식물종자를 규칙적으로 취하는 수확개미는 특히 큰 영향을 미친다. 이들은 빽빽한 열대림에서 사막에 이르는 거의 모든 육지 생태계에서 많은 식물 종들이 만드는 종자의 상당량을 소비한다. 그렇다고 이들이 미치는 영향이 전적으로 부정적인 것만은 아니다. 길을 가다가 실수로 잃어버리는 종자는 식물을 퍼뜨리는 방법이 되며, 이는 적어도 이들이 종자를 먹어 치우는 데서 오는 손실을 일부 보상한다.

"넌 게으름뱅이야. 개미에게 가서 보고 배워라." 솔로몬은 이렇게 말하며 수확개미들이 종자를 줍고 지하 창고에 넘치도록 저장하는 근면성을 찬양하였다. 고대의 작가들은 이 수확개미를 잘 알고 있었는데 그것은 이러한 개미의 사려 있는 습관이 예외적으로 잘 발달되어 있는 건조한 지중해성 기후에서 그들이 살았기 때문이다. 그들이 주로 본 것으로 생각되는 종류는 메소르 바르바루스 *Messor barbarus*인데 이 개미는 지중해 지역과 그 남쪽으로 아프리카에까지 서식한다. 그러나 메

열대 아메리카 소형 침개미의 일종인 프리오노펠타 아마빌리스의 여왕 한 마리가 딸 일개미들과, 일개미 및 여왕 번데기가 들어 있는 고치들에 의해 둘러싸여 있다.

소르 스트룩토르Messor structor는 아프리카에는 살지 않으나 유럽 남부에서 자바에까지 분포한다. 또한 메소르 아레나리우스Messor arenarius는 북아프리카와 중동의 사막 지대에 많이 서식한다. 이 중간 크기의 유명한 개미는 흔히 심각한 농업 해충이 되고 있는데 솔로몬, 헤시오드, 이솝, 플루타르크, 호러스 Horace, 버질 Virgil, 오비드, 플리니우스가 언급하고 지나간 개미 종류들이다.

  1600년대 초에서 1800년대 초에 이르는 근대에 와서 처음으로 개미를 관찰한 과학자들은 역사적으로 개미의 이러한 행동을 되풀이해 말한 사람이 많았음에도 불구하고 이를 믿지 않았다. 그것도 그럴 것이, 이들의 관찰 경험은 예외 없이 이러한 현상이라곤 거의 볼 수 없는 세계의 몇 안 되는 북유럽 지방에 국한되었기 때문이다. 그러나 유럽의 자연 연구가들이 보다 따뜻하고 건조한 기후 지역에 사는 개미를 면밀히 관찰하게 되면서 개미의 그러한 종자 저장 활동은 재확인될 수 있었다. 미국의 곤충학자인 머그리지 신부Reverend Moggridge는 1870년대 초에 잠시 프랑스 남부에 체류하는 동안 메소르 바르바루스와 메소르 스트룩토르가 종자를 수확하는 것을 자세히 살펴보고 이 개미들은 적어도 18개 과의 식물에서 종자를 수집한다는 사실을 확인하였다. 그는 플루타르크와 다른 고전 저술가들이 일개미가 종자의 어린 뿌리를 물어 뜯어 발아를 방지한 다음 종자를 개미집 속 창고에 저장한다고 쓴 보고도 확인하였다. 머그리지는 놀랍게 현대화된 그의 추보판 보고에서, 수확개미들이 개미집 부근에서 살아날 수 있는 종자를 우연히 버리거나 개미집 방 속에서 싹트기 전에 이를 미처 죽이지 못함으로써 식물 전파에 큰 역할을 한다는 사실을 증명하였다.

  지난 세기에 머그리지 이후의 생물학자들은 정확한 연구 방법을 써서 유라시아, 아프리카, 오스트레일리아에서부터 남·북미에 이르기까지 거의 어디서나 수확개미의 자연사를 샅샅이 연구하였다. 그 가운데 중요한 발견의 하나는 개미들이 꽃식물의 풍부함과 분포를 변화시키는 데 큰 몫을 한다는 것이다. 이는 특히 수확 활동이 가장 활발한 사막, 초지와 기타 불모 지역에서 두드러졌다. 개미들의 세력은 식물간의 경쟁에서 어느 한 쪽으로 기울게도 하고 또 어떤 종간에는 균형을 유지해 주기도 한다. 그러는 사이 개미들은 지역 식물 종의 분포를 재배치하는 것이다.

개미의 수확 활동으로 인해 식물의 생체량과 생식력이 감소되기도 한다. 제임스 브라운James Brown과 다른 생태학자들이 애리조나 주에서 실험한 바에 의하면 사막 시험구에서 개미들을 제거해 주었더니 1년생 식물의 생장률이 불과 두 계절 사이에 두 배가 되었다. 또한 앤더슨Allen Anderson이 오스트레일리아에서 시행한 비슷한 실험에서는 싹튼 종자의 수가 15배로 늘어나기도 하였다.

수확개미는 이렇게 착취된 식물 종을 다른 경우보다 더욱 널리 퍼뜨려 줌으로써 도움을 주는 경우도 많다. 애리조나의 사막 지대에서는 식물 종자가 수확개미의 집 부근 쓰레기더미에 옮겨진 후 오래 견디다가 뿌리를 내리는 경우가 많다. 그래서 어떤 식물 종은 한 개미집에서 황량한 땅을 가로질러 다른 개미집까지 멀리 전파된다. 따라서 이러한 식물과 수확개미는 느슨한 형태의 공생 관계를 유지하는 셈이다. 식물은 개미들이 종자의 일부를 영양이 풍부하고 경쟁자가 없는 집 주변으로 수송해 주는 대가로 개미들에게 역시 종자의 일부를 지불하는 셈이다.

수확개미는 이러한 본의 아닌 조작을 통해 일부 식물의 사활에 크게 영향을 미친다. 이들은 어떤 곳에 존재하느냐 않느냐의 여부만으로 어떤 식물이 번성하느냐 아니냐를 결정하는 주춧돌종keystone species이 된다. 멕시코의 열대 저지대 농경지에 사는 침개미(솔레노프시스 게미나타Solenopsis geminata)는 자생 식물들 가운데서 잡초를 감소시킨다. 그들은 또한 식물에 붙어 사는 곤충의 종수를 3분의 1로 줄인다. 이 개미는 여러 종자들 중에서 어떤 것을 더 선호하는데 그 결과 몇 종의 식물은 우점종이 되는가 하면 경쟁종들은 사라진다. 그러나 균형이 이뤄질 때도 있다. 즉, 다른 경쟁자를 제거할 만큼 우세한 종이라도 개미 덕택에 줄어들어 식물 종들이 무한정 공존할 수 있는 수준에 이르기도 한다.

이러한 수확 행동은 일부 의도하지 않은 결과를 빚기도 하지만, 사실은 지난 수천만 년간 개미와 식물 사이에 존재했던 많은 공생 생활의 한 예에 불과하다. 공룡이 아직 지구상을 지배하던 백악기 중엽에 원시성 말벌개미와 침개미류는 흥성 일로에 있었고 이와 때를 같이하여 꽃식물은 식생 가운데 새로운 우점군으로서 분화와 세계적인 확산을 진행시키고 있었다. 이 때 식물과 곤충 사이의 복잡한 공진화共進化가 전반적으로 진행되었다. 수분受粉을 위해 나방, 딱정벌레, 말벌 및 기타 곤충에 의존하는 식물이 많았는가 하면, 이보다 많은 곤충들이 이와 같은 수분 과정에서 얻은 단물과 꽃가루를 먹고 살았다. 다른 일단의 곤충은 꽃식물의 잎사귀와 나무 부분을 먹고 살았다. 이 때 식물들은 현재 우리 인간이 의약품, 방충제, 마약, 조미료로서 소량으로 사용하는 화학 물질을 포함해서 두꺼운 각질층, 조밀한 가시들과 털 그리고 알칼로이드와 테르펜류 같은 화학적 방어 물질의 여러 가지 조합을 진화시키면서 대응해 나갔다.

이와 같이 생동하는 공진화의 무대에 개미들이 등장하였다. 백악기가 끝나 갈 무렵 개미들은 다양성과 수에서 증가하였고 수분 매개자와 종자 분산자로서의 새로운 역할을 맡았으며 식물체의 일부를 개미집터로 썼다. 만약 어떤 곤충학자가 약 6000만 년 전인 백악기 후기로 돌아갈 수 있다면 익숙하게 보이는 개미들이 역시 낯익은 식물 위에 떼를 이뤄 살고 있음을 볼 수 있을 것이다.

복잡한 공생 관계는 수천 종의 개미와 식물이 함께 살면서 빚어졌다. 오늘날 우리가 흔히 보고 있는 이들의 관계는, 개미가 식물을 착취하지만 어떤 반대 급부도 받지 않는 일종의 기생적 관계이다. 어떤 경우에는 한 쪽이 다른 쪽을 이용하지만 개미가 죽은 나무줄기의 움푹 패인 곳과 덤불을 점령하여 사용하듯이 어떤 해나 도움도 주지 않는 편리 공생片利共生을 나타낸다. 그러나 일반적으로 흥미를 더 끄는 것은 서로 상대방에게 이익을 주는 상호 공생相互共生이다. 개미는 식물에 있는 공간을 집터로 쓰고 단물과 영양물을 먹이로 쓴다. 이에 반해 그들은 숙주 식물을 초식동물로부터 보호하고 종자를 운반해 주며 문자 그대로 식물 뿌리를 흙과 영양 물질로 덮어 준다. 이와 같은 개미와 식물의 짝조합의 일부는 진화하면서 각자 다른 쪽의 봉사를 받도록 특수화되었다. 이와 같은 공생의 약속은 자연에서 발견되는 가장 이상하고도 정교한 진화 경향을 빚어 냈다.

완전한 상호 의존성의 고전적인 경우는 아프리카와 열대 아메리카에 사는 아카시나무와 그 나무들 사이에 사는 개미들 사이의 공생이다. 이러한 조합들 가운데 미국의 쇠뿔아카시와 그 곳에 사는 개미의 관계가 가장 잘 기록되어 있다. 건조 삼림에 사는 우점 관목과 키 큰 나무들 사이에 사는 아카시나무는 개미에게 살 곳과 먹이를 주도록 철저히 설계되어 있는 듯하다. 이 나무의 가시 쌍들('쇠뿔')은 가지 위아래로 두루 일정 간격으로 분포되어 있다. 가시들의 껍질은 단단하고 부풀어 있으며 펄프로 채워진 중앙부는 개미에겐 이상적인 은신처가 된다. 당액을 분비하는 단물샘들은 깃털이 무성한 복엽의 기부에 자리 잡고 있다. 일개미들은 그들이 가시 속으로 판 구멍의 입구에서 한 발짝만 나가서 몇 센티미터만 가면 단물 방울을 먹을 수 있다. 이러한 친절에 덧붙여 아카시나무는 다시 잎사귀 끝에서 싹트는 영양가 많은 작은 싹들을 보태 준다. 개미는 벨트체Beltian bodies라고 불리는 구조를 쉽게 떼어 낼 수 있다. 모든 증거로 보아 이 아카시나무의 우점 주거자는 프세우도미르멕스속Pseudomyrmex에 속하는 가는 몸의 침개미인데 이들은 단물과 벨트체만 먹고도 잘 번성할 수 있다.

개미는 답례로 아카시나무를 적으로부터 보호해 준다. 개미들은 이

새벽에 군대개미의 일종인 에키톤 부르켈리가 떼 공격을 하고 있다. 후면에 보이는 쓰러진 나무통 밑에서 수십만 마리의 일꾼들이 여왕과 새끼들을 감싸고 있다. 이 야영 막사에서 수천 마리가 일선을 폭넓게 전개하면서 쏟아져 나오고 있다. 앞면에는 이 개미 일단이 큰 채찍전갈 한 마리를 제압하고 있다. 부근에 있는 두가지색개미새(위 왼쪽)와 줄무늬나무발발이새(위 오른쪽)가 개미들에게 쫓겨 나오는 곤충들을 잡아먹으려고 지켜보고 있다(도슨의 그림. 미국 지리학회의 허락으로 게재).

아시아 군대개미 페이돌로게톤 디베르수스의 일개미들이 떼 공격하는 동안 거대한 초대형 개미의 도움을 받고 있다. 이 거대한 개미는 개미떼들의 진로에 장애물이 나타나면 이것을 치우고 먹이가 있으면 큰턱으로 부수기도 한다(모펏의 사진).

위 : 코스타리카의 한 숲에서 덫 구실의 큰턱이 발달된 긴턱개미 아칸토그나투스 텔레덱투스 *Acanthognathus teledectus*가 톡토기 한 마리에 접근하고 있다. 이 개미는 더듬이로 톡토기를 건드리면서 활짝 벌렸던 큰턱을 탁 닫는다.
아래 : 이 일개미가 붙잡힌 먹이 곤충을 집으로 나르고 있다(모펏의 사진).

개미 세계에서 '위장의 대가'인 열대 아메리카산 늘보개미속 개미들이다.
위: 코스타리카산의 바시케로스 만니 개미 군체의 일부로, 흙으로 몸을 덮은 일개미와 애벌레들이 보인다. **아래**: 일개미에는 특수한 털이 나 있어 가는 토양 입자들을 몸에 붙여 이들이 사는 삼림 바닥에서 잘 보이지 않게 하고 있다.

아프리카산 금털가시개미 폴리라키스 *Polyrhachis*. 그들의 돋보이는 색깔이 허리에 난 갈고리 모양의 가시 같은 무기를 광고하는 것 같다.

코스타리카의 라 셀바에서 발견된 혹개미 페이돌레 나수토이데스의 유일하게 알려진 개미 군체를 주위의 여러 가지 동·식물 속에 자세하게 상상하여 나타낸 그림. 개미를 잡아먹는 덴드로바테스 *Dendrobates* 개구리가 개미집을 교란하는 경우를 가상했다. 이 때 대형과 소형 카스트 개미떼들이 나와 이 식물 잎사귀 위를 이리저리 뛰어 다닌다. 이렇게 움직이면 머리가 큰 이 대형 일개미들이 독특한 색깔의 무늬로 인해 뿔흰개미속의 병정과 비슷하게 보이게 된다. 몇 마리의 나수티테르메스 흰개미 병정들이 먹이 탐색차 나왔다가 잎사귀 왼쪽 위에 서 있다(브라운-윙의 그림).

독일의 한 삼림에 사는 숲개미 포르미카 폴릭테나의 개미 무덤. 앞쪽에서 일개미들이 매일 평균 잡아먹는 10만 가지 먹이 중 하나에 불과한 잎벌의 애벌레를 죽이고 있다. 개미 무덤의 이러한 구조는 초봄에 따뜻해지는 속도를 증가시켜 이 집의 개미들이 다른 경쟁자들보다 일찍 나서게 한다(도슨의 그림. 미국 지리학회의 허락으로 게재).

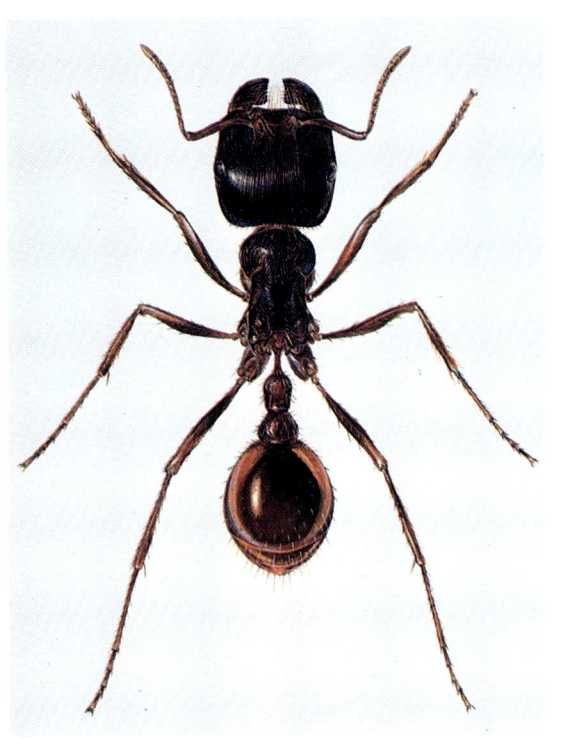

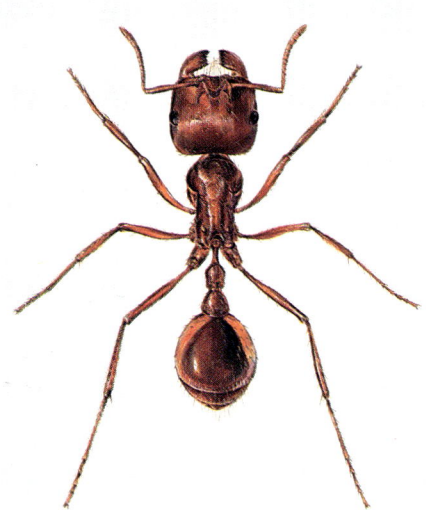

북아메리카산 수확개미 포고노미르멕스의 실제 크기 그림들.
위 왼쪽: 포고노미르멕스 루고수스. **위 오른쪽**: 포고노미르멕스 바르바투스. **아래 왼쪽**: 포고노미르멕스 마리코파.
아래 오른쪽: 포고노미르멕스 데세르토룸(포사이스의 그림).

식물의 성공은 물론 생존 자체에 결정적으로 영향을 미친다. 이러한 공생의 일면이 야외 실험에서 증명된 것은 1960년대 초에 미국의 생태학자 잔젠Daniel Janzen에 의해서였다. 당시 젊은 대학원생이었던 그는 멕시코에서 시행한 연구 도중 프세우도미르멕스 개미가 없는 아카시 관목과 나무들은 곤충의 피해를 크게 입는다는 것을 알아냈다. 뿐만 아니라 이 나무들은 경쟁종에 의해 일부 압도되어 제대로 자라지 못했다. 한편 프세우도미르멕스 개미가 사는 나무에 살충제를 살포하거나 개미들이 점령한 가지들을 가위로 쳐 주는 등 나무로부터 개미를 제거하자 아카시나무가 해충의 공격을 엄청나게 받는다는 사실을 알았다. 허리노린재와 뿔개미가 새순과 잎들에 주둥이를 박아 즙을 빨아먹었고, 딱정벌레, 잎벌레 및 각종 나방들의 애벌레들이 잎사귀들을 갉아 먹었다. 또한 비단벌레 애벌레는 새순의 둘레를 도려 냈다. 또한 다른 식물들이 그 피해 식물의 새순들 가까이 자라 그늘을 지어 덮어 버렸다.

잔젠이 건드리지 않은 개미가 있는 근처 나무들에서는 개미들이 이 식물에 침입해 오는 다른 곤충을 공격하여 내쫓거나 대부분 죽여 버렸다. 개미들은 아카시나무 둥지 부근 지름 40센티미터 내에 들어와 자라는 모든 외래성 식물들을 주둥이로 씹고 상처 투성이로 만들어 죽게 했다. 개미가 차지한 나무에서는 전체 일개미의 4분의 1이 낮이나 밤이나 언제든 나무 표면을 끊임없이 순찰하고 청소하는 등 활동적이었다.

잔젠의 실험이 진행됨에 따라 개미가 차지한 나무는 번성하였고 그렇지 않은 나무는 차츰 쇠퇴했다. 이러한 공생을 처음으로 기록한 자연 연구가 벨트는 1874년에 프세우도미르멕스 개미가 "진정 아카시나무에 의해 상비군으로 유지되고 있다"는 결론을 내렸다. 지금은 이러한 견해가 확고히 증명되었다.

이와 비슷한 개미와 식물 간의 공생은 세계 도처의 열대림과 열대 프세우도미르멕스속 개미와 열대 아메리카의 쇠뿔아카시나무의 밀접한 공생 관계. 위 사진에서 개미가 사용하는 입구가 보인다. 같은 사진 앞쪽에는 젖꼭지 모양의 단물 분비구들이 한 줄로 나 있어 개미들이 핥아 먹게 되어 있다. 아래 사진에서는 한 일개미가 아카시나무 잎 끝에 나 있는 영양이 풍부한 벨트체를 수집하고 있다(펄먼 Dan Perlman의 사진).

초원savanna에서 볼 수 있다. 이런 주제는 근년에 들어 폭발적으로 연구되어 왔다. 예를 들어 마슈비츠와 공동 연구자들은 말레이시아의 다우림에서 개미와 식물 종 간의 놀라운 조합을 나타내는 일련의 새로운 공생 형태들을 발견하였다. 이와 비슷한 보고가 아프리카와 중남미에서도 들어오고 있다. 현재 우리는 40개 과 이상에 소속되는 수백 종의 식물이 개미를 수용하는 특별한 구조를 갖고 있다는 것을 알고 있다. 또한 그 중 다수가 아카시나무처럼 단물과 먹이 물질을 낸다. 그 가운데는 콩과식물(아카시나무를 포함), 등대풀류, 꼭두서니류, 멜라스톰 관목류 식물, 그리고 난이 있다. 다소간 공생에 의존하는 개미도 마찬가지로 다양해서 다섯 개 아과에 드는 수백 종이 이에 포함되고 있다.

공생 식물에 전적으로 의존하는 개미들은 또한 공격성의 강함이 비길 데가 없다. 인간을 포함해 포유류를 공격할 만큼 몸이 큰 개미들은 무기로 잘 무장되어 있으며 동작이 빠르고 성질이 독하다. 궁지에 몰리면 마치 다른 데 갈 곳이 없는 듯, 어떤 도발자에게도 극단적인 반응을 나타낼 준비가 되어 있다. 아카시 개미들은 즉각 떼를 지어 이를 방해하는 사람의 팔이나 손에 기어올라 침을 쏜다. 만약 사람이 아카시 숲 앞에서 바람을 안고 가까이 서 있으면 일부 일개미는 나뭇가지 끝의 잎사귀 가장자리까지 와서 사람에게 옮겨 오려고 몸부림치는데 분명 사람의 체취가 개미를 자극하는 것 같다. 비교적 크고 더 공격적인 프세우도미르멕스 개미의 일부 종들은 남아메리카 숲속의 아교목층에 사는 타키갈리아Tachygalia 나무에 붙어 사는데, 이 나무의 잔가지에 맨 피부를 대는 것은 마치 쐐기풀을 건드리는 것과 같다. 이 경우에는 수십 마리의 개미가 달려와 몸에 붙어 즉시 쏘고 사람이 떼어낼 때까지 꼭 붙어 있다. 우리는 보통 자연 연구가들이 그러듯이 다우림의 밑을 마음 놓고 지나가다가 몸의 노출된 부위에 마치 화상을 입은 듯한 익숙한 자극을 느꼈는데 이 나무가 곧 타키갈리아임을 알아차렸다.

그러나 타키갈리아나무를 좋아하는 프로우도미르멕스 개미까지 젖히고 이 세상에서 가장 효과적으로 공격하는 개미 종은 남아메리카의 다우림에 사는 끔찍하게 징그러운 대형의 털보왕개미 Camponotus femoratus이다. 조금이라도 방해를 받으면 성난 일개미 떼가 뒤끓듯 쏟아져 나와 개미집을 덮어 버린다. 이런 반응을 일으키는 데는 개미집 가까이에서 인기척을 내기만 해도 충분하다. 개미와 식물의 공생을 폭넓게 연구한 미국의 곤충학자 데이비드슨Diane Davidson은 한때 편지 속에 이 개미의 행동을 다음과 같이 묘사한 적이 있다. "내가 이 개미집에 1, 2미터쯤 접근하자 일개미들이 보통 하는 식으로 왔다갔다 하더니 나무에서 나에게 뛰어오르거나 떨어져 내려와 붙었다. 다형 현상을 나타내는 이 개미 종의 여러 가지 크기의 일꾼들이 나를 물려고 애썼는데 보통 대형 카스트만이 큰턱으로 내 피부를 꿰뚫을 수 있었다. 그들은 물어 대는 동시에 그 상처에 개미산을 뿌려 찌를 듯한 아픔을 느끼게 하였다."

이 개미는 식물에 난 구멍 속이 아닌 개미 정원ant garden에 사는데, 이것은 개미와 꽃식물 사이에 일어나는 모든 공생 가운데 가장 복잡하고 정교한 형태를 이룬다. 이 정원이란 흙과 낙엽 조각들, 그리고 덤불 숲 관목과 큰 나무에 난 식물성 섬유를 씹은 것을 둥글게 뭉친 덩이인데, 크기가 골프공에서 축구공 정도에 이르기까지 다양하며 그 속에 여러 가지 초본 식물이 재배된다. 개미들은 여러 가지 재료를 모아서 집을 만들며 또한 공생 식물의 종자를 주워 그 집 속에 갖다 놓는다. 식물이 토양과 기타 재료로부터 영양을 공급받아 자라면, 그 뿌리는 정원의 일부 틀이 된다. 그 후 개미는 이번엔 이 식물이 제공하는 먹이, 과실 펄프 그리고 단물을 먹는다.

중·남미에서 보는 개미 정원들은 적어도 16개 속에 드는 다수의 식물 종으로 만들어지는데 다른 곳에서는 전혀 볼 수 없다. 이 특수화된 형태에는 필로덴드론 Philodendron 식물 같은 천남성류를 비롯하여 브로멜리아, 무화과, 게스네리아드 식물, 파이퍼스 식물 그리고 선인장까지 포함된다.

  이러한 정원을 만드는 데 관계되는 식물들은 완전한 공생체인 것 같다. 개미들은 이 종자들을 육실 등 개미집 안의 적당한 곳으로 운반하는데 이는 개미들이 적어도 육실에서 유인을 받기 때문이며 이 육실의 냄새를 개미들의 애벌레 냄새와 혼동하기 때문인 것 같다. 이 유인 물질의 일부가 밝혀졌는데 여기에는 6-메틸-메틸살리칠레이트, 벤조티아졸, 그리고 수종의 페닐 유도체와 테르펜류가 포함된다. 이 식물들은 이 개미의 활동으로 인해 성장이 촉진된다. 반대로 개미는 이 정원에 완전히 얽매이지 않는다. 이 식물이 개미에게 제공하는 먹이는 이것이 없다고 해서 개미를 꼼짝 못 하도록 결박하는 것이 아니다. 정원을 갖는 것으로 알려진 모든 개미 종들은 정원에서 떨어진 곳에서 여러 가지 다른 먹이를 찾는다. 그러나 사나운 털보왕개미를 포함해 공생에 관계하는 개미들은 한 가지 만사형통을 누리고 있음은 아닌 것 같다. 그들은 적어도 그들의 생활이 이러한 공생에 달려 있는 것처럼 행동하는 것이다.

끝맺음: 누가 살아남을 것인가

개미는 자기들의 화학적 감각의 세계에 갇혀서 살기 때문에 인간의 존재를 알고 있을 리 없다. 개미들은 그들의 단단한 외골격에서 털, 꼬투리, 등딱지의 형태로 돌출된 감각 장치들을 통해 대부분의 현실을 경험한다. 공교롭게도 세 부분으로 나뉜 뇌는 주로 몸 주위의 불과 수센티미터 범위에서 들어오는 정보를 처리할 뿐이다. 더욱이 그들은 과거에 대해서는 단지 수분이나 수시간 전밖에 의식하지 못하며 미래에 대한 정신적 구조란 아예 갖고 있지 않다. 개미들은 이런 식으로 과거 수천만 년을 지내 왔고 미래에도 무한정 그럴 것이다. 그리고 이와 같은 차이점은 외골격 안에 갇혀 있는 이 작은 생물에게 영원히 사라지지 않고 남아 있을 것이다.

개미는 이와 같이 센티미터 수준의 단편적인 세계 안에 존재하기 때문에 인간이 볼 때는 미야생微野生의 일부이다. 하나의 군체는 한 그루의 나무를 지탱하는 버팀뿌리 두 개 사이나 쓰러진 나무통의 껍질 또는 흩어진 돌 밑의 흙 속에 서식처를 삼고 그 곳에서 자라고 번식한다. 한번 사람이 수백 킬로미터의 크기를 갖는 것으로 생각하는(거듭, 인식 수준의 문제이긴 하지만) '진짜' 야생은 오늘날 도처에서 위협받고 있다. 대개의 삼림과 초지는 원래 모습을 거의 찾아볼 수 없을 정도로 사라지거나 쇠퇴할 지 모르는 상태에 와 있다. 하지만 일부 개미 군체들은 어디엔가 버티고 있을 것이며, 마치 그들이 인간 출현 이전의 원시 세계에 살고 있는 것처럼 그들의 유전적인 방식을 따라 세대의 순환을 계속할 것이다. 이 초개체들은 양보하는 일도 없고 그들 자신을 위해 주어진 자비나 차별성을 이해할 리 없으며, 우리가 현재 알고 있는 대로 항상 품위 있으면서 무자비하기도 한 그대로 마지막 한 마리가 죽을 때까지 계속 살아 있을 것이다. 그러나 우리는 개미가 이러한 단계에 이르는 것을 볼 수 있을 것 같지 않다. 이들의 미야생은 인간 차원의 생태계의 수명을 넘어 더 오래 동안 남아 있을 것이기 때문이다.

개미가 지구상에서 수천만 세대를 살아 온 반면 우리 인간은 기껏 수십만 세대를 지내왔다. 개미들은 과거 200만 년 동안 거의 진화하지 않았다. 인류는 우선 두뇌의 구조면에서 같은 기간 동안 생명 역사상 가장 복잡하고 급속한 해부학적 변화를 겪었다. 우리 인간의 문화는 마치 2차 로켓이 점화되면서 폭발적으로 발사되듯이 지난 수세기 동안 생물학적 진화 속도를 초과해 더 큰 변화를 기하급수적으로 가속해 왔다. 그러한 우리가 지구물리학적인 수준의 힘을 발휘할 수 있는 첫 번째의 생물 종이 되어 생태계를 붕괴시키고 지구의 기후 자체를 교란시키고 있다. 그러나 지구상 생물은 개미나 어떤 다른 야생 동물이 얼마만큼 강력한 우점종이 되더라도 이들에 의해 사라지는 일은 없을 것이다. 대조적으로 인간은 지구상 생명체들의 생물량과 다양성을 대부분 파괴하고 있으며 이것을 마치 우리 자신의 생물학적 우위를 재는 척도인 양 성공으로 잘못 평가하고 있다.

만약 모든 인간이 사라진다면 나머지 다른 생물들은 다시 활기를 찾아 번성할 것이다. 현재 진행되고 있는 대량 절멸은 정지되고 손상된 생태계는 치유되면서 더욱 확대되어 나갈 것이다. 이와는 달리 개미가 어떤 식으로건 사라진다면 그 결과는 정반대로 나타나 큰 이변이 일어날 것이다. 생물 종의 멸종은 현재의 절멸 속도를 초과해 더욱 촉진될 것이며 육지 생태계들은 개미들이 베풀었던 상당한 봉사가 사라지면서 매우 급속히 위축될 것이다.

그래도 인간은 사실상 계속 살아 가고 개미도 그럴 것이다. 그러나 현재 인간의 행동이 지구를 헐벗게 하고 있다. 우리는 방대한 수의 생물 종을 없애고 생물권의 아름다움을 손상시키고 있으며 지구를 사람 살기에는 별로 흥미롭지 못한 곳으로 만들어 가고 있다. 이러한 손상을 진화에 의해 회복하는 데는 수백만 년이 필요하며 그때 가서야 우리는 생태계가 회복되도록 그냥 놔두는 조건하에서 비로소 겨우 되살아날 것이다. 그 사이 우리는 제발 이 미천한 개미를 무시하지 말고 존중해야 한다. 왜냐하면 개미들은 적어도 당분간은 세계가 인류가 좋아하는 적합한 수준의 균형을 유지하도록 도울 것이며, 인류가 처음 출현했을 때 지구가 얼마나 놀랍게 훌륭한 곳이었던가를 상기시켜 주는 주인공으로 봉사할 것이기 때문이다.

개미의 연구 방법
감사의 말
역자 후기
찾아보기

개미의 연구 방법

이제 여기에 개미를 신속하고 능률적으로 다뤄야 하는 이 분야의 학생들과 여러 야외 연구자들을 위해 필요한 간단한 기술의 개론을 소개하고자 한다. 설명은 철저하고 자세하게 하지 않겠다. 우리는 한 연구 계획의 일부로서 군체를 산 채로 기를 경우 특정 개미 종에 적합한 특수 방법을 흔히 개발하기도 하였다. 이들에 관해서는 해당 기술에 관한 내용 속에 '재료와 방법'난에서 찾아볼 수 있을 것이다. 우리가 여기에 제시하는 것은 여러 해 동안 개미의 주요한 무리를 거의 다루면서 발견한 일련의 일반적인 과정들이다.

개미 채집

개미 채집은 단순하고 간단해서 누구라도 쉽게 할 수 있다. 우리는 흔히 표본을 보통 80퍼센트의 에탄올이나 아이소프로필알코올에 집어넣는데 후자는 의사의 처방 없이 세계 도처에서 소독용 알코올용으로 살 수 있으므로 특히 유용하다(보통 쓰이지 않으면서 괜찮은 방법은 천문학자이면서 아마추어 개미학자인 고 섀플리 Harlow Shapley에 의해 쓰여졌는데, 그는 자신이 방문한 나라에서 가장 독한 술을 개미 보존액으로 사용하곤 하였다. 그는 크렘린 궁에서 스탈린과 만찬을 하는 자리에 나타난 고동털개미의 일개미 한 마리를 보드카 속에 담았는데 지금 하버드 대학교의 비교 동물학 박물관에 보존되어 있다). 우리가 즐겨 쓰는 유리병은 길이 55밀리미터에 폭 8밀리미터의 작고 가는 병으로 이 크기면 작은 공간에도 많이 보관할 수 있고 주머니나 야외 가방 속에 넣고 다닐 수 있다. 이 병을 네오프렌 마개로 막으면 액체 표본으로서 여러 해 동안 보존할 수 있다. 길이 55밀리미터에 폭이 24밀리미터인 좀더 큰 관병 몇 가지를 갖고 다니면 가장 큰 개미도 담을 수 있다.

《개미들 The Ants》(하버드대학교 출판부 발행, 베르트 휠도블러와 에드워드 윌슨이 판권소유)의 pp. 630~633에 기초함.

일개미는 가능하면 꼭 채집해야 한다. 개미가 한 마리씩 먹이를 찾으러 다닐 때엔 군체와 종이 다르더라도 한데 섞어 넣을 수도 있는데 이 사실을 라벨에 적어 놓아야 한다. 그러나 만약 군체를 발견하면 한 관병에 일개미를 적어도 20마리 잡아넣고 가능하면 여왕도 20마리, 수컷과 애벌레도 각각 20마리씩 함께 넣어야 한다. 관병이 부족해지면 비상 방법으로 여러 개의 개미집에서 나온 개미들을 같은 관병에 넣되 솜마개를 써서 병 속에 칸막이를 만들어 분리시킬 수 있다. 이렇게 하면 보통 55×8밀리미터 관병에 네 개의 개미집 개미들을 넣을 수 있다. 관병 속에는 끝이 뾰족한 연필이나 지워지지 않는 잉크로 다음과 같이 작고 분명한 글씨로 레이블을 써 넣어야 한다:

플로리다: 앤디타운, 브로워드 군
VII-16-87. E. O. 윌슨. 관목 숲,
부식 중의 야자나무 통나무 속의 개미집.

개미들을 집어올리는 데는 끝이 뾰족하고 가늘면서 단단한 핀셋(그러나 바늘처럼 끝이 뾰족하지는 않음)을 쓰는 것이 좋다. 예를 들면 Dumont No. 5같이 매우 뾰족한 시계 수리용 핀셋 한 쌍을 갖고 다니면 예외적으로 작은 개미를 잡는 데도 사용할 수 있다. 이 때 효과적이고 빠른 방법은 핀셋 끝을 관병 속의 알코올에 잠깐 적신 다음 잡고자 하는 개미에게 갖다 대는 것이다. 그러면 개미가 핀셋 끝에 붙어 있는 동안 충분히 관병 속의 알코올에 옮겨 담을 수 있다. 가늘고 유연한 핀셋을 갖고 다니면, 예를 들어 개미의 행동을 연구하기 위해 산 채로 잡으려 할 때 좋다.

특정 지역에 대해 전반적으로 조사하고자 할 때엔 이제까지 본 적이 없는 개미가 며칠 동안 계속 발견되지 않을 때까지 채집을 해야 한다. 주로 낮에 채집하되 전적으로 야행성인 개미 채집을 위해서는 플래시

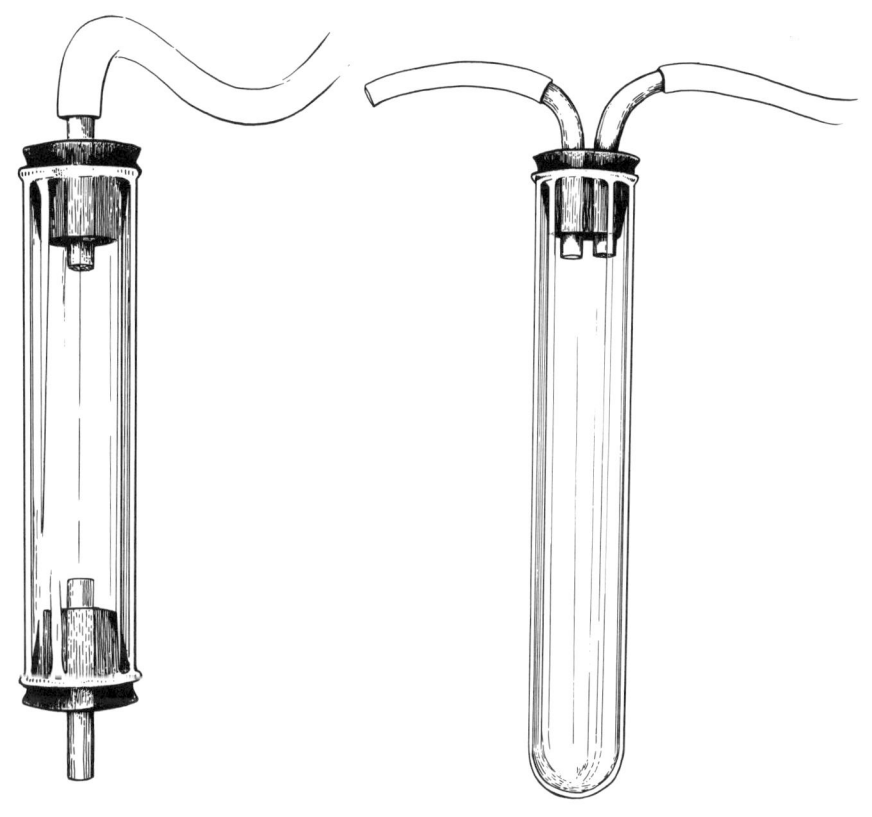

개미 채집을 신속히 할 수 있는 두 가지 형의 흡충관. 통기 튜브는 철사나 나일론 그물로 덮여 있다.

나 헤드램프를 써서 야간에 같은 지역을 조사해야 한다. 훌륭한 채집가라면 평균 1헥타르(약 2.5에이커)를 1~3일간 조사하면 그 곳에 대한 완전한 개미 명단을 만들 수 있다. 그러나 열대 다우림같이 식생이 밀집되고 복잡한 서식처에 대해서는 그보다 더 오래 걸리는 경우가 많으며 수목에 대해 살충제 분무 같은 특별한 기술을 써야 한다.

평범한 수목의 개미를 채집하기 위해서는 튼튼한 포충망으로 나뭇가지와 잎사귀들을 이리저리 훑어야 한다. 그런 다음 관목과 키 큰 나무의 속 빈 죽은 가지들을 부러뜨려 열어 본다. 이런 기술을 쓰면 낮에는 쉽게 발견할 수 없는, 특히 야행성의 개미 군체를 발견하게 된다.

개미의 연구 방법

흔히 개미가 사는 잔가지를 여러 개의 작은 마디(3~6밀리미터 길이)로 부러뜨려 한쪽 끝을 관병에다 대고 불면 빠르고도 말끔히 잡을 수 있다. 특히 개미집이 파헤쳐져 개미들이 흩어지고 있을 때엔 흡충관을 써서 개미들을 재빨리 잡을 수 있다. 이런 기술을 쓸 때엔 개미 가운데 개미산, 테르펜류 및 기타 증발성 독성 물질을 대량 생산하는 종류가 많으므로 주의해야 한다. 이런 데 대해 아무런 주의 없이 채집하는 사람은 비록 치명적 자극은 아니지만 목과 기관지 및 허파에 통증이 느껴지는 병에 걸릴 위험성이 있다.

육지 개미 종을 채집할 때는 낮과 밤 모두에 걸쳐 지면에서 먹이 탐색을 다니는 일개미들을 채집해야 한다. 이 때 작고 천천히 움직이는 까닭에 잘 알아볼 수 없는 종들은 가까운 거리에서 잘 살펴볼 필요가 있다. 이를 위해 우리가 삼림 개미 채집용으로 즐겨 쓰는 방법은 지면 1제곱미터 위의 나뭇잎들을 모두 치워 흙과 부식토를 노출시킨 다음 그저 30분을 기다리며 살펴서 제일 눈에 띄지 않는 작은 개미를 잡는 것이다. 또 다른 방법으로는 참치의 고깃조각이나 과자 부스러기를 미끼로 써서 여기로 찾아온 개미들이 다시 돌아가는 길을 추적하는 것이다.

탁 트인 들에서 구멍이나 움푹 들어간 곳을 살펴보며 정원사용 꽃삽으로 파 가면서 개미 군체를 찾아보자. 지면 위의 돌과 썩고 있는 나무들을 뒤집어 보면서 그렇게 보호된 곳에 살도록 전문화된 개미 종들을 알아보는 것도 좋다. 썩고 있는 나무통과 그루터기를 갈라서 열어 젖히고 나무껍질 밑의 미서식처에 살고 있는 눈에 띄지 않는 작은 개미 종들을 조심스럽게 찾아보도록 하자. 또 땅 위에 천을 깔아(한 변이 1, 2미터인 흰 천이나 흰 플라스틱 자락) 그 위에 낙엽층과 부식토를 흩뜨려 본다. 낙엽층 속에 묻혀 있는 썩고 있는 나뭇조각이나 작은 나뭇가지들을 부러뜨려 보라. 부식토와 낙엽층이 비교적 두껍고 습하면 그 안에 개미가 많이 들어 있는 것은 물론 아직 별로 알려지지 않은 벌레들이 살고 있음을 볼 수 있다.

지면 위에서 부패 중에 있는 작은 나무통이나 가지를 찾아 그 곳에 살고 있는 군체들을 몽땅 채집하려면 다음과 같은 기술을 쓰는 것이 효과적이다. 썩고 있는 나무토막(예를 들어 길이 50센티미터짜리)을 집어올려 사진 현상 접시나 춤이 낮은 그와 비슷한 그릇에 담고 꽃삽으로 몇 번 쳐서 개미 군체들을 일부 털어내 본다. 접시 위에는 작은 나뭇조각들도 함께 떨어지겠지만 이는 전체 군체를 비롯해 개미를 찾아 채집하기에는 보통 흙을 파는 경우보다 더 쉽다.

육지 개미를 더욱 철저히 수집하는 방법은 좀 더디긴 하지만 베를레즈-툴그렌 Berlese-Tullgren 깔때기를 쓰는 것인데 이것은 이 기구를 처음 발명한 이탈리아의 곤충학자인 베를레즈 A. Berlese와 이것을 더 보강하고 개량한 스웨덴의 툴그렌 A. Tullgren의 이름을 딴 것이다. 이것은 하나의 깔때기 위에 그물을 씌워 그 위에 토양과 낙엽층을 얹도록 한 매우 간단한 형태의 기구다. 이러한 재료들이 이 기구 위쪽에 설치한 전구나 기타 열원 장치의 도움으로 건조됨에 따라, 개미와 기타 절지동물은 깔때기의 매끄러운 벽면을 따라 미그러져 깔때기의 아래쪽 구멍에 단단히 매단 알코올병에 떨어진다.

분류 작업을 위한 표본 제작

개미는 알코올 속에 영구적으로 보존될 수 있다. 그러나 개미집 구성원들의 일부를 곤충핀으로 고정시켜 분류 관찰 작업에 편리하도록 표본을 건조시키는 것이 좋다. 이 단계는 특히 개미를 분류학자에게 주어 동정同定하게 할 때 중요하다. 또한 개미는 증거 표본으로 박물관에 보관하여 야외나 실험실 연구에 참조 표본이 되도록 하는 것이 가장 좋다(이러한 모든 연구는 증거 표본과 대조하여 증명될 수 있어야 한다). 건조 표본을 만드는 기본적인 방법은 개미 한 마리 한 마리를 세모 나게 자른 희고 빳빳한 얇은 종이의 뾰족한 끝에 풀로 붙이는 것이다. 이 종이의 뾰족한 끝을 개미의 오른쪽 밑으로 들이밀어 가운뎃다리와 뒷다리의 기절coxae 밑 복부에 닿도록 해야 한다. 이 때 비교적 분류적 형질이 적은 부위인 기절과 복부 아래쪽 표면의 일부를 제외하고는 다른 신체 부위에는 풀이 덮이지 않도록 풀을 조금만 써야 한다. 이러한 '고정하기' 작업에 앞서 곤충핀으로 삼각의 종이 두세 개를 종이의 넓은 쪽을 따라 꿰어서, 같은 군체에 속하는 개미 두세 마리가 곤충핀 한 개에 달려 있도록 해야 한다. 이 때 채집지에 관한 자료가 적힌 네모난 레이블은 개미의 아래쪽에 꿰어 있어, 이것을 읽을 때엔 삼각대지의 뾰족한 쪽이 왼쪽으로 향해서 개미 있는 쪽이 관찰자의 시야에서 멀어지도록 해야 한다. 곤충핀마다 여왕, 일꾼, 수컷 또는 대형, 소형 일꾼 등 다양한 카스트들이 최대한 달리도록 노력해야 한다. 대형 개미인 경우엔 한두 마리의 개미만 곤충핀에 고정시킬 수도 있다. 정말 큰 개미일 때에는 경우에 따라 간단히 곤충핀을 개미의 가슴 중심을 관통시켜 고정시키는 것이 제일 좋다.

개미 기르기

실험실에서 개미를 기르고 연구하는 것은 비교적 간단하다. 우리는 지난 여러 해 동안 대량 사육하기에도 좋고 대부분의 종에 대한 행동 연구에 적합한 경제적인 방법을 사용해 왔다. 개미 군체를 새로 채집하면 연구실에 가져와(여왕과 원래의 개미집 재료 일부를 함께 가져오면 더 좋음) 개미의 크기와 그 군체에 속하는 일개미의 수를 수용할 만한 크기의 플라스틱 통에 담는다. 예를 들어 2만 마리 가량의 열마디 개미 군체(솔레노프시스 종)라면 가로, 세로, 높이가 각각 50센티미터, 25센티미터, 15센티미터 크기인 통에서 잘 키울 수 있다. 개미가 달아나는 것을 막기 위해 그 개미를 가둘 개미 사육 실험실의 습도에 따라 여러 가지 수단을 썼다. 즉, 통의 측면에 석유 젤리petroleum jelly나 중광 물질 기름heavy mineral oil, 탤컴 파우더talcum powder 또는 제일 좋은 것으로 플루온Fluon(Northeast Chemical Co., Woonsocket, Rhode Island)을 발랐는데 플루온은 표면을 미끄럽게 해 줘서 효과적이고 또 습도가 높지만 않다면 오래 가기도 한다. 군체를 시험관(길이 15센티미터, 안 지름 2.2센티미터)에 키울 수도 있는데 이에 앞서 우선 시험관에 물을 약간 부은 다음 단단한 솜마개로 시험관 밑에 갇힌 물을 막아 시험관 입구에서 솜마개까지 약 10센티미터의 공간을 두는 것이다. 이 때 이 10센티미터 길이의 공간 둘레는 알루미늄 포일로 둘러싸서 어둡게 해주면 개미들이 대개 재빨리 들어간다. 그 후 행동 연구를 할 때는 이 포일을 걷어 치울 수 있다. 이 때 대개의 개미 종들은 보통의 실내 밝기에 잘 적응하여 새끼 돌보기나 먹이 교환 및 기타 사회적 활동을 언뜻 보기에 정상적으로 진행한다. 이러한 시험관들을 사육통 한 끝에 쌓아 놓아 군체가 들어가 살기 좋게 하고 관의 나머지 대부분의 바닥은 먹이 탐색장으로 쓰게 한다.

이러한 개미집 시험관은 뚜껑으로 닫힌 플라스틱 통에 담아 놓아도 되는데 이렇게 하면 먹이 탐색장의 공기를 축축하게 하고 따라서 삼림 서식종 개미를 키우기에 좋다. 다음 크기의 그릇들은 일개미들의 여러 가지 크기에 따라 대개 적합하게 쓰일 수 있다.

- 소형 : 가로·세로 11×8.5센티미터, 높이 6.2센티미터. 아델로미르멕스 *Adelomyrmex*, 카르디오콘딜라*Cardiocondyla*, 가슴개미, 소형의 혹개미, 그리고 스트루미게니스 같은 매우 작은 개미 종에 적합. 이 종들은 작은 페트리 접시(지름 10센티미터, 높이 1.5센티미터)에서도 잘 사육할 수 있다.
- 중간형 : 가로·세로 17×12센티미터, 높이 6.2센티미터. 예를 들면 장다리 개미류나 도리미르멕스*Dorymyrmex* 사육에 좋다. 이보다 작은 왕개미와 메소르*Messor* 및 수확개미에도 좋다.
- 대형 : 가로·세로 4.5×22센티미터, 높이 10센티미터. 예를 들면 혹개미류, 수확개미류 및 열마디개미류 같은 대형 군체들에 좋다.

기본적인 시험관 방법을 여러 가지로 바꾸면 집짓기 행동이 유별난 개미를 키우는 데도 알맞게 조절할 수 있다. 나무 줄기에 사는 프세우도미르멕스와 자크립토케루스속 *Zacryptocerus* 같은 개미 군체는 길이 10센티미터와 지름 2~4밀리미터의 관병에 쉽게 유도해 담을 수 있는데 물론 관병 지름은 일개미의 크기에 따라 조절될 수 있다. 이 때 관병 한쪽을 솜마개로 막아 줘야 한다. 이 솜마개를 물로 적셔 놓아도 되는데 이런 개미는 흔히 건조한 나뭇속 환경에 잘 적응된 경우가 많으므로 그럴 필요까지는 없다. 다만 작은 물접시를 가까이 둔다면 습기 공급을 적절히 해줄 것이다. 이렇게 하여 한 군체를 담고 있는 관병들의 한 조組를 앞에서 기술한 사육통에 담는다. 혹은 이 관병들을 선반이나, 자연적인 환경을 재현하여 화분 식물 위에 수평으로 여러 줄로 얹어 놓을 수 있다.

소형의 곰팡이재배개미 군체를 키우는 일은 사육통 안에 물기를 유지하도록 장치한 관병으로 쉽게 이뤄질 수 있다. 아크로미르멕스나 가위개미류 같은 대형의 곰팡이 농사꾼을 키우는 일 역시 미국의 곤충학자 위버 Neal Weber가 고안한 기술로 가능하다. 야외에서 갓 수정된 여왕이나 갓 형성된 군체를 채집해서 가로·세로 20×15센티미터와 높이 10센티미터 되는 투명한 플라스틱 통(보통 냉장고용으로 나오는 투명한 음식 그릇이면 좋다) 여러 개에 담아서 뚜껑을 덮어 키우면 된다. 이 통들을 지름 2.5센티미터의 유리 또는 플라스틱 관으로 연결시켜 개미들이 한 방에서 다른 방으로 쉽게 옮겨갈 수 있게 한다. 또 먹이 탐색 일꾼들은 빈 방이나 플루온으로 안벽을 바른 위가 열린 통 또는 물이나 미네랄 기름이 포함된 방호물로 둘러싸인 통에서 나와 싱싱한 식물(여기에 마른 곡식을 보태 줘도 됨)을 주울 수가 있다. 군체가 점점 커지면 개미들은 통 하나하나를 가공된 기질基質이 특징적인 해면 같은 덩이로 채우게 되는데 여기에서 공생 곰팡이가 화려하게 자라게 된다. 이 때 실험실이 너무 건조하지 않으면 특별히 물을 줄 필요가 없

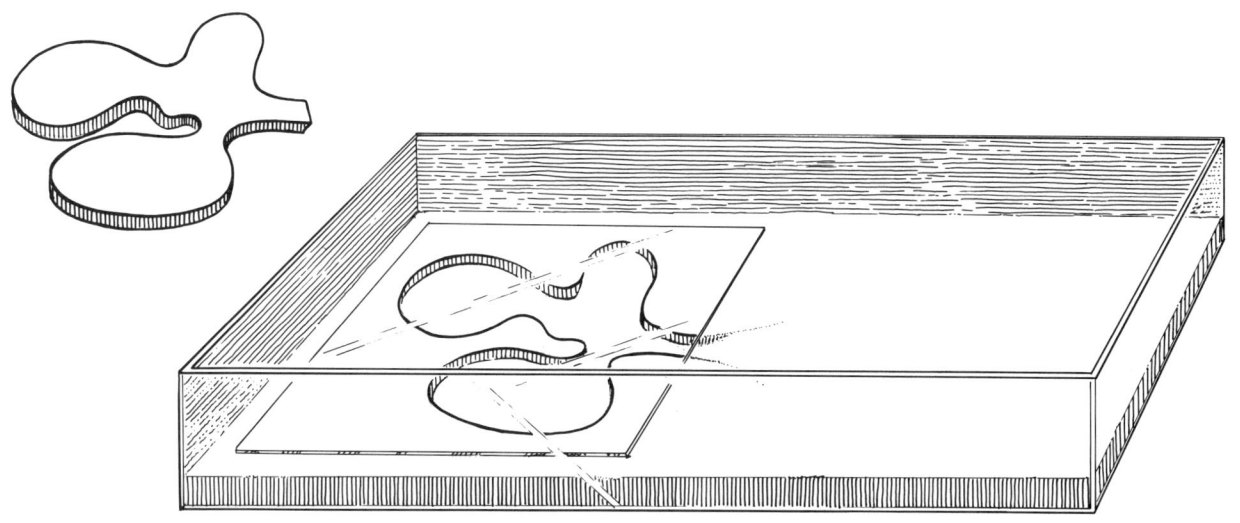

인조 개미집을 만드는 방법. 야외의 개미집을 모방한 왼쪽의 본(주형)을 석고나 공작용 찰흙, 리프로검으로 만든다. 이것을 용기에 담고 그 위에 석고물을 붓는다. 그 다음 유리판을 그 위에 살그머니 덮는다. 석고가 굳으면 유리판을 젖히고 본을 제거한다. 이번엔 유리판을 용기 위쪽에 덮는다. 개미들은 이렇게 생긴 개미집 오른쪽에 난 작은 통로를 통해 집 밖으로 나올 수 있다.

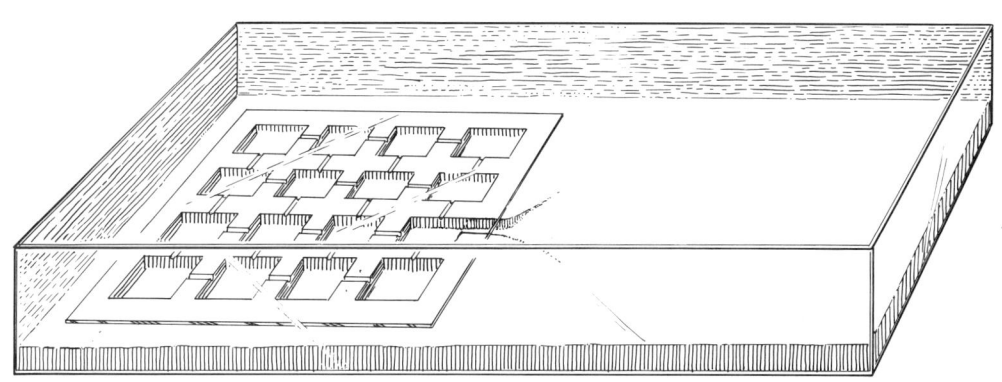

석고로 된 여러 개의 방을 갖는 수평형 개미집. 넓은 개미 먹이 탐색장의 한쪽에 집터가 자리잡고 있다. 방들은 서로 통로로 연결되고 유리판으로 덮여 있다. 유리판 가장자리를 따라 물을 정기적으로 주면 개미집 방들이 습도를 유지할 수 있다.

개미의 연구 방법

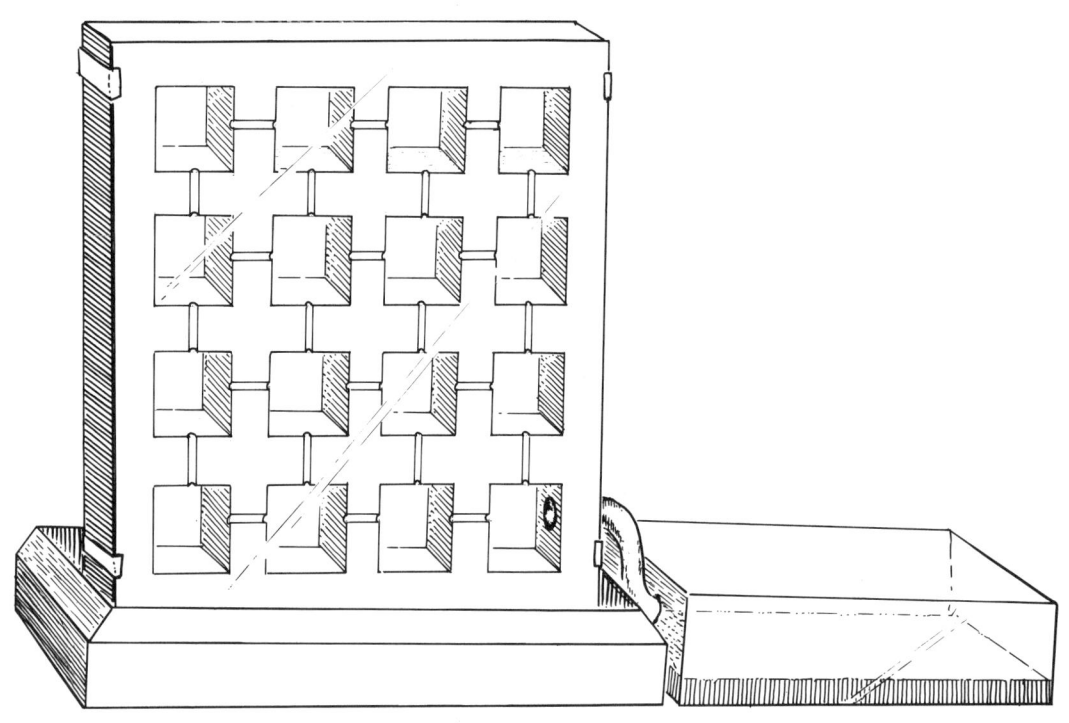

큰 개미 군체를 자세히 관찰하기 위해서는 석고로 여러 개의 방을 갖는 수직형 개미집을 만드는 것이 좋다. 양쪽을 유리판으로 덮고 두 유리판을 금속 집게로 조인다. 이 수직판 개미집을 담고 있는 그릇에 물을 부어 주면 개미집이 항상 축축하게 습기를 유지할 수 있다. 개미들은 출구관을 따라 오른편에 있는 먹이 탐색장으로 갈 수 있다.

다. 왜냐하면 개미들은 식물체에서 필요한 모든 습기를 얻기 때문이다. 개미들은 여러 가지 식물을 받아들인다. 우리는 미국의 동북부에서 보리수류, 참나무, 단풍, 라일락을 가장 많이 썼는데 단풍과 라일락은 먹이 탐색 개미들이 특히 좋아했다. 군체들은 일부 사육통에서는 다 소모된 밭을 그대로 놔 두는데 가끔씩 치워서 청결하게 해줄 수 있다.

개미의 행동을 자세히 연구하는 데는 흔히 좀더 정교한 인공 개미집이 필요하다. 대부분의 개미 종에게 적합한 개미집은 다음과 같이 만들 수 있다. 연구 중인 일개미의 크기와 군체 집단의 크기에 알맞은 용기의 바닥에 2센티미터 깊이로 석고물을 붓는다(도둑개미 같은 미세한 개미에게는 용기의 크기가 가로·세로 10×15 센티미터에 높이 10

가슴개미와 다른 소형 개미들은 슬라이드 글라스(76×26밀리미터) 두 장 사이에 개미집의 공간을 만들어 끼우면 잘 살 수 있다. 개미집 공간은 마분지나 플렉시글라스 plexiglass 판을 파서 자연의 개미집과 비슷한 모양으로 만든다. 개미집들은 붉은색 포일로 싸서 속을 개미들에겐 어둡게 해주는데 이 때 사람은 들여다 볼 수 있다. 필요하면 바닥에 여과지를 깔고 물방울을 주어 축축하게 한다.

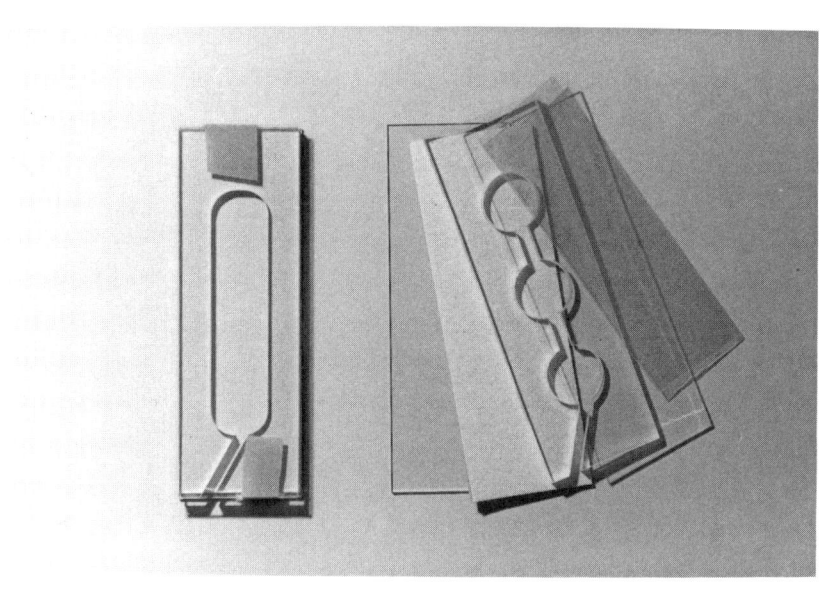

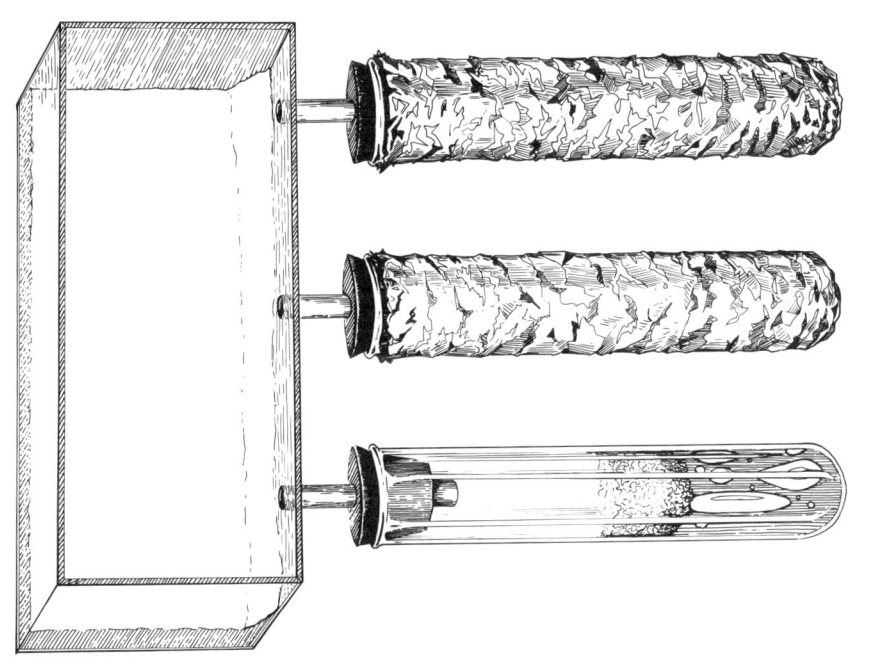

유리 시험관에 알루미늄 포일을 싸서 속을 어둡게 하면 인조 개미집을 즉석에서 만들 수 있으며 여러 가지 개미 종류에 쓰일 뿐 아니라 야외 탐사 때 쉽게 갖고 다닐 수 있다. 제일 아래 시험관에서 보듯이 솜을 틀어막아 물을 적셔 주면 시험관 안의 습도가 유지된다. 이 방들은 네오프렌 마개를 통해 삽입된 가는 유리관을 통해 먹이 탐색장과 연결된다.

센티미터만 되어도 된다). 석고물이 굳으면 그 표면에 사육할 군체의 자연 상태에서의 집 크기와 비슷한 크기와 모양으로 방을 석고 표면에 10~20개 정도 파서 만든다. 썩는 나무에 사는 일부 중간 크기 개미 종의 경우, 방들은 보통 달걀형이거나 원형이며 지름이 1~4센티미터 된다. 따라서 가로·세로 2×3센티미터에 높이 1센티미터로 파야 한다. 이렇게 만든 인공 개미집의 방들 사이를 폭과 높이가 각 5밀리미터인 통로로 잇고 그 위에 직사각형 유리를 꽉 덮는다. 바깥쪽 방들로부터 2~4개의 출구가 석고의 나머지 부분으로 이어지도록 파 나가서, 이 나머지 부분이 먹이 탐색 지역이 되도록 배려한다. 원래 개미가 살던 집 부근에서 여러 가지 썩은 나무와 잎사귀들을 가져와 이렇게 만든 인조 개미집의 먹이 탐색장에 뿌려 이 미서식처微棲息處에 자연스러움을 가미하도록 한다.

　석고 개미집을 많이 만들려면 공작용 찰흙으로 본을 만드는데 우선 그 표면에 개미방과 통로들을 음각으로 뜬다. 그리고 석고물을 그 위에 붓는다. 석고가 굳은 다음 본을 뽑아 내면 인공 개미집의 위쪽이나 전체를 얻을 수 있다.

　개미의 실험실 사육을 위해서 우리는 바트카 먹이(이것을 발명한 바트카Awinash Bhatkar의 이름을 딴 것임)를 쓴다. 만드는 방법은 다음과 같다.

　달걀: 한 개
　꿀: 62밀리리터
　비타민: 1그램
　미네랄과 염류: 1그램
　한천: 5그램
　물: 500밀리리터

　한천을 250밀리리터의 끓는 물에 녹인 다음 식힌다. 달걀 거품기로 위의 물 250밀리리터, 꿀, 비타민, 미네랄과 달걀을 부드러워질 때까지 고루 섞는다. 이것을 계속 흔들면서, 여기에 한천 용액을 붓는다. 이 모두를 페트리 접시(0.5~1센티미터 높이)에 담고 냉장고에 보관한다. 위의 처방대로 하면 지름 15센티미터의 페트리 접시를 채울 수 있고 이것은 젤리 같은 상태를 계속 유지한다.

식충성 개미 종의 대부분은 이런 먹이를 일 주일에 세 번 주면서, 거저리애벌레, 바퀴, 귀뚜라미 등 갓 죽은 곤충 조각들을 조금씩 같이 주면 산다. 개미가 포식성 종류인 경우엔 초파리 중 특히 날 수 없는 변종을 병에 담아 연결시켜 주면 더욱 좋다. 또한 보통 초파리 성체들을 냉동시킨 다음 개미들이 쉽게 발견할 수 있도록 개미집의 먹이 탐색장에 뿌려 주어도 된다.

군체의 운반

다음의 몇 가지 기본 과정을 따르면 병이나 다른 밀폐 용기 속에서 개미 군체를 며칠 또는 몇 주일간 살게 할 수 있다. 우선 절대 지켜야 할 규칙은 개미에게 습기 있는 장소에 갈 수 있도록 해야 한다는 것이다. 그러나 물의 얇은 막이나 방울로 인해 몸이 젖으면 개미는 물에서 헤어나지 못한다. 따라서 모든 표면이 단지 축축하고 수분으로 포화된 환경이어야 한다. 개미에게 이상적인 피난 장소로서는 개미집 재료 일부를 들 수 있으며 이는 직접 용기 안에, 가능하면 군체의 일부와 함께 넣어 둔다. 여기에 물로 축인(그러나 물방울이 떨어질 만큼은 아닌) 큰 면·모직 천이나 종이 타월을 대용품으로서 넣어 준다. 용기의 나머지 부분에는 개미집 재료 물질이나 느슨한 조직의 종이 타월 또는 적당한 재료를 넣어 수송 도중 심한 동요에 군체가 이리저리 뒹굴지 않도록 한다.

군체를 용기 안에 너무 많이 넣어서는 안 되며 어떠한 경우에도 용

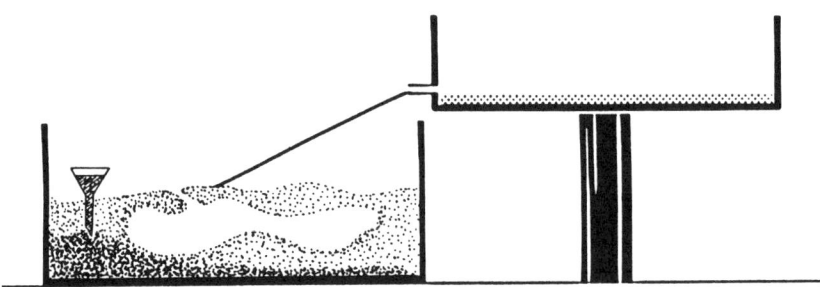

매우 큰 수확개미 군체를 일부 모래로 채운 유리 사육 그릇으로 쉽게 키울 수 있다. 모래 속에 깔때기를 꽂아 물을 정기적으로 줌으로써 적어도 모래 바닥을 축축하게 유지할 수 있다. 개미들은 모래 속에 집을 짓고, 걸쳐 놓은 나무 작대기를 통해 오른쪽에 치켜올려진 먹이 탐색장으로 갈 수 있다.

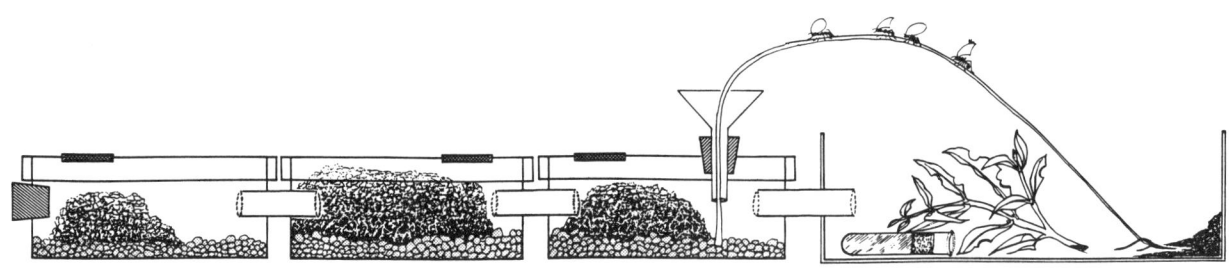

가위개미는 사회 구조가 매우 크고 복잡하지만 여기 그린 것과 같은 방을 만들어 주면 쉽게 사육된다. 어미여왕을 포함한 군체를 각각 15×20×10센티미터 크기의 플라스틱 상자에 담는다. 진흙 자갈들을 바닥에 깔아 습도를 조절해 줄 수 있다. 상자 뚜껑엔 작은 구멍을 만들고 이 구멍에 망사를 덮어 환기를 돕는다. 처음으로 작은 군체를 키울 때는 몇 개의 상자를 유리관으로 연결하면 되지만 군체가 커지면 상자를 더 연결해 놓을 수 있다. 상자 중 하나에 깔때기를 꽂고 깔때기 안쪽에 활석 가루를 뿌려 개미가 기어 달아나는 것을 막는다. 연한 버드나무 가지로 이 깔때기와 먹이 탐색장을 연결시켜 주고 탐색장 그릇 내벽에도 플루온이나 활석 가루를 뿌려 개미가 달아나지 못하도록 한다. 먹이 탐색장에 잎을 넣어 주어 개미가 먹이를 찾아 먹게 하고 물을 담은 시험관을 넣어 주어 개미에게 여분의 수분을 공급한다.

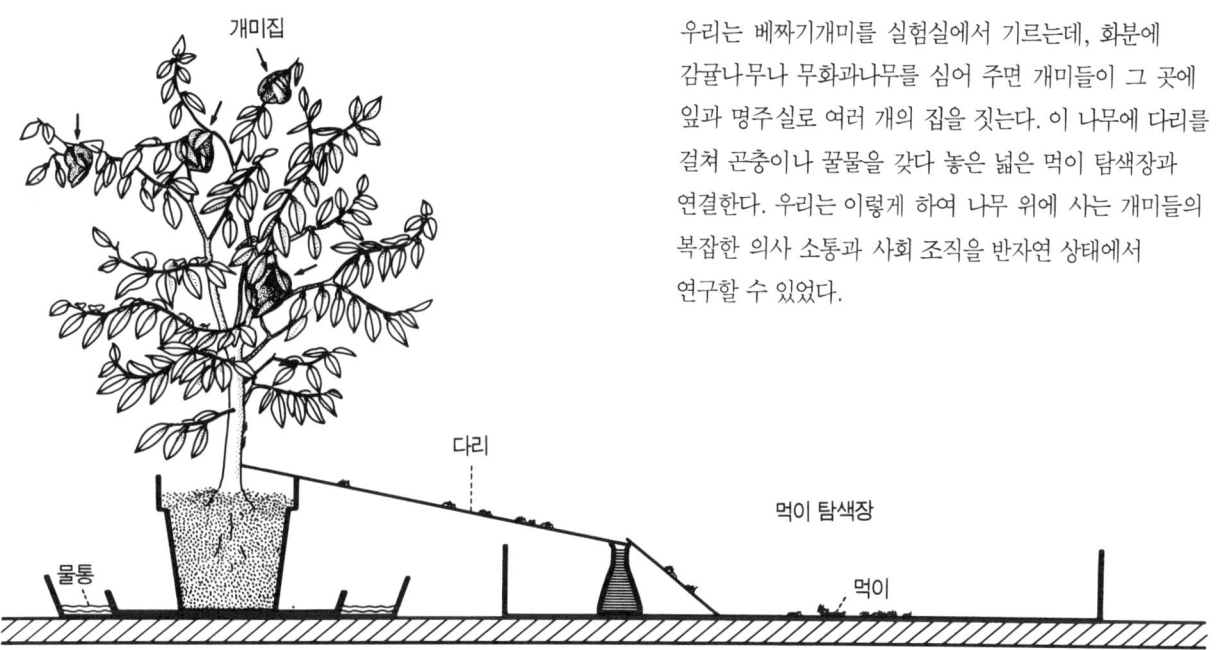

우리는 베짜기개미를 실험실에서 기르는데, 화분에 감귤나무나 무화과나무를 심어 주면 개미들이 그 곳에 잎과 명주실로 여러 개의 집을 짓는다. 이 나무에 다리를 걸쳐 곤충이나 꿀물을 갖다 놓은 넓은 먹이 탐색장과 연결한다. 우리는 이렇게 하여 나무 위에 사는 개미들의 복잡한 의사 소통과 사회 조직을 반자연 상태에서 연구할 수 있었다.

기 부피의 1퍼센트를 넘어서는 안 된다. 용기 뚜껑은 빈 틈 없이 잘 맞아야 한다. 군체가 유달리 활발하거나 공격적인 것이 아니면 뚜껑에 구멍을 뚫어 내부 환기까지 해줄 필요는 없다. 구멍을 뚫으면 내부를 건조시킬 위험이 있다. 하루에 한두 번씩 뚜껑을 열고 가만히 용기를 흔들어 새 공기가 들어가게 해야 한다. 여행이 며칠 이상 걸릴 경우엔 군체에게 설탕물이나 곤충 조각 및 다른 먹이를 주어도 된다. 개미가 밀폐 공간에 너무 오래 있어서 죽은 것 같을 때는 이산화탄소에 마취되었을 수도 있다. 이럴 때는 바깥에 몇 시간 놔두어 회복되는지 여부를 살핀다.

살아 있는 곤충의 반입을 제한하는 나라가 많으므로 해외에서 군체를 산 채로 채집할 때엔 사전에 그 나라의 규정을 살펴보는 것이 좋다. 예를 들면 미국에서는 우선 해당 주 정부 관리의 승인을 받아 농무부

개미의 연구 방법

실험실의 시험관 받침대에 여러 개의 시험관을 클램프로 고정시키고 '시험관 나무'를 만들어 베짜기개미 군체와 기타 나무 생활 개미들을 기를 수 있다(오른쪽). 각 시험관 바닥에는 단단한 솜마개가 박혀 있어 물을 머금게 할 수 있다. 이렇게 길러 본 결과 다음 페이지의 두 장의 사진에서 보는 것처럼 개미들은 입구를 막아 버리고 명주실로 벽을 만들어 생활 공간을 여러 개로 세분하는 것을 알 수 있었다. 위 사진에서는 벽면을, 아래 사진에서는 몇 개의 방의 옆 모습을 볼 수 있다.

개미의 연구 방법

(동·식물 건강 관리국, 식물 보호 및 검역국, 식물 반입 및 기술 지원국)에서 허가를 받아야 한다. 이러한 절차는 보통 6~8주일이 걸린다. 이 허가서는 미국으로 재반입시 해당 세관에 제시해야 한다.

곤충을 포함해 보존된 상태나 살아 있는 상태의 생물 표본의 수출을 제한하는 나라가 점점 늘고 있으므로 특별한 수출 허가를 얻어야 하는 경우가 있다. 반드시 그 지역의 규칙을 알아보고 존중해야 한다.

감사의 말

별도 표시가 없는 한 모든 그림의 판권은 우리에게 속한다. 장을 달리할 때 첫 페이지 아래에 그림으로 깔린 개미 테트라모리움 카에스피툼들은 라이트Amy Bartlett Wright가 그린 것이다. 다른 사람이 그린 것은 그림 설명란에 감사를 표시하였다. 우리는 특히 미국 지리학회가 《내셔널 지오그래픽》지, 1984년 6월호(pp. 778~813)에 수록한 횔도블러의 글 〈개미의 경이롭도록 다양한 생활방식 The Wonderfully Diverse Ways of the Ants〉에 함께 실린 도슨의 훌륭한 그림을 쓰도록 허락해 준 데 대해 감사한다.

우리는 또한 호튼이 원고 작성과 문헌 조사를 도와준 데 대해, 그리고 하일만Helga Heilmann이 사진 처리를 해준 데 대해, 또 오버메이어가 기술적 도움으로 귀중한 전문적 협조를 베풀어 준 데 대해 깊이 감사하고자 한다.

역자 후기

이 책의 저자 중 한 사람인 하버드 대학교의 윌슨 교수가 자서전 《자연주의자 Naturalist》를 냈을 때였다. 한 출판사로부터 그 책의 번역 청탁을 받고 나는 윌슨 교수에게 내가 번역해도 좋겠느냐고 편지를 썼다. 그는 필경 내가 이미 5년 전에 그의 《사회생물학》을 번역하고 출판하는 것을 허락했던 터라 이번에도 흔쾌히 좋다고 했다. 그러나 토를 하나 달았다. 최근작 《개미 세계 여행 Journey to the Ants》이 있는데 그것도 번역하지 않겠느냐는 것이었다. 사실상 나는 책을 하나 쓰느라 골몰하고 있던 중이라 번역에 손댈 여유가 없었다. 그러나 나는 이 세기적 석학의 '요청'을 감히 거절할 수가 없었다. 그래서 《자연주의자》에 이어 이 책과 씨름하기 시작한 지도 거의 1년이 되었다.

이 책의 줄거리에 대해선 저자들이 쓴 머리말에 나오므로 여기서는 되풀이하지 않겠다. 다만 지난 1년간 마치 개미 무덤 속에 파묻혀 뒹굴다 나온 나는 이제 개미 사회라는 소우주를 통해 실제의 대우주를 섭렵한 것 같은 생각이 든다는 것이다. 자유 분방하고 종횡 무진한 진화와 적응의 전개가 개미 세계에 생생히 조각되어 있기 때문이다.

갖가지 의사 소통의 발달과 이에 따른 협동과 희생적 이타성 利他性의 진화, 그러나 한편으로는 약탈과 기만, 경쟁과 살육, 납치와 노예화 등 갖가지 선善과 부도덕들의 난무가 개미들이 생존하는 방식과 장치로써 담담하게 펼쳐진다. 조직과 협동으로 집단을 일사불란하게 운영해 나가는 그 생존 메커니즘은 그것이 비록 이성이 아닌 본능에 의한 것이라 해도 갖가지 위기 상황에 전전 긍긍하는 우리 현대인에게 많은 시사를 던져 줄 것 같다. 더구나 이 책을 읽으면서 《사회생물학》의 어려웠던 부분들을 다시 음미하고 더 잘 이해하게 된 점들이 이 책과 씨름한 또 다른 보람이고, 독자들에 대한 또 하나의 매력이 아닐까 생각한다.

그러나 개미 연구의 위대성은 그러한 학술적 원리에만 있지 않다. 거의 9500여 종에 달하는 개미는, 예를 들어 아마존에서는 그 모두를 합치면 그 곳의 모든 육상 척추동물의 네 배나 나갈 만큼 많아서 보통 생태계에서 유기물 분해에 절대적인 몫을 감당하는 이른바 주춧돌 keystone 생물이 된다. 윌슨에 따르면 인간이 없어지면 자연은 끄떡없어도 개미가 사라지면 자연 생태계가 흔들리는 것은 시간 문제인 것이다.

   이 책은 또 이러한 학술과 생태계 순환상의 중요성을 말할 뿐 아니라 생물을 알고 사랑할 때 생명에 대한 애착이 절로 나고 또 이러한 생명 애착만이 나날이 쇠잔해 가는 지구 생태계와 생물 다양성을 살릴 수 있고 따라서 인간도 비로소 살 수 있다는 교훈적 메시지를 담고 있다.

   이 책을 번역할 때 개미 종명의 우리말 표기에 관해 개미분류학자인 김병진 교수(원광대)가 도움을 주셨다. 그리고 《한국곤충명집》, 윤실 선생의 《세계 중요 동식물 일반명 명감》을 참고하였다. 또 개미 생태학자인 최재천 교수(서울대)의 조언을 참고하였음을 밝히며 이 분들께 감사드린다. 또한 어려운 문구 해석엔 미시건 주립대학교에서 온 터훈 Amy Terhune 생물학 석사의 도움을 받아 해결하였다. 역시 감사드린다. 끝으로 과학서적 출판 50권 기념호로서 이 책 발행에 최선을 다해 준 범양사 출판부 여러분에게도 고마운 뜻을 전한다.

1996년 6월 27일
이　병　훈

찾아보기

(ㄱ)

가루깍지벌레 191~199
가위개미속 80, 150~163
개미 기르기 274~275
개미 식물 255~261
개미의 수도 數度 15
개미 채집 269~273
개미 정원 260~261
개체군생물학 33~34
격투 124~127
경고채색 241~243
경쟁 23~29
계급구조 124~127
계통발생 105~116
고트월드 William Gotwald 217
곰팡이 농사 가위개미속을 볼 것
괴스발트 Karl Gösswald 36~37
구애 턱 56
군대개미 56, 145~149, 205~225; 에키톤속, 렙타닐라속, 네이바미르멕스를 볼 것
군대개미 동반 새 210
군대개미의 교미 215~217; 혼인비행도 볼 것
군체 내 갈등 117~127
군체 냄새 137~140, 165
군체의 생활 주기 51~64
군체 창설 5~58, 152
군체 치환 62~63
군체 크기 51, 154
그로넨베르크 Wulfila Gronenberg 228

기생자 165~187
기후 조절 245~261
긴턱개미 16
길 의사 소통을 볼 것
꿀단지개미 93~94, 96~104, 118
꿀방울 189~195

(ㄴ)

나비 199~204, 210
네이바미르멕스 216
노예화 169~174
노토미르메키아 110~116
뉴코머스샘 199

(ㄷ)

다양성 17~22
다윈 Charles Darwin 130~132
데이비드슨 Diane Davidson 260
도배개미 16, 250, 253
돌리코데루스속 179, 194~198
되뱉기 77~80, 178
드장 Alain Dejean 233
디니즈 J. Diniz 238
디아캄마속 123, 249
딱정벌레 177~178, 180~187

(ㄹ)

라트마이어 Werner Rathmayer 40
레텐메이어 Carl Rettenmayer 176, 205~217

렙타닐라속 218~219
렙토게니스 83
렙토토락스 123, 241
로렌츠 Konrad Lorenz 33
로메쿠사 181
로체스 Flavio Roces 80
리산드라 히스파나 199
리키 Mary Leakey 76
린다우어 Martin Lindauer 38
린젠마이르 Eduard Linsenmair 40

(ㅁ)

마르클 Hubert Markl 40, 80
마슈비츠 Ulrich Maschwitz 40, 96, 196~198, 201~202, 250
마스코 케이치 221, 233
마크로미스카속 241~242
마크로켈레스 176
마테를링크 Maurice Maeterlinck 149
말라이콕쿠스 196~198
말벌 25
맥리어드 Ellis MacLeod 43~44
맨 William Mann 43, 46, 242
머그리지 Traherne Moggridge 253
메라노플루스 95
메소르속 252~255
멘첼 Randolf Menzel 40
모노모리움 파라오니스 62
모핏 Mark Moffett 221

(ㅂ)

바르츠 Stephen Bartz 118~120
바스만 Erich Wasmann 182
바시케로스 239~241
바트카 Awinash Bhatkar 280
바트카 먹이 280
박물관 연구 273~274
반수 전수성 성결정을 볼 것
발트산 호박 화석을 볼 것
뱅크스 Joseph Banks 72~73
버들왕진딧물 190

베너 Rüdiger Wehner 40, 129
베짜기개미 65~77
벡크 L. Beck 21
벨트 Tomas Belt 208, 257
벽도배 250
보도개미 테트라모리움을 볼 것
보베리 Theodor Boveri 37
부싱거 Alfred Buschinger 168
부전나비과 199~204
분류학 273
불개미 20, 26, 62~64, 173~174, 182~187, 200~201, 247
불도그개미 116, 241
브라운 James Brown 254
브라운 William Brown 111, 235
브라키미르멕스 145~146
브란다오 Roberto Brandão 110, 238
브래드쇼 John Bradshaw 71
뿔개미 183~187, 203

(ㅅ)

사냥개미 16, 227~236
사회적 기생자 165~187
사회 형성 150
살균성 분비 250
생물량 16, 21
서드 John Sudd 74
서벤티 Vincent Serventy 111
성결정 59~60, 133~135
소리 의사소통 77~83
솔레노프시스 87~96, 117~118, 178~179, 254
쇠스랑개미 236~239
쇠점박이 딱정벌레 178
수개미 52~55, 59, 134~136
수명 52
수펄 수개미를 볼 것
수확개미 메소르속, 포고노미르멕스를 볼 것
순위제 117~127
숲개미 불개미를 볼 것
슈네일라 Theodore Schneirla 205~217

슈미트-헴펠 Paul Schmid-Hempel 129
스텀퍼 Robert Stumper 38
스트루미게니스 231
스페코미르마 108~109, 116; 소리 의 사소통을 볼 것
스트루미게니스 231
습도조절 247~250
시체 처리 140~143
식물 개미 식물을 볼 것
실험실 사육용 집 274~283
쓰레기 처리 140~143

(ㅇ)

아마존개미 폴리에르구스를 볼 것.
아우트룸 Hans-Jochem Autrum 38
아이니크투스속 217
아카시나무 개미 256~257
아칸토미옵스속 84
아칸타프시스 콘킨눌라 178
아크로피가 194
아테멜레스 181~186
알로비누스속 203
알먹기 121
암블리오포네속 116
앤더슨 Alan Andersen 254
야마우치 카쓰스케 64
약탈개미 222
알메누스 에바고라스 199~201
양육 생활자 177~203
에셰리히 Karl Escherich 37
에키톤속 176~177, 205~218, 221
여왕물질 142~143
옆가슴샘 250
오돈토마쿠스 121
올리베이라 Paulo Oliveira 121
응애 175~176
왕개미속 78, 81, 96, 140~142, 145~146, 260~261
외교 정책 98~104
원시개미류 105~116
위버 Pierre Huber 170
위장 239~241

윌리엄스 C. B. Williams 15
윌슨 Edward Wilson 31~49
은부전나비 201
의사 소통 65~85
일군체 다여왕제 119

(ㅈ)

잔젠 Daniel Janzen 257
장님개미 145~148
장다리개미속 81
전쟁 67~70, 50~104
제미 123
중점박이푸른부전나비 202~203
지리적 분포 245
지질학사 27, 72 76~77, 105~110, 255
진딧물 189~193
진화 지질학사와 계통발생을 볼 것
집짓기 74~76, 246~249

(ㅊ)

체릭스 Daniel Cherix 63
초개체 60~62
초군체 63~64
친컬 Walter Tschinkel 120
침노린재 178~181
침독개미 231~236

(ㅋ)

카리드리스 110
카스트 149~163, 207~208
카쓰스케 야마우치 64
카타글리피스 129, 248
카펜터 Frank Carpenter 37, 107
칼린 Norman Carlin 140
콜 Blaine Cole 123
쿠바 241~242
쿠터 Heinrich Kutter 166~167
클라도미르마속 194
클라크 John Clark 111

찾아보기

클링게 H. Klinge   21

(ㅌ)

타우츠 Jürgen Tautz   81, 228
타키갈리아   259
터   66~70, 87~104, 129
테일러 Robert Taylor   112
테트라모리움   87, 166~168, 201
텔레우토미르멕스속   166~168
토모다케   238
토포프 Howard Topoff   173
톨벗 Mary Talbot   172~173
트리버스 Robert Trivers   136
틴버겐 Nikolaas Tinbergen   33

(ㅍ)

파라오 개미 모노모리움 파라오니스를 볼 것
파키콘딜라   249
페로몬   66, 70~71, 183~187
페이돌레   88~93, 243~244
페이돌로게톤   221~222
페테 Christian Peeters   123
포고노미르멕스   54~56, 129, 247
포렐 Auguste Forel   170
포렐리우스 프루이노스   93~94
폭발성 개미   96
폴리에르구스   170~173
폴리옴마투스   201~202
풀잎개미   51~54, 193
프랭크스 Nigel Franks   209

프리슈 Karl von Frisch   33, 39
프세우도미르멕스속   256~259
플레오메트로시스   119
피들러 Konrad Fiedler   201
피어스 Naomi Pierce   201
피트카우 E. J. Fittkau   21
핀란드   20~21

(ㅎ)

하인츠 Jürgen Heinze   121
해밀튼 William Hamilton   133~136
해스킨스 Caryl Haskins   111
행태학   31~33
헤널 H. Hänel   198
혈연 선택   130~137
협동   129~143
협동의 기원   129~143
혼인비행   52~57
화석   72, 76~77, 105~110; 지질학사를 볼 것
화학적 의사소통   66, 68~72, 182~187
환경조절   245~261
휠도블러 Bert Hölldobler   31~49
휠도블러 Karl Hölldobler   35
휠러 William Wheeler   37, 41, 149
흰개미   24, 136
흰개미 의태   242~243
히가시 세이고   64, 123
히페오콕쿠스속   194

개미 세계 여행

1판 1쇄 발행   1996년 11월 06일
2판 1쇄 발행   2007년 7월 10일
3판 1쇄 발행   2015년 7월 20일

지은이 | 베르트 횔도블러 & 에드워드 윌슨
옮긴이 | 이병훈
펴낸이 | 이현숙 외 1인
펴낸곳 | 범양사
편집제작 | 안연민
인쇄제본 | 내일북

출판등록 | 1978년 11월 10일 제2-25호
주소 | 경기도 고양시 일산서구 산율길 59-1
전화 | 031-921-7711~2
팩스 | 031-923-0054

e-mail | pumyangbooks@naver.com

ISBN | 978-89-7167-174-0 03490

©범양사 2015